52주 여행
남몰래 아껴둔
서울경기 255

52주 여행
남몰래 아껴둔 서울경기 255

2020년 7월 25일 2판 1쇄 발행
2023년 6월 28일 2판 3쇄 발행
—

지은이 김미경, 손준우(로리로리와 그 남자)
펴낸이 이상훈
펴낸곳 책밥
주소 03986 서울시 마포구 동교로23길 116 3층
전화 번호 02) 582-6707
팩스 번호 02) 335-6702
홈페이지 www.bookisbab.co.kr
등록 2007. 1. 31. 제313-2007-126호
—

기획·진행 박미정
교정교열 추지영
디자인 디자인허브
—

ISBN 979-11-90641-09-8 13980
정가 19,500원

책밥은 (주)오렌지페이퍼의 출판 브랜드입니다.

52주 여행
남몰래 아껴둔
서울경기 255

서울경기를 즐기는 255가지 방법

김미경, 손준우(로리로리와 그 남자) 지음

책밥

머리말

장장 2년 동안 우리 부부가 함께 두 발로 서울과 경기로 구석구석 누비던 때가 엊그제 같은데 벌써 개정판을 내게 되었다. 이 책을 세상에 내놓자마자 나는 아이를 가지고, 낳고, 키우느라 많이 돌봐주지 못했다. 그런데 무려 4년 동안이나 내로라하는 책들 사이에서 홀로 씩씩하게 살아남은 이 책이 대견하면서도 짠하다.

이 책은 여행 정보서이지만 서울경기를 구석구석 탐방하는 걷기 책이기도 하다. 그 남자와 나는 서울을 돌아다닐 때는 웬만하면 대중교통을 이용하고, 멀리 떠날 때는 기차를 탄다. 두 발로 걷기 위해서다. 걷다 보면 평소에는 무심코 지나쳤던 여행지의 새로운 면들을 발견하곤 한다. 먼 곳으로 떠나야만 여행의 즐거움을 얻을 수 있는 것은 아니다. 편한 신발 한 켤레만 있으면 언제든 떠날 수 있다. 소중한 사람과 함께할 수 있다면 여행의 즐거움은 충분하다. 걷다가 길을 잃어도 좋다. 막다른 골목에서 나만 아는 색다른 풍경을 발견할 수도 있기 때문이다. '나만의 공간'이 탄생하는 순간이다.

개인적으로 수년 동안 서울에서 수없이 가고 또 가도, 걷고 또 걸어도 좋은 곳들만 선별해 소개하려고 했다. 그리고 경기권은 사랑하는 두 사람이 함께 사진으로 추억을 남길 수 있는 예쁜 자연 위주로 엄선했다. 물론 지극히 개인적인 취향이지만 여러분 또한 좋아하리라 믿는다.

누구에게나 그곳으로 떠나는 행위 자체만으로도 힐링이 되는 노스탤지어 같은 장소들이 있다. 5~6년 전만 해도 서촌, 익선동, 성수동 아틀리에 길, 문래동 예술창작촌은 지금과 같지 않았다. 이곳에 첫 발걸음을 딛었을 때 묘하게 시간이 멈춰버린 듯한 극한의 그 고요함과 소소함이라니. 그 첫 느낌을 아직도 잊지 못한다. 이곳들은 내게 그런 장소였다. 그렇게 늘 조용히 느리게 시간이 흐르던 동네였는데 이토록 핫해질 줄이야. 지금은 너무 대중적으로 변해버려 이번 개정판에서는 아예 빼버릴까 오래 고민했다. 무엇보다도 우리 부부가 추구하는 소소한 여행과는 거리가 있기 때문이다.

하지만 그럼에도 불구하고 꼭 넣고 싶었다. 이젠 알 만한 사람들은 다 아는 그런 장소가 되었지만 다시 한 번 굳이 이 책에서 소개하고 싶을 정도로 여전히 매력적인 동네이기 때문이다.

이 책은 한마디로 1년 내내 52주 동안 주말마다 훌쩍 떠나기 좋은 서울 경기 주말 여행 코스북이다. 스팟만 총 250여 곳이 훌쩍 넘는 방대한 여행지와 정보를 담고 있다. 그러다 보니 어쩔 수 없이 몇몇 익숙한 곳들도 있을 것이다. 그러나 익숙한 공간이라도 최대한 신선하게 즐길 수 있는 방법을 소개하려고 노력했다. 예를 들면 경복궁을 밤에 즐겨보는 것, 또한 낮보다 더 황홀하고 요염한 경복궁의 야경을 정상에 올라 한눈에 내려다보며 감상하는 식이다. 익숙해서 놓쳤던 서울의 장소들, 하지만 꼭 가보았으면 하는 공간들을 이처럼 색다르게 접근했다. 물론 경기권도 예외는 아니다.

우리 부부가 함께 직접 먹어보고, 두 발로 걸어보고, 자신 있게 추천할 만한 곳들만 수록했다. 막상 가보니 우리 부부에게 매력적이지 않은 공간들은 과감히 뺐다. 맛집 또한 음식이 자극적이거나 착한 재료를 사용하지 않은 곳들은 제외했다.

그렇게 목차만 10번을 넘게 수정하고 또 수정하고 서울과 경기도의 스팟을 추리는 데만 몇 달이 걸렸다. 조금이라도 더 매력적인 곳을 발견하면 계속해서 수정에 수정을 거듭했다. 처음 1년을 예상하고 작업하던 책이 그렇게 2년 만에 세상에 나오게 됐다. 이번 개정판에서는 내 평생 이렇게 열심히 살았던 적이 있었던가 싶을 정도로 더 많은 애정과 발품을 팔아 초판 스팟의 70%를 거의 새로 쓰다시피 한 만큼 이번 책도 많은 분들에게 사랑받았으면 좋겠다.

햇빛 좋은 날에
김미경, 손준우 드림

이 책의 구성

1월부터 12월까지 52주 동안 주말마다 떠나는 약
250여 개의 여행지를 소개한다.

1주~52주까지 한 주를 표시한다. 매 주는 최소 2~3개(최대 6개)의 볼거리 스팟과
먹거리 스팟 1개, 함께 가면 좋은 여행 코스 1개로 구성된다. 각 스팟은 주소, 가
는 법(대중교통), 운영시간, 전화번호, 홈페이지 등의 정보와 함께 소개글, 사진을
수록했다. 더불어 주의할 점과 저자가 개인적으로 강조하고 싶은 여행 포인트 등
을 팁으로 구성했다.

각 스팟마다 함께 즐기면 좋을 주변 볼거리·먹거리를 사진 및 정보와 함께 간단히
소개했다. 따라서 스팟 하나만 골라서 떠나도 당일 여행 코스로 손색없다. 단, 다
른 주의 스팟에서 소개한 볼거리·먹거리와 중복될 경우엔 장소 이름과 해당 장소
가 소개된 페이지, 간략한 정보만 기재했다. 단, 처음 등장하는 새로운 곳일 경우
소개글과 함께 정보를 기입했다.

추천 코스는 해당 주의 스팟 중 하나를 골라 효율적으로 테마 여행을 떠날 수 있도록 소개했다. 1코스에서 2코스로, 2코스에서 3코스로 이동하는 지하철 및 버스 등의 대중교통 정보를 기입했다. 단, 각 코스로 이동하는 방법은 최종 대중교통 수단 및 정보만 기입했다. 또한 추천 코스 중 새로 등장하는 장소일 경우에는 간단한 소개글과 정보를 기입하고, 다른 페이지에서 중복되는 곳일 경우엔 소개글 없이 정보와 해당 페이지만 기입했다.

스페셜 페이지는 주로 계동, 송리단길, 성수동, 부암동, 배다리역사문화마을, 서촌 등을 다룬 2월, 3월에 집중적으로 나온다. 메인 스팟에서 다룬 정보 외에 그 동네를 100퍼센트 즐길 수 있는 주변 볼거리와 먹거리 그리고 동네가 품은 특별하고 흥미 있는 스토리를 소개한다.

마음 내킬 때 쏙!
골라 떠나는 여행지가 한눈에!

갑자기 바다가 보고 싶을 때

궁평항
54p

전곡항
56p

대부도 해솔길 1코스
302p

탄도항
304p

초록으로의 피크닉

서울숲
144p

원당종마공원
176p

임진각 평화누리공원
188p

서래섬 청보리밭
194p

양재 시민의숲
196p

서울식물원
256p

파머스대디
258p

안성팜랜드
364p

벽초지문화수목원
372p

올림픽공원 9경
382p

쉬어 가는 카페

대림창고
46p

가배도
84p

천상가옥
97p

어반소스
98p

베어카페
110p

카페&바 식물
116p

호텔707
136p

호메오
276p

ghgm 카페
278p

카페발로
280p

라 카페 갤러리
290p

아베크엘
340p

마이알레
354p

씨롱마고
404p

제비다방
406p

여행의 완성은 먹방!

계동마나님
52p

와인 주는 회집
58p

라멘 베라보
64p

풍년쌀농산
82p

니엔테
86p

보난자 베이커리
100p

쉼표말랑
138p

4.5평 우동집
146p

락희안
154p

버거룸181
160p

김진환 제과점
172p

봉순게장
166p

조선김밥
180p

갈릴리농원
192p

소소한 풍경
198p

낙선재
214p

양지미식당
222p

이파리
246p

강마을다람쥐
260p

목향원
274p

해운정 양식장
320p

너른마당
326p

터갈비
414p

서일농원
368p

통일동산두부마을
374p

포도나무
380p

강동반상
386p

어 로프 슬라이스
피스 396p

청목
414p

소녀방앗간
426p

나를 위한
감성 여행지

조용히 숨어 있기 좋은 곳

전망 좋은 카페

퇴근 후 동네 책방

느리게 걸어야 보이는 곳들

아날로그 감성이 몽글몽글

여행도 예술처럼

익숙한 그곳에서 발견한 이색적인 풍경들

로맨틱 천문대 여행

낭만적인 빛의 향연

착한 소비, 플리마켓

안 가면 손해!
저자가 강력 추천하는
계절별 Best 3 여행지

봄

서대문구 안산자락
벚꽃길 156p

국립서울현충원
158p

아차산 생태공원~
워커힐 벚꽃길 168p

여름

하늘공원 메타세쿼이
아 숲길 204p

남한산성 성곽길
1코스 212p

국립수목원
234p

가을

길상사
330p

명성산 억새축제
338p

용문사
358p

겨울

궁평항
54p

우음도
376p

테르메덴
410p

호젓하게 걷기 좋은 숲 속 물의 정원 Best 3

마장호수
220p

산정호수
242p

물의정원
344p

꽃 맛집 Best 3

구리 유채꽃 축제
182p

연천허브빌리지
라벤더 축제 184p

서울창포원
240p

잡화점 산책 Best 3

마켓엠 플라스크
282p

오브젝트
284p

땡굴스토어
288p

지역별&
동네별 여행지

서울(지역 명칭은 가나다 순)

강남

최인아책방
36p

봉은사
142p

강남고속버스터미널
꽃시장 179p

커먼키친
266p

파르나스몰부터
코엑스몰까지 416p

강동

서울책보고
38p

가배도
84p

니엔테
86p

만옥당
88p

올림픽공원 9경
382p

강풀만화거리
384p

강서 · 금천 · 건대 · 구로 · 광진

강동반상
386p

서울식물원
256p

목련상점
272p

커먼그라운드
424p

항동철길
202p

어린이회관 눈썰매장
62p

도봉구 · 동대문 · 동작 · 명동

아차산 생태공원~
워커힐 벚꽃길 168p

서울창포원
240p

동대문DDP
318p

국립서울현충원
158p

마켓엠 플라스크
282p

땡굴시장
322p

문래동

CGV 씨네 라이브러리
390p

문래동 골목길 아트
132p

문래도시텃밭
134p

호텔 707
136p

쉼표말랑
138p

한강

여의도공원
스케이트장 60p

반포한강공원 서래섬
청보리밭 194p

여의도 IFC몰
418p

혜화동

마르쉐@혜화
208p

대학로 학림다방
408p

홍대

당인리발전소 벚꽃길
170p

김진환 제과점
172p

오브젝트
284p

제비다방
406p

시타라
186p

경기(지역 명칭은 가나다 순)

가평

강화도

고양

해운정 양식장
320p

원당종마공원
176p

너른마당
326p

중남미문화원
370p

아침고요수목원
42p

과천

광명

구리

광주

마이알레
354p

광명 이케아
422p

구리 유채꽃 축제
182p

남한산성 성곽길
1코스 212p

낙선재
214p

카페 산
244p

남양주

비루개
254p

목향원
274p

물의정원
344p

부천

원미산
진달래동산 162p

춘덕산 복숭아꽃
축제 164p

봉순게장
166p

한국만화박물관
294p

부평

카페발로
280p

분당

ghgm 카페
278p

성남

화소반
398p

네이버 라이브러리
400p

새소리물소리
402p

수원

방화수류정
348p

월화원
350p

광교호수공원
352p

시흥

관곡지
250p

안성

안성팜랜드
364p

고삼호수
366p

서일농원
368p

안양

안양천 벚꽃길
148p

안산

와인 주는 회집
58p

대부도 해솔길 1코스
302p

탄도항
304p

연천

연천 허브빌리지
라벤더 축제 184p

양평

중미산천문대
48p

무왕리 해바라기
마을 248p

더그림
252p

양평 테라로사
298p

문호리 리버마켓
324p

용문사&천년의
은행나무 358p

용인

터갈비
360p

파머스대디
258p

강마을다람쥐
260p

고기리막국수
314p

어 로프 슬라이스
피스 396p

동춘175
420p

이천

별빛정원우주
44p

현대공예
270p

테르메덴
410p

가마가 텅빈 날
412p

청목
414p

인천

버거룸181
160p

배다리 헌책방 골목
224p

송월동 동화마을
228p

인천 차이나타운
230p

송도 센트럴파크 &
트라이볼 야경 316p

소래습지생태공원
342p

일산

일산호수공원
218p

양지미식당
222p

뻔한 여행 코스가 지겨울 땐 이색 콘셉트로 색다르게 떠나기

서울을 잊게 하는 **골목 탐방**

느릿느릿 산책하기 좋은 예쁜 서울 동네

4월의 서울·경기도

꽃 따라 떠나는 봄으로의 여행

5 월의 서울·경기도

연초록의 싱그러운 풍경 속으로 떠나는 여행

6월의 서울·경기도

느리게 걸어야 볼 수 있는 것들

물, 바람, 나무가 있는 숲으로 숲으로

뜨거운 햇빛 피해 안에서 놀자!

여름의 끝자락, 가을의 문턱

11

월의 서울·경기도

가을을 보내며

12 월의 서울·경기도

혹한을 피하는 실내 투어

찬바람 쌩쌩 부는 겨울이라고 집과 영화관에서만 놀라는 법
있나? 뻔한 여행 코스가 지겨울 때는 이색 콘셉트로 색다르
게 떠나보자! 때론 겨울임을 잊는 것만으로, 추운 겨울을 만
끽하며 즐기는 것만으로도 기분 전환이 될 것이다.

뻔한 여행 코스가 지겨울 땐
이색 콘셉트로
색다르게 떠나기

골목골목 동네 책방 순례

1 week

SPOT **1**

모두의 취향

아크앤북

주소 서울시 중구 을지로29 부영을지빌딩 B1F(시청점) · **가는 법** 2호선 을지로입구역 1-1번 출구와 연결 · **운영시간** 10:00~22:00 / 연중무휴 · **전화번호** 070-8822-4728 **홈페이지** www.instagram.com/arc.n.book_official · **etc** 시청점 외에 성수점, 잠실 롯데월드몰 분점이 있다. / 1만 원 이상 구매 시 2시간 무료 주차권을 준다.

　지하에 이토록 많은 볼거리가 한가득이라니! 그야말로 신세계를 발견한 기분이다. 그 어느 곳에서도 보지 못한 압도적인 아치형 책 터널로 유명한 아크앤북(ARC N BOOK)은 평소 우리가 생각하는 서점 분위기와 전혀 다르다. 책과 음식, 카페 등의 라이프스타일과 숍이 결합된 새로운 형식의 복합문화 서점이다. 단순히 책을 파는 곳이 아닌 책을 매개로 다양한 문화 활동, 식사, 휴식을 취할 수 있도록 만들었다. 우선 문학, 예술, 여행 같은 기존의 분류법을 버리고 책과 리빙, 문구 등으로 서가를 큐레이팅했다. 책뿐 아니라 감각적인 리빙 소품과 문화를 경험할 수 있다. 더불어 유명한 맛집들이 입점해 있어 먹고 즐길 거리가 넘치는 서점이다. 그야말로 하루 종일 놀 수 있는 공간이다.

DAILY, WEEKEND, INSPIRATION, STYLE 등 네 가지 섹션으로 나눠 책과 리빙 용품, 문구 등으로 서가를 엮었다.

도서 검색은 영국풍 빨간 전화 부스 안에서 분위기 있게!

자연주의 브랜드 그린블리스(greenbliss)의 오가닉 자수 마스크와 손수건.

샤오짠

주변 볼거리 · 먹거리

 띵굴스토어 키친, 푸드, 패션, 키즈 등 띵굴마님이 제안하는 라이프스타일 편집숍도 만나보자. 아크앤북 내에 위치.

Ⓐ 서울시 중구 을지로1가 87 지하 1층(시청점) Ⓞ 10:00~22:00 / 연중무휴 Ⓣ 070-7703-2555 Ⓗ www.thingoolmarket.com Ⓔ 카페 및 베이커리 이용 시 2시간 무료 주차권 제공

8월 33주 소개(288쪽 참고)

아크앤북은 서점과 식당의 경계를 없앴다. 피자 전문점 운다피자, 헨리가 운영하는 대만 음식점 샤오짠(사진), 가로수길의 유명한 카페 식물학, 서촌의 프렌치 레스토랑 플로이, 미국 보스턴의 프리미엄 아이스크림 에맥앤볼리오스 등 맛있는 음식 때문에 찾게 된다.

SPOT **2**

책과 예술이 열리는
책방 살롱

최인아책방

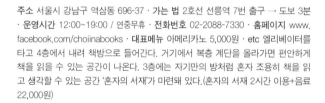

주소 서울시 강남구 역삼동 696-37 · 가는 법 2호선 선릉역 7번 출구 → 도보 3분
· 운영시간 12:00~19:00 · 연중무휴 · 전화번호 02-2088-7330 · 홈페이지 www.
facebook.com/choiinabooks · 대표메뉴 아메리카노 5,000원 · etc 엘리베이터를
타고 4층에서 내려 책방으로 들어간다. 거기에서 복층 계단을 올라가면 편안하게
책을 읽을 수 있는 공간이 나온다. 3층에는 자기만의 방처럼 혼자 조용히 책을 읽
고 생각할 수 있는 공간 '혼자의 서재'가 마련돼 있다.(혼자의 서재 2시간 이용+음료
22,000원)

　　강연, 콘서트 등 다양한 프로그램이 주기적으로 진행되는 문
화 살롱 겸 책방. 삼성의 첫 여성 임원이자 광고계의 전설로 유
명한 제일기획 부사장 출신의 최인아 대표와 정치헌 디트라이
브 대표가 2016년에 오픈했다. 높은 층고와 오래된 앤티크 건
물, 고풍스러운 인테리어, 잔잔히 흐르는 클래식 선율 덕분에 개
인 서재에 들어선 듯한 착각마저 든다. 거의 모든 사람들이 책
읽기에 몰입하고 있어 저절로 책에 집중하게 된다.

일반적인 도서 분류법 대신 '책방 주인이 즐겨 읽는 책', '책방 주인의 선후배, 친구들이 추천하는 책' 등 소위 잘나가는 유명인사들의 '인생 서적'을 소개하는 테마별 스토리로 책을 큐레이팅한 것이 특징이다.

책마다 추천 이유와 책 속의 문장을 손글씨로 적은 쪽지가 끼워져 있다.

주변 볼거리 · 먹거리

모찌방 셰프와 파티시에 출신의 부부가 꾸린 찻집이자 일본식 떡집. 모찌와 양갱, 흰 앙금과 쌀가루를 넣고 쪄서 만든 화과자 등 다양한 수제 디저트를 유기농 차와 함께 즐길 수 있다.

Ⓐ 서울시 강남구 삼성로75길 41 ◎ 화~일요일 11:30~20:00 / 매주 월요일 휴무 ⓣ 070-4007-6851 Ⓗ www.instagram.com/mochibang Ⓜ팥 모찌 2,500원, 말차 모찌 3,200원, 밤 오하기 3,500원, 말차 양갱 8,200원, 제주산 유기농 세작 6,800원 ⓣ 선물 포장 가능 / 당일 생산, 무방부제, 무첨가물을 원칙으로 하기에 변질되기 쉬우니 당일 먹을 것을 권한다. / 2인석 테이블 3개뿐이니 한산한 평일에 이용하는 것이 좋다.

선릉(선릉성종왕릉) 조선 제9대 왕 성종과 성종의 계비 정현왕후 윤씨의 무덤. 서울에서 가장 화려한 강남 한복판의 빌딩 속에 이처럼 잘 정돈된 녹지와 솔숲이 있다는 사실이 놀랍다. 고즈넉한 공원을 산책하는 기분으로 한번 들러보자. 최인아책방에서 도보 5분 거리에 있어 접근성도 좋다.

Ⓐ 서울시 강남구 선릉로100길 1 ◎ 월~금요일 06:00~21:00 / 매주 토~일요일 휴무 ⓒ 성인 1,000원, 어린이 500원 ⓣ 02-568-1291 Ⓗ royaltombs.cha.go.kr

SPOT 3

443평 초대형 헌책들의 보물섬

서울책보고

주소 서울시 송파구 오금로1 · **가는 법** 2호선 잠실나루역 1번 출구 → 좌측으로 도보 2분 · **운영시간** 화~금요일 11:00~20:00 / 주말 및 공휴일 10:00~20:00 / 매주 월요일, 1월 1일, 설날 및 추석 연휴 휴관 · **전화번호** 02-6951-4979 · **홈페이지** www.seoulbookbogo.kr · **etc** 신천유수지 주차장 이용(5분당 150원)

주변 볼거리 · 먹거리

송리단길 서울책보고에서 차로 10분 거리(도보 30분)에 요즘 아주 핫한 송리단길이 있다.

Ⓐ 서울시 송파구 백제고분로43길 23(석촌호수 인근) Ⓒ 9호선 송파나루역 1번 출구 → 도보 5분 2월 8주 소개(84쪽 참고)

일반 서점에서는 구할 수 없는 희귀본이나 절판된 책을 찾아 청계천 헌책방을 이리저리 헤매다 마침내 원하는 책을 찾았을 때의 희열을 기억한다. 헌책방이 하나둘씩 문을 닫으면서 청계천 헌책방 거리는 추억 너머로 사라지는 듯했다. 그런데 서울시의 주도하에 청계천 서점을 비롯해 25개의 헌책방들이 모여 오래된 책의 가치를 새로 담아 공공헌책방을 만들었다. 보유한 장서만 12만여 권에 달하니 그야말로 헌책 보물섬이다. 우선 신천유수지 창고를 리모델링한 443평에 달하는 규모에 입이 쫙 벌어진다. '책벌레'를 형상화한 아치형 곡선 공간이 압도적이다. 마치 거대한 책 터널을 걷고 있는 기분이다. 세상의 모든 헌책을 만나러 가보자.

- 헌책의 특성상 교환 및 환불이 불가하다. 그리고 헌책을 기증받거나 매입하지 않으며 책을 훼손할 수 있는 외부 음식물 반입이 불가하다.

이곳에 가면 세상에 단 한 권!
절판된 줄 알았는데 우연히 찾은 '책 보물'로 득템 횡재 가능!

서가마다 책을 기증한 헌책방 이름이 적혀 있다. 이곳에서 판매되는 모든 책의 종류와 가격은 각 책방 운영자의 의견을 최대한 반영해 정한 것이다. 위탁 판매 수수료 10퍼센트를 제외하고 나머지 전액이 책방 주인에게 돌아간다. 좋은 책을 착한 가격에 살 수 있으니 다다익선이다.

영어 원서와 영어 동화책, 전집 등 아이들이 볼 만한 책도 굉장히 다양하다. 양장본도 새 책처럼 깨끗하다.

독립출판물과 명사들이 기증한 도서는 열람만 가능하다. 고서, 희귀본, 절판본 등 가치 높은 귀한 책들도 전시돼 있다. 100만 원이 넘는 고가의 책들이니 함부로 만지지 말자.

책을 굳이 사지 않아도 된다. 종일 앉아서 책을 읽어도 눈치 주는 사람이 없다.

서울책보고에 입점한 헌책방 운영자들이 수십 년간 수집한 추억의 잡지들을 전시한 〈잡지展〉. 1970년대부터 2000년대를 아우르는 600여 종 1,200권 이상의 잡지가 전시 중이다. 보존용 잡지를 제외하고 판매 가능하다.

SPOT **4**

책 파는 빵집

홍철책빵

주소 서울시 용산구 후암동 123-11 · **가는 법** 4호선 서울역 12번 출구 → 도보 10분 · **운영시간** 12:00~18:00 / 매주 화요일 휴무 · **전화번호** 070-4252-3377 · **대표메뉴** 아메리카노 3,500원, 팔미까레 4,500원 · **홈페이지** www.instagram.com/rohongchul · **etc** 홍철책빵까지 오르막 경사가 심하니 주의한다. / 실내화 신고 입장. 신발주머니를 유료로 판매하니 미리 신발주머니를 챙겨 가는 것이 좋다. / 빵은 정해진 시간에 맞춰 나오자마자 매진되니 일찍 방문하는 것이 좋다. / 가장 인기 있는 크루아상은 오후 1시와 3시에 나온다.

　　노홍철이 본인의 집을 개조해 만든 책방 겸 베이커리 카페. 홍철책빵에는 빵과 함께 긍정 에너지가 마구 흘러넘치는 노홍철이 산다. 책빵에 들어서는 입구부터 내부 바닥, 천장까지 인간 노홍철의 역사를 엿볼 수 있는 졸업장, 캐리커처, 어릴 적 쓰던 물건과 사진 등 유쾌하고 자기애가 충만한 개인 소장품들이 여기저기 전시(?)돼 있다.

　　1층은 다양한 종류의 책과 독립 출판물을 판매하는 책방과 카페, 2층은 베이커리다. 종류가 많지는 않지만 의외로 빵 맛집이다. 모든 빵은 2층 작업실에서 만들고, 시간표에 맞춰 갓 구운 빵으로 가득 채워진다. '내가 먹고 싶어 만든 빵'이라는 모토처럼 시럽이나 색소, 마가린, 보존제, 보습제 등의 첨가물 없이 질 좋은 재료로 만든다고 한다.

주변 볼거리·먹거리

아베크엘 홍철책빵에서 도보 8분 거리에 있는 감성 카페.

Ⓐ 서울시 용산구 두텁바위로 69길 29 ◎ 12:00~20:00 / 매주 일요일 휴무 ⓣ 070-8210-0425
10월 40주 소개(340쪽 참고)

피크닉 도시의 일상 속에서 자연과 함께 예술을 여행하는 휴식처.

Ⓐ 서울시 중구 남창동 194 ◎ 11:00~19:00 / 매주 월요일 휴관 ⓣ 02-318-3233 Ⓗ www.piknic.kr
12월 48주 소개(392쪽 참고)

1 COURSE
（徒）도보 20분

유어마인드

2 COURSE
（徒）도보 25분

땡스북스

3 COURSE

스프링플레어

주소 서울시 서대문구 연희동 132-32 2층

운영시간 수~월요일 13:00~20:00 / 매주 화요일, 추석 및 설날 당일 휴무

전화번호 070-8821-8990

홈페이지 www.your-mind.com / www.instagram.com/your_mind_com

etc 이연복 셰프가 운영하는 중국집 '목란'이 바로 옆이니 함께 들러보자. 연희동 주택가 사이 단독주택 2층에 자리하고 있어서 자세히 보지 않으면 지나치기 쉽다.

가는 법 2호선 홍대입구역 3번 출구 → 도보 10분

독립출판계의 선조 격인 곳. 국내 소형 출판사 및 개인 아티스트가 제작한 독립출판물과 아트북을 메인으로 수입 서적, 음반, 굿즈를 판매한다. 독립출판물을 전문으로 다루는 만큼 대형 서점에서는 보기 힘든 개성 넘치는 책들을 만나볼 수 있다. 또한 일러스트레이션, 만화, 요리, 사진 분야의 독립서적 제작과 출판도 겸한다.

주소 서울시 마포구 서교동 399-7

운영시간 매일 12:00~21:00 / 1월 1일, 설날 및 추석 연휴 휴무

전화번호 02-325-0321

홈페이지 www.thanksbooks.com / www.instagram.com/thanksbooks

etc 초기에는 독립출판물도 입고되었으나 근처 작은 서점들의 개성을 위해 아쉽지만 현재는 입고되지 않는다.

하루가 달리 변화무쌍하게 생겨났다 사라지는 홍대 앞에서 거의 10년째 자리를 지키고 있는 큐레이션 서점. 홍대 앞이라는 지역적 특성을 고려해 땡스북스의 성격에 맞는 도서들만 선별하고 있다. 더불어 흐름에 맞게 진열하고 한 달에 한 번 출판사와 함께 주제가 있는 기획 전시 및 '금주의 책', '땡스, 초이스' 등 다양한 코너를 진행하며 디자인과 콘텐츠가 잘 어우러지는 책들을 소개한다.

주소 서울시 마포구 동교로27길 53 1층

운영시간 12:00~20:00 / 매주 일요일 휴무

전화번호 070-7167-1846

홈페이지 www.instagram.com/springflare.kr

글쓰기, 미술사, 일러스트 등 예술과 디자인에 집중한 일상 예술서점. 예술 자체에 대한 것뿐 아니라 예술의 방식으로 살아가는 삶에 대한 책들을 다룬다.

한 겨 울 밤 의 빛 축 제

2 week

SPOT **1**

오색별빛정원

아침고요
수목원

주소 경기도 가평군 상면 수목원로 432 · **가는 법** 동서울터미널 또는 경춘선(약 40분 소요) → 청평역 하차 → 청평시외버스터미널에서 일반버스 31-7 · 31-17 · **운영시간** 매일 11:00~21:00 / 토요일 11:00~23:00 / 연중무휴 · **입장료** 주말 및 공휴일 어른 9,500원, 중고생 7,000원, 어린이 6,000원 · **전화번호** 1544-6703 · **홈페이지** www.morningcalm.co.kr · etc 오색별빛정원전이 열리는 기간에 평일은 저녁 9시까지, 토요일은 11시까지 연장 운영하며 가평역 앞에서 아침고요수목원까지 가평시티투어버스가 운행된다(요금 6,000원).

　겨울밤, 아침고요수목원에서 펼쳐지는 아름다운 빛의 축제로 떠나보자. 아침고요수목원은 연인들 사이에서 가장 인기 있는 데이트 코스로, 봄부터 가을까지 많은 사랑을 받는 곳인 한편 겨울에도 황홀한 별빛축제가 열린다. 겨울이 되면 10만 평의 거대한 정원이 사랑, 동물, 식물 등 20여 가지 테마로 표현된 다채로운 조명으로 꾸며진다. 자연과 빛의 조화를 지향하며 친환경 소재인 LED 전구를 사용한 것이 특징이다.

주변 볼거리·먹거리

남이섬 연인들의 단골 여행지. 쭉쭉 뻗은 이국적인 메타세쿼이아 길은 남이섬의 필수 탐방 코스다. 이 밖에 자전거길, 나눔열차, 박물관 등 다양한 체험을 즐길 수 있으며, 연주회와 전시회, 체험전이 열린다. 가평역에서 셔틀버스로 5분 거리의 선착장에서 배를 타고 남이섬에 들어간다. 선박 운행 시간표는 홈페이지를 통해 확인할 수 있다.

Ⓐ 강원도 춘천시 남산면 남이섬길 1 ⓞ (선박) 4월~10월 09:00~19:00, 11월~3월 09:00~ 18:00 (남이섬 내부) 07:30~21:30 ⓒ 10,000원 ⓣ 031-580-8114 ⓗ namisum.com

TIP

- 봄, 여름, 가을, 겨울 언제 방문해도 아름다운 곳이지만 아침고요수목원의 오색별빛정원전은 겨울에만 볼 수 있다. 보통 매년 12월 초에서 이듬해 3월까지 열린다.
- 원칙적으로 점등 시간은 오후 5시 40분이지만 일몰 시간에 따라 변동될 수 있다.
- 퇴장 후 재입장 불가!
- 입장은 폐장 1시간 전까지 가능.
- 깊은 산중이라 꽤 추우니 따뜻하게 입고 가자.
- 아침고요수목원, 남이섬, 자라섬, 가평레일바이크, 쁘띠프랑스 등 가평의 주요 여행지를 순회하는 가평시티투어버스를 이용해 편리하게 이동할 수 있다.

SPOT **2**
초대형 달토끼가 살고 있는
별빛정원
우주

주소 경기도 이천시 마장면 덕이로154번길 · **가는 법** 이천고속터미널 하차 → 스탠다드차타드 은행 앞에서 12-1 혹은 22-9번 버스 탑승 → 이천롯데아울렛 하차 → 도보 10분 · **운영시간** 3~10월 11:00~17:30(주간) / 18:00~23:00(야간) / 11~2월 11:00~16:00(주간) / 17:00~23:00(야간) 연중무휴 · **입장료** 성인 12000원(야간 / 주간 6,000원) / 어린이 6,000원(야간 / 주간 3,000원) · **전화번호** 031-645-0002 · **홈페이지** www.oOoZoOo.co.kr · **etc** 주차장 무료 / 온라인 사전 예매 시 할인

    아이들은 물론 어른들도 종일 신나게 놀 수 있는, 365일 빛의 파노라마가 펼쳐지는 감성 테마파크. 야간개장 시간부터 1시간 간격으로 신나는 음악과 함께 펼쳐지는 환상적인 라이팅쇼, 실제 반딧불이를 보고 있는 듯 몽환적으로 반짝거리는 반딧불이 숲, 별빛처럼 반짝이는 오색찬란한 플라워 가든, 미디어 아트로 구현해낸 환상적인 빛의 향연이 일품인 우주 스테이션, 발길 닿는 곳마다 별빛이 쏟아지는 우주 놀이터, 빛 속으로 빨려 들어가듯 움직이는 엄청난 길이의 불빛 터널, 마치 파도치는 바다를

보는 듯한 착각마저 드는 출렁이는 거대한 '별의 바다' 등 총 13가지 테마로 꾸며져 있다. 감성 가득한 볼거리와 체험거리가 생각보다 훨씬 넓은 공간에 펼쳐져 있으니 시간을 넉넉히 잡고 가자. 정원 어딜 돌아다녀도 귀여운 캐릭터들이 반겨주는 포토존이 많은 데다가 곳곳에 스마트폰 거치대가 설치되어 있어서 블링 블링한 인생 사진 찍으러 가기에 안성맞춤인 야경 명소로 적극 추천한다.

주변 볼거리·먹거리

테르메덴 차로 13분 거리에 한국 최초의 독일식 천연온천인 테르메덴이 있으니 가족들 또는 친구들, 연인끼리 두 곳을 모두 즐겨보는 것도 좋겠다.

Ⓐ 경기도 이천시 모가면 사실로 984 Ⓢ 실내 풀앤스파 09:00~19:00(주말 21:00까지) / 실외 풀앤스파 10:00~17:00(주말 20:00까지) / 연중무휴 Ⓒ 5,000원(36개월 미만 무료) Ⓣ 031-645-2000 Ⓗ www.termeden.com 12월 51주 소개(410쪽 참고)

TIP
- 주/야간 운영 종료 1시간 전까지 입장 가능하다.
- 야간 오픈 시 파크 전체 조명이 점등된다.
- 주간에는 조명 점등 및 라이팅 쇼가 진행되지 않는다.
- 우천 혹은 폭설 시에는 현장에 사전 문의 후 방문하자.
- 돗자리, 킥보드, 애완견, 외부 음식물 반입 금지.

티켓 부스 옆 토끼 포토존

SPOT **3**

거대한 식물원 같은 카페, 갤러리, 레스토랑, 라이프숍
대림창고

주소 서울시 성동구 성수이로 78 · **가는 법** 2호선 성수역 3번 출구 → 도보 3분 · 운영시간 11:00~23:00 / 명절 당일 휴무 · **전화번호** 02-499-9669 · 홈페이지 www.instagram.com/column2016

대림창고는 성수동을 단번에 핫플레이스로 만든 주역이다. 서울에서 가장 핫한 파티가 열리는 곳으로 주말 밤이면 수많은 연예인과 셀럽들이 모여들고 국내와 해외 유명 브랜드의 대형 패션쇼, 파티장, 공연, 전시, 화보나 CF 촬영까지 복합문화공간으로 활용되어 젊은이들의 발길이 끊이지 않는 곳이었다. 지어진 지 40년이 넘은 공장의 오래되고 허름한 벽이나 녹슨 철문, 기존의 골조를 그대로 사용하고, '대림창고'라는 이름까지 고스란히 이어받아 카페로 운영되고 있다. 마치 거대한 식물원을 옮겨놓은 듯한 인테리어가 매력적이다.

주변 볼거리 · 먹거리

프롬에스에스&수제화거리

Ⓐ 서울시 성동구 아차산로 103 Ⓞ 10:30~20:00 / 연중무휴 Ⓒ 무료 Ⓣ 070-4418-6283(프롬에스에스)
2월 9주 소개(94쪽 참고)

틸테이블 가드닝아카데미로 유명한 틸테이블이 성수동에도 최근 새롭게 문을 열었다. 다육이를 비롯한 다양한 식물들 그리고 직접 디자인한 화기를 팔고 있다. 성수역 3번 출구를 나오자마자 길 건너에 있다. 틸테이블에서 3분만 더 걸어가면 대림창고.

Ⓐ 서울시 성동구 성수동 2가 317-3 베델플레이스 Ⓣ 02-544-7936 Ⓗ www.tealtable.com

TIP
- 성수동 최고의 핫플레이스라 주말에는 상상 이상의 인산인해다. 오픈 시간에 맞춰 가면 그나마 한산하게 즐길 수 있다.
- 대림창고의 갤러리 컬럼에서 젊은 작가들의 작품을 발굴해 비정기적으로 전시 중이다.

1 COURSE

🚕 택시 약 5분(택시비 약 3,900원)

▶ **청평호수**

2 COURSE

🚌 일반버스 31-5 ▶ 청평터미널 하차 ▶ 일반버스 31-7 환승 ▶ 수목원 종점 하차(총 1시간 15분 소요)

▶ **쁘띠프랑스**

3 COURSE

▶ **아침고요수목원**

주소	경기도 가평군 설악면 회곡리
홈페이지	www.gptour.go.kr
가는 법	일반버스31-30(청평역) → 양진마을 하차 → 도보 9분

위 사진은 쁘띠프랑스에서 내려다본 청평호수이다. 호명산과 화야산이 양쪽으로 솟아 있어서 호반을 한 바퀴 도는 자동차 드라이브 코스 경관이 빼어나 가평 8경 가운데 하나로 꼽힌다. 호수에서 모터보트와 수상스키 등 수상 스포츠를 즐길 수도 있다.

주소	경기도 가평군 청평면 호반로 1063
운영시간	09:00~18:00 / 연중무휴
입장료	어른 8,000원, 청소년 6,000원, 어린이 5,000원
전화번호	031-584-8200
홈페이지	www.pfcamp.com
etc	폐장 시간은 계절과 날씨에 따라 유동적이다.

청평역에서 40여 분 거리에 있는 쁘띠프랑스는 아름다운 색색의 프랑스풍 건물들과 유럽의 다양한 문화와 공연 등을 즐길 수 있는 국내 유일의 프랑스 전원마을 테마파크. 수많은 드라마 촬영지로 유명하며, 프랑스를 대표하는 생텍쥐페리의 대표작 ≪어린왕자≫를 테마로 하여 작은 프랑스 마을을 그대로 재현했다. 쁘띠프랑스에서 호명산까지 수려한 풍경의 드라이브 코스도 유명하다.

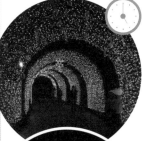

주소	경기도 가평군 상면 수목원로 432
운영시간	매일 11:00~21:00 / 토요일 11:00~23:00 / 연중무휴
입장료	어른 9,500원 / 중고생 7,000원 / 어린이 6,000원
전화번호	1544-6703
홈페이지	www.morningcalm.co.kr
etc	오색별빛정원전이 열리는 기간에는 관람시간이 평일은 저녁 9시까지, 토요일은 저녁 11시까지 연장된다. 가평역 앞에서 아침고요수목원까지 가평 시티투어버스가 운행된다(요금 6,000원).

1월 2주 소개(42쪽 참고)

1월 셋째 주

별 헤기 좋은 겨울밤

3 week

SPOT **1**

서울 근교에서 별이
가장 잘 보이는 곳
중미산천문대

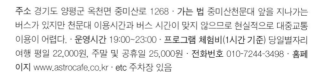
주소 경기도 양평군 옥천면 중미산로 1268 · **가는 법** 중미산천문대 앞을 지나가는 버스가 있지만 천문대 이용시간과 버스 시간이 맞지 않으므로 현실적으로 대중교통 이용이 어렵다. · **운영시간** 19:00~23:00 · **프로그램 체험비(1시간 기준)** 당일별자리 여행 평일 22,000원, 주말 및 공휴일 25,000원 · **전화번호** 010-7244-3498 · **홈페이지** www.astrocafe.co.kr · **etc** 주차장 있음

　규모는 작지만 중미산휴양림 내에 자리하고 있어 별이 잘 보이기로 소문이 자자한 천문대. 날만 좋으면 맨눈으로 3천 개의 별을 감상할 수 있으며, 경기도 양평에 위치해 있어 접근성이 좋다. 낮의 태양 프로그램과 당일 별자리 여행 프로그램, 1박 2일 가족 야영 프로그램, 초등학생을 위한 여름·겨울 방학 캠프 등을 운영 중이다. 또한 매년 크리스마스에는 연인들을 위해 별자리 궁합, 바비큐 파티 등의 특별 이벤트도 진행된다.

주변 볼거리·먹거리

카페 별 중미산천문 대 내에 있는 카페 겸 식당. 천문대 텃밭에 서 직접 수확한 재료 로 만든 건강한 음식과 간단한 음료를 맛볼 수 있다.

Ⓐ 경기도 양평군 옥천면 중미산로 1268 Ⓞ 상시 개방(식사는 오후 6시 30분부터 가능하 며 예약 필수) Ⓣ 031-771-0306

세미원 물과 꽃의 정 원. 다양한 연꽃과 수 련을 사시사철 볼 수 있으며, 특히 해마다 7월 초~8월 초에 열리는 연꽃축제에서는 환상 적인 연꽃정원을 관람할 수 있다.

Ⓐ 경기도 양평군 양서면 양수로 63 Ⓞ 연 꽃문화제기간 07:00~22:00 / 5월~10월 09:00~22:00 / 11월~4월 09:00~18:00 / 연 중무휴 Ⓒ 어른 5,000원, 어린이 3,000원 Ⓣ 031-775-1835 Ⓗ www.semiwon.or.kr

TIP
- 모든 프로그램은 사전 예약 및 소규모 정원제로 운영하고 있으니 홈페이지 혹은 전화로 사전 예약 필수!
- 천체 관람 시작 30분 전부터 입장 가능하다. 관측 시간 전에 미리 도착했다면 주 변의 중미산휴양림과 천문대 카페를 둘러보자.
- 겨울에 방문해야 별과 달이 가장 잘 보인다. 특히 비가 온 후 혹은 날씨가 가장 맑 은 날 가야 별과 달을 관측할 수 있다.
- 날씨가 좋지 못해 천체 관측을 하지 못했을 경우 1년 내에 재방문할 수 있다.
- 홈페이지에서 '1박 2일 가족별빛캠프'를 예약하면 숙박도 가능하다.

최첨단, 일대일 체험 천문대

포천아트밸리
천문과학관

주소 경기도 포천시 아트밸리로 234 · **가는 법** 1호선 의정부역 → 시내버스 138 · 138-1·2·5·6·72·72-3 → 신북면사무소 하차 → 관내 공영버스 67 환승 → 포천아트밸리 하차 → 포천아트밸리 내 천문과학관까지 도보 약 13분 · **운영시간** 동절기(11월~2월) 09:30~20:30, 하절기(3월~10월) 09:30~21:30, 구정과 추석 당일은 10:00 개관 / 연중무휴(매주 월요일은 18:50에 폐관) · **입장료** 포천아트밸리 입장객 무료 · **전화번호** 031-538-3487 · **홈페이지** astro.pcs21.net

　　포천아트밸리 내에 있는 천문과학관. 2014년 8월 문을 연 곳이라 서울 근교에서 단연 최신 장비를 골고루 갖춘 곳이다. 다양한 놀이와 체험이 있는 우주천체과학전시관 및 최첨단 4D 영상관과 별자리 체험이 가능한 천체투영실과 천체관측실 등으로 이뤄져 있다. 무엇보다도 학습 및 체험 교육 시설이 굉장히 잘되어 있어서 아이들에게 교육적이며, 천체투영실은 지름 12미터의 거대한 돔 스크린에 가상의 별을 투영하여 날씨에 관계없이 천문 교육을 받을 수 있다. 관람객이 단 1명밖에 없어도 천체 관측이 가능하다.

주변 볼거리·먹거리

산정호수 썰매축제
봄부터 가을까지는 보트와 수상스키를 즐기고, 고운 가을 단풍과 물 위를 걷는 아름다운 산책로로 인기 많은 포천 산정호수가 겨울에는 얼음 썰매장으로 변신한다. 얼음판에서 씽씽 달리는 썰매놀이가 아이 어른 할 것 없이 색다른 재미를 선물한다. 썰매축제는 12월 말부터 2월 초까지 진행된다.

Ⓐ 경기도 포천시 영북면 산정호수로 411번길 89 Ⓣ 031-532-6135 Ⓗ www.sjlake.co.kr

TIP
- 매표소에서 천문과학관까지 가는 길은 약 500미터(도보 약 15분)의 경사진 길이다.
- 천체투영실 관람 티켓은 인터넷 예약을 할 수 없으며, 전 좌석 현장 발매로 접수한다(저녁 6시부터 선착순으로 입장권 배부).
- 맑은 날에 한해 천체투영실과 천체관측실 연계 운영(천체투영실 예약자에 한해 천체 관측 진행).
- 기상 불량 시 옥상의 천체관측실은 운영되지 않는다.

천체관측실 전경. 다양한 천체망원경이 구비되어 있어서 여유로운 관측이 가능하다.

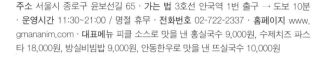

SPOT 3

까칠한 마나님의 인공조미료
출입 금지 레시피

계동마나님

주소 서울시 종로구 윤보선길 65 · 가는 법 3호선 안국역 1번 출구 → 도보 10분
· 운영시간 11:30~21:00 / 명절 휴무 · 전화번호 02-722-2337 · 홈페이지 www.
gmananim.com · 대표메뉴 피클 소스로 맛을 낸 홍실국수 9,000원, 수제치즈 파스
타 18,000원, 방실비빔밥 9,000원, 안동한우로 맛을 낸 뜨실국수 10,000원

주변 볼거리 · 먹거리

북촌 8경

Ⓐ 서울시 종로구 가
회동과 삼청동 일대
Ⓣ 02-731-0114 Ⓗ

bukchon.jongno.go.kr
2월 6주 소개(72쪽 참고)

장아찌 전문가로 알려진 계동 마나님의 전통 음식점. 모든 요
리는 장아찌 양념장으로 맛을 낸다. 특히 양지머리와 차돌박이
안동육수로 만든 뜨끈한 뜨실국수와 마나님이 직접 만든 수제
치즈파스타가 인기. 전국 깊은 산에서 계절별로 채취한 재료를
사용하며, 방부제와 조미료를 일절 쓰지 않기로 이름 높은 곳이
다. 이 집은 뭐니 뭐니 해도 마나님이 직접 만든 수제 장아찌가
일품이다. 전통 기법으로 만든 숨 쉬는 항아리에서 숙성시킨 강
화순무, 콩잎, 머위, 엄나무순, 명이, 순무, 매실 장아찌 등을 매
장에서 직접 구입할 수 있다. 직접 만든 리코타 치즈도 150그램
(15,000원)부터 원하는 양만큼 잘라 판매한다.

TIP
- 나이 지긋한 계동 마나님의 성격이 꽤나 까칠하시기로 유명하니 친절한 서비스
에 대한 기대는 접어두는 것이 좋다. 음식에 대한 자부심과 고집 하나로 장사하
는 곳이다. 특히 마나님이 테이블을 말끔히 치우고 나서 지정해 준 자리에 손님
이 앉는 에티켓을 굉장히 중요시한다. 이것 하나만 잘 지키면 마나님이 쉽게 보
여주지 않는 살가운 친절을 경험하게 될 것이다.
- 물이 셀프라는 사실을 몰라 끝끝내 물 한 모금 못 마시고 가는 사람도 있다.
- 주중에만 브레이크타임(15:00~17:30)이 있다.

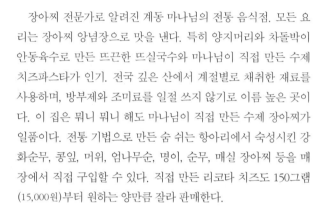

후식으로 나오는 마나님표 수제 리코타 치즈

1 COURSE
🚗 자동차로 약 40분

▶ 터갈비

2 COURSE
🚗 자동차로 약 40분

▶ 두물머리

3 COURSE

▶ 중미산천문대

주소 경기도 양평군 강하면 강남로 295
운영시간 11:30~22:00 / 매주 월요일 휴무
전화번호 031-774-9958
대표메뉴 양념돼지갈비, 돼지생갈비(1인분) 각 13,000원, 소양념갈비 28,000원
가는 법 자동차로 이동

'한 번도 먹어보지 않은 사람은 있어도 한 번만 먹어본 사람은 없다'는 일명 마약갈비로 유명한 고깃집. 육질이 굉장히 부드럽고 자극적이지 않은 깊은 풍미가 일품인 생돼지갈비 강력 추천! 도축된 지 일주일 이상 지난 고기는 절대 내놓지 않기 때문에 돼지고기 특유의 잡내와 누린내가 전혀 나지 않는다.
10월 43주 소개(360쪽 참고)

주소 경기도 양평군 양서면 양수리
운영시간 상시 개방
전화번호 031-770-2068

양평에서 가장 아름다운 일출과 일몰을 볼 수 있는 영원한 나들이 명소. 남한강과 북한강의 두 물줄기가 합쳐지는 곳이라 해서 두물머리라 불리며 '양수리'라는 지명도 여기서 나왔다. 400년 수령을 자랑하는 느티나무 벤치에 앉아 잔잔히 흘러가는 강물과 황포돛단배를 바라보는 것만으로도 힐링의 시간이 된다. 특히 일교차가 심한 봄가을 새벽 물안개가 피어오를 때면 운치가 더한다.

주소 경기도 양평군 옥천면 중미산로 1268
운영시간 19:00~23:00
체험비 당일별자리여행 평일 22,000원, 주말 및 공휴일 25,000원
전화번호 010-7244-3498
홈페이지 www.astrocafe.co.kr
etc 주차장 있음

1월 3주 소개(48쪽 참고)

겨울 바다의 진수
서해 바닷길 여행

4 week

SPOT **1**

서해의 해넘이 명소
궁평항

주소 경기도 화성시 서신면 궁평항로 1069-11 · **가는 법** 1호선 수원역 6번 출구 →
수원역, AK프라자 정류장에서 일반버스 400 → 궁평항 하차 → 궁평항 입구까지 도
보 10분 · **운영시간** 상시 개방 · **etc** 주차 무료

    경기도 최대의 어항인 궁평항의 낙조는 화성8경 중 4경에 속
한다. 특히 겨울 일몰이 아름답기로 유명한데, 맑은 날이 많아
선명한 일몰을 자주 볼 수 있어서 사진 애호가들이 즐겨 찾는다.
예로부터 해안과 갯벌 등 좋은 자연환경을 갖추고 있어 궁(宮)에
서 관리하던 땅이 많다고 해서 '궁평'으로 불렸다고 한다. 싱싱한
수산물이 넘쳐나는 궁평항 수산물직판장, 누구나 이용 가능한
피싱피어(무료 바다낚시 데크), 해가 지면 황금빛으로 물드는 낭
만적인 낙조를 여유롭게 감상할 수 있는 궁평항 전망대 카페 등
볼거리, 먹거리가 풍성해 당일 여행으로 좋다. 궁평항 주변에 맛
있는 회가 천지지만, 포장마차에서 파는 꽃게튀김과 왕새우튀

궁평항 수산물직판장 주변에 누에섬, 대부도 해솔길, 전곡항, 탄도항 등 볼거리가 많고 싱싱한 해산물을 구입해 즉석에서 회를 떠서 먹을 수 있다.

Ⓐ 경기도 화성시 서신면 궁평항로 1049-24
Ⓣ 031-355-9692 Ⓗ tour.hscity.go.kr

궁평항 전망대 카페 이곳의 천사 날개 벽화는 궁평항의 필수 포토존이다. 궁평항 어촌계에서 운영하는 라이브 카페로 수산물직판장 2층에 있다. 바리스타 자격증이 있는 마을 주민이 직접 카페를 운영하고 있으며, 통기타 라이브 가수의 음악을 들으며 커피, 맥주, 간식 등을 즐길 수 있다.

Ⓐ 경기도 화성시 서신면 궁평항로 1049-24
Ⓞ 10:00~18:00 / 연중무휴 Ⓣ 031-356-7339

김을 꼭 먹어보자. 어른 주먹만 한 왕새우를 즉석에서 튀겨내 뜨끈뜨끈하고 바삭한 식감이 일품이다. 근처 궁평어촌체험마을에서 운영하는 갯벌 체험장과 궁평유원지가 있고, 해송숲도 조성되어 있다.

TIP

· 방파제 위를 걸으며 바다를 감상하는 사람들과 낚시꾼들이 한데 섞여 조금 혼잡하다. 낚시꾼이 휘두르는 낚싯대 바늘에 다칠 수 있으니 낙조 감상 시 특별히 더 주변 상황에 주의하자.
· 유료로 갯벌 체험이 가능한데, 밀물 1시간 전에는 반드시 갯벌에서 나와야 한다.
· 궁평항에는 식당이 따로 없다. 수산물직판장에서 원하는 수산물과 해산물을 주문하면 즉석에서 회를 떠준다.

SPOT **2**

서울에서 가장 가까운 겨울 바다

전곡항

주소 경기도 화성시 서신면 전곡리 · **가는 법** 2호선 사당역에서 직행버스 1002 →
전곡항 하차(약 2시간 20분 소요) · **운영시간** 상시 개방 · etc 주차 무료

　　세계요트축제가 열렸던 곳으로 항을 가득 메운 아름다운 요
트 너머로 펼쳐지는 일몰이 굉장히 이국적인 풍경을 자랑한다.
전곡항은 서해에서는 드물게 밀물과 썰물에 관계없이 24시간
배가 자유롭게 드나들 수 있는 항구다. 전국 최초로 레저어항 시
범지역에 선정된 다기능 테마 어항으로 요트와 보트 등의 수상
레저를 즐기기에 좋은 조건을 갖췄다. 요트와 보트가 접안할 수
있는 마리나 시설이 있으며, 파도가 적고 수심이 3미터 이상 유
지되는 수상 레저의 최적지로 매년 이곳에서 국제보트쇼가 열
린다.

주변 볼거리·먹거리

전곡항 마리나 전망대 전곡항 일대의 풍경을 한눈에 감상할 수 있다. 멀리 제부도와 탄도항, 누에섬까지 선명하게 보인다. 전망망원경 이용 무료.

Ⓐ 경기도 화성시 서신면 전곡항로 5 전곡항마리나클럽하우스 3층 ⊙ 상시 개방

카페 베이네스 전곡항 마리나 전망대와 더불어 2층의 카페 베이네스는 전곡항 조망 명소.

Ⓐ 경기도 화성시 서신면 전곡항로 5 전곡항마리나클럽하우스 2, 3층 ⊙ 10:30~22:00 / 연중무휴 Ⓣ 031-357-0050

TIP
- 여름철에는 요트, 보트, 유람선, 카약, 수상자전거, 노보트 등 다양한 레저를 즐길 수 있다. 전곡항 마리나에서 예약하면 약 1시간 30분 동안 요트를 타고(1인 30,000원) 황금빛으로 물든 서해의 아름다운 풍경을 감상할 수 있다(전곡항 마리나 031-356-8862).
- 매년 5월이면 요트 체험 및 유람선 낚시, 캠핑존 등 다양한 체험이 가능한 '화성 뱃놀이 축제'가 열린다.

SPOT **3**

탄도항의 푸짐한
회 썰기 달인의 집
와인 주는
회집

주소 경기도 안산시 선감동 680번지 · **가는 법** 4호선 안산역 1번 출구 → 정류장까지 도보 3분 → 일반버스 123 → 불도 · 정문규미술관 하차(약 1시간 45분 소요) → 와인 주는 회집까지 도보 5분 · **운영시간** 매일 10:00~22:00 / 연중무휴 · **전화번호** 032-886-5360

30년을 한자리에서 운영하고 있는 대부도 횟집. 어부 직영 횟집이라 싱싱한 회를 저렴한 가격으로 맛볼 수 있다. 특히 주메뉴 전에 제공되는 키조개, 조개, 산낙지, 전복, 개불, 멍게, 해삼 등 바다에서 맛볼 수 있는 싱싱하고 푸짐한 해산물 곁들이 음식으로 입소문 자자한 곳이다. 일반 횟집처럼 두툼하게 써는 것이 아니라 얇고 넓적하게 썰어 식감이 부드럽고 쫄깃쫄깃한 것이 특징이다. 대부도는 당도 높은 포도로 유명한데 이름처럼 세트 메뉴를 주문하면 대부도의 송산포도로 직접 담근 와인 한 병이 무료로 제공된다. 주변 풍경까지 좋아서 서해의 느낌을 만끽할 수 있다.

TIP
- 주메뉴 전에 제공되는 곁들이 음식이 워낙 풍성하게 나오므로 너무 많은 양을 주문하지 않도록 한다.
- 엄청난 양을 자랑하는 칼국수 맛집이기도 하다.

주변 볼거리·먹거리

대부도 해솔길

Ⓐ 경기도 안산시 단원구 대부북동 1870-47 Ⓞ 상시 개방(일몰 이전 권장) Ⓣ 031-481-3408(안산시청 관광과) Ⓗ www.haesolgil.kr Ⓔ 대부도 해솔길 1코스는 대부도관광안내소(방아머리공원)에서 시작해 동서가든(캠핑장) → 북망산 → 구봉약수터 → 구봉도 낙조전망대 → 구봉선돌 → 종현어촌체험마을 → 돈지섬안길이 종착지다. 9월 35주 소개(302쪽 참고)

원껏 즐기는 서해 바다 ─────────────

1 COURSE
🚌 전곡항 정류장에서 직행버스 1002 ▶ 서신터미널 하차(약 26분 소요) ▶ 🚌 일반버스 400 ▶ 궁평항 하차(약 27분 소요) 🚶 도보 5분

▶ 전곡항

2 COURSE
▶ 똘이네 회수산

3 COURSE
▶ 궁평항

주소 경기도 화성시 서신면 전곡리
운영시간 상시 개방
etc 주차 무료
가는 법 2호선 사당역에서 직행버스 1002 → 전곡항 하차

1월 4주 소개(56쪽 참고)

주소 경기도 화성시 서신면 전곡항로 14번길 5-18
운영시간 09:00~22:00 / 연중무휴
전화번호 031-357-2741

마을 주민들이 입 모아 추천하는 전곡항 어촌계 주민들의 단골 맛집. 남은 음식을 절대 재활용하지 않고 항상 싱싱한 해산물을 사용하며, 수족관을 깨끗하게 관리하기로 소문난 곳이다. 시원한 물회와 이보다 더 싱싱할 수 없는 자연산 활어회 매운탕이 일품이다.

주소 경기도 화성시 서신면 궁평항로 1069-11
운영시간 상시 개방
etc 주차 무료

1월 4주 소개(54쪽 참고)

서울에서 쌩쌩 즐기는
스케이트장 & 눈썰매장

5 week

SPOT **1**

서울의 스케이트장 중
가성비 최고!

여의도공원
스케이트장

주소 서울시 영등포구 여의공원로 68 · **가는 법** 9호선 국회의사당 4번 출구 → 도보
3분 · **운영시간** 10:00~21:30(기간 내 휴관일 없음), 매표소 운영시간 09:30~20:30
· **입장료** 1,000원, 1일권 3,000원, 시즌권 20,000원(스케이트, 헬멧 대여료 포함) ·
전화번호 070-4114-1222 · **홈페이지** iskateu.modoo.at · **etc** 매년 12월 말부터 2
월 초까지 운영하며 정확한 일정은 홈페이지 확인

　여의도공원 스케이트장은 저렴한 가격에 빙질이 좋아 서울의
스케이트장 중에서 가성비 최고라고 소문난 곳이다. 가족, 연인,
친구, 아이 손 잡고 상쾌한 바람을 가르며 짜릿한 스릴을 즐겨보
자. 1일 6회, 2시간 간격으로 운영되며, 인원 제한을 두기 때문
에 붐비지 않아서 서울광장 스케이트장보다 훨씬 여유롭다. 스
케이트장 바로 앞에 따뜻한 대기실과 스낵바가 있어서 몸을 녹
이며 허기를 채우기도 좋다.

주변 볼거리·먹거리

여의도 IFC몰

ⓐ 서울시 영등포구 국제금융로 10 ⓞ 10:00~22:00 / 연중 무휴 ⓣ 02-6137-5000 ⓗ www.ifcmallseoul. com

12월 52주 소개(418쪽 참고)

TIP
- 기상 악화 등으로 인해 운영시간이 변경될 수 있으니 홈페이지 확인 필수!
- 장갑, 안전헬멧 미착용 시 링크 입장이 불가하다.
- 스케이트화 170밀리 미만은 스케이트장을 이용할 수 없다.
- 스케이트화는 1,000원, 헬멧은 무료로 대여해 준다.

어린이들의 겨울왕국

어린이회관 눈썰매장

주소 서울시 광진구 광나루로 441 육영재단어린이회관 · **가는 법** 7호선 어린이대공원역 2번 출구 → 도보 10분 · 운영시간 09:30~17:00 · **입장료** 10,000원 · **전화번호** 02-444-6378 · etc 매년 12월 말~2월 중순까지 운영(자세한 일정은 홈페이지 참고)

어린이회관 눈썰매장은 어린이들의 천국이다. 도심 내 다른 썰매장과 달리 80미터 어린이 슬로프와 120미터 중상급 슬로프, 튜브썰매, 얼음썰매, 눈동산 등 다양한 눈놀이 시설을 갖추고 있다. 또한 유로번지, 미니바이킹 등의 놀이 시설과 빙어잡이 체험, 에어바운스, 공예 체험, 전통민속놀이 등 다양한 체험 공간이 마련돼 있어서 온 가족이 즐기기에 안성맞춤이다. 그 밖에 어린이회관에는 그림동화 전시, 소방안전체험, 과학교실, 만들기 체험, 축구교실 등 아이들이 즐길 수 있는 다양한 전시와 체험거리들이 가득하다.

주변 볼거리·먹거리

빙어잡이 체험&전통 민속놀이 체험 뜰채로 빙어를 건져 올리는 빙어잡이 체험은 아이들에게 최고 인기다. 석궁, 목검, 전통 비행기, 수제 도장, 전통 활 만들기 등을 할 수 있는 다양한 전통민속놀이 체험도 있다.

ⓒ 빙어잡이 체험권 5,000원, 전통 활 만들기 체험권 6,000원

서울시민안전체험관 서울 소방재난본부에서 운영하는 국내 최초의 안전교육 체험관으로 만 4세 이상이면 지진 체험, 연기 피난 체험 등 5개의 코스에 누구나 참여 가능하다(사전 예약 필수).

Ⓐ 서울시 광진구 능동로 238 ⓞ 10시, 13시, 15시 ⓒ 무료 ⓣ 02-2049-4061 ⓗ safe119. seoul.go.kr

TIP
- 소셜커머스에서 입장권을 좀더 저렴하게 구입할 수 있다.
- 성인용 중상급 슬로프(120미터)도 8세 이상부터 이용 가능하다.

SPOT **3**

포항에서 판교로 입성한
전설의 일본식 라면
라멘 베라보

주소 경기도 성남시 분당구 백현동 535 지하 1층 · **가는 법** 판교역 신분당선 2번 출구 → 도보 1분 · **운영시간** 11:30~22:00(브레이크타임 15:00~17:00) · **전화번호** 010-5026-4267 · **대표메뉴** 시오라멘 8,000원 / 소유라멘 8,000원 / 시오베라보 특선 10,000원 / 소유라멘 특선 10,000원 · etc 원하는 사람에 한해서 공기밥 무료 제공

포항에서 판교로 입성한 전설의 일본식 라면 라멘 베라보. 맑고 깊은 국물에 오직 짠맛만을 가미해 깔끔한 맛을 내는 것이 특징이다. 소금으로 간을 한 시오라멘과 세 가지 간장으로 간을 한 소유라멘. 깊은 풍미를 지닌 시오라멘은 깔끔하고 담백하며 구수한 맛이고, 쇼유라멘은 짜지 않고 묵직하면서도 개운한 뒷맛이 일품이다. 닭고기 베이스에 고등어, 멸치, 가다랑어를 더해 굉장히 깔끔하고 맑은 육수에 두툼한 삼겹살 차슈, 반숙 달걀, 죽순, 파가 올라간다. 특히 미리 준비된 재료에 토치로 한 번 더 구워서 얹어 내는 차슈가 굉장히 쫄깃하고 촉촉하다. 단, 너무 깔끔하고 건강한 느낌이라 라면 특유의 진한 맛을 선호하는 사람들에게는 호불호가 갈릴 수도 있다.

1 COURSE

🚶 도보 5분

▶ 제로스페이스

2 COURSE

🚶 도보 5분

▶ 수바코

3 COURSE

▶ 은혜직물

주소	서울시 마포구 망원동 456-27
운영시간	월~토요일 13:00~19:30, 일요일 13:00~18:00
전화번호	02-322-7561
홈페이지	www.zeroperzero.com / www.instagram.com/ zeroperzero
etc	액자는 픽업 할인으로 온라인보다 저렴하게 구입 가능하다.
가는 법	6호선 망원역 2번 출구 → 도보 9분

2명의 젊은 디자이너 제로퍼제로(ZERO PER ZERO)의 모든 것이 담긴 작업실이자 전시 공간. 세계 도시들의 지하철 노선도를 새롭게 디자인한 '시티 레일웨이' 시리즈와 '아빠와 딸', '엄마와 딸' 등 가족 시리즈로 유명한 일러스트 엽서와 포스터, 노트, 다이어리, 그림책 등을 모두 만날 수 있다. 망원동 소품숍, 음식점, 카페 등이 알아보기 쉽게 표기된 지도를 무료로 나눠 준다. 이 지도 하나만 있으면 복잡한 망리단길 골목골목을 쉽게 다닐 수 있다.

주소	서울시 마포구 망원동 410-8(1호점)
운영시간	14:00~19:00 / 매주 월요일 휴무
전화번호	010-2900-2881
홈페이지	www.subaco.kr / www.instagram.com/_ subaco
etc	2호점 망원동 414-16, 3호점 홍대 와우산로153 / 매장 소식 및 상품 업데이트는 인스타그램에서 확인 가능하다.

아기자기하고 오래된 문방구처럼 정겨운 빈티지 토이숍. 이렇게 협소한 매장에 이토록 많은 빈티지, 토이, 인테리어 소품, 수입 소품들이 꽉꽉 들어차 있다니! 작지만 어디에서도 볼 수 없는 유니크한 빈티지 물건들이 알차게 준비되어 있다.

주소	서울시 마포구 희우정로 117-1
운영시간	화~토요일 14:00~19:00
전화번호	070-4001-4020
홈페이지	www.eunhyefabric.com / www. instagram.com/eunhyefabri

8월 33주 소개(286쪽 참고)

이태원이나 가로수길처럼 지나치게 트렌디한 골목이 너무 식상하고 붐비는 인파에 정신없다면 카메라 하나 들고 서울의 숨겨진 골목 여행을 떠나보자. 백 년을 거슬러 올라간 듯한 북촌 계동길과 북촌 8경 골목길, 골목 전체가 공동체 마을인 인사동과 감고당길 그리고 소격동 골목길, 석촌호수 옆 낭만 골목골목마다 감성 충만한 카페와 핫플을 찾아내는 재미가 있는 송리단길, 서울의 브루클린으로 통하는 성수동 아틀리에길 등 서울의 숨은 보석 같은 한적한 골목길들을 소개한다.

서울을 잊게 하는
골목 탐방

2월 첫째 주

골목과 골목 사이
백년의 시간 여행
북촌 계동길&북촌 8경

6 week

SPOT **1**

우리나라에서 가장 예쁜 학교,
〈겨울연가〉 촬영지

서울중앙
고등학교

주소 서울시 종로구 창덕궁길 164(계동) · **가는 법** 3호선 안국역 3번 출구 → 현대빌딩 옆 골목으로 도보 10분 · **개방시간** 토요일 1·3·5주 13:00~18:00, 2·4주 09:00~18:00, 일요일 및 공휴일 2·4주 09:00~18:00 · **전화번호** 02-742-1321 · **홈페이지** www.choongang.hs.kr

　안국역 3번 출구로 나와 10분 남짓 걸어가면 계동 골목길 끝자락에서 만나게 되는 서울중앙고등학교는 영화 〈해리포터〉의 호그와트처럼 고풍스러운 건물이 멋스럽다. 1908년에 개교해 100년이 넘는 전통을 자랑하는 이 학교는 드라마 〈겨울연가〉 촬영지로 한류 바람을 타고 관광객이 몰리면서 더욱 유명해졌다.

주변 볼거리·먹거리

북촌문화센터&북촌 한옥마을 조선시대 에 북촌은 고관과 왕 족, 사대부들이 거주 하던 동네다. 원래 솟을대문이 있는 집 몇 채 와 30여 호의 한옥만 있었으나 일제강점기 말 부터 많은 한옥이 지어졌으며, 1994년 고도 제 한이 풀리면서 일반 건물들이 들어서기 시작했 다. 북촌문화센터에서 북촌한옥마을에 관한 다 양한 정보를 얻고 전통문화를 체험할 수 있다.

TIP
• 평일에는 학생들이 수업 중이라 개방하지 않으나 주말에는 건물 내부까지 모두 개방한다.

단 한 장의 사진을 찍는
아날로그 정통 흑백사진관
물나무사진관

주소 서울시 종로구 계동길 84-3 · 가는 법 3호선 안국역 2번 출구 → 현대빌
딩 옆 골목으로 도보 7분 · 운영시간 금요일~일요일 10:30~18:30(점심시간
12:30~13:50) / 매주 월요일~목요일 휴무 · 전화번호 02-798-2231 · 홈페이지
www.mulnamoo.com

디지털카메라와 스마트폰으로 1분에 수십 장의 사진을 촬영
하는 현대사회에 드물게 아날로그를 지향하는 전통 흑백사진관
이다. 필름으로 사진을 찍어주는 곳을 거의 찾기 힘든 요즘 오
로지 흑백필름만을 사용하며 현상과 인화까지 옛날 방식 그대
로 작업한다. 사진은 추억을 기록한다. 보정 작업으로 예쁘게
꾸미는 사진이 아니라 자연스러운 '현재'의 모습을 그대로 담는
곳이 바로 물나무사진관이다.

주변 볼거리·먹거리

북촌전통공예체험관
다양한 전통공예 프로그램을 취향에 따라 체험할 수 있는 곳이다. 요일별로 3가지의 서로 다른 프로그램이 운영되고 있으며, 북촌의 공예인들이 직접 진행한다. 예약하지 않아도 이용할 수 있으니, 언제든 자유롭게 방문해 보자.

Ⓐ 서울시 종로구 북촌로12길 24-5 Ⓞ 3월~11월 10:00~18:00, 11월~2월 10:00~17:00 Ⓒ 5,000~15,000원 Ⓣ 02-741-2148 Ⓗ tour.jongno.go.kr

TIP
- 워낙 입소문이 자자해 최소 2개월 전에 미리 예약해야 원하는 날짜에 사진 촬영이 가능하다.
- 암실에서 수작업으로 인화하기 때문에 사진이 나오기까지 1~2주일가량 걸린다.
- 즉석 흑백 사진도 찍을 수 있다(장당 3만 원). 당일 방문 예약 가능

현대와 과거의 조우
북촌 8경 여행

주소 서울시 종로구 가회동과 삼청동 일대 · **가는 법** 3호선 안국역 2번 출구 → 도보 10분 · **전화번호** 02-731-0114 · **홈페이지** bukchon.jongno.go.kr

경복궁과 창덕궁 사이에 위치한 곳으로 전통한옥이 밀집되어 있으며, 많은 사적들과 문화재, 민속자료가 있어 도심 속 거리 박물관으로 불린다. 예전에는 청계천과 종로 윗동네라고 불렸으며, 가회동과 송현동, 안국동 그리고 삼청동으로 이루어져 있다. 북촌 윗동네는 한옥마을이, 아랫동네는 현대식 거리가 어우러져 현대와 과거를 한 번에 체험할 수 있다. 한옥의 멋과 분위기가 살아 있는 북촌 골목길 곳곳에 북촌의 8가지 백미, 즉 북촌 8경이 숨어 있으니 꼭 감상하자!

TIP

- 북촌 8경의 각 지점마다 여행자들이 사진을 찍기 좋은 '포토 스팟(photo spot)'을 두었다.
- 북촌한옥마을은 주민들이 거주하고 있는 곳이므로 너무 소란스럽게 떠들지 않도록 주의하자.
- 북촌전망대에서 북촌한옥마을의 전경을 볼 수 있다.

북촌 1경 : 창덕궁 전경
돌담 너머로 창덕궁 전경이 가장 잘 보이는 장소다. 북촌문화센터에서 나와 북촌 언덕길을 오르면 나온다.

북촌 2경 : 원서동 공방길
창덕궁 돌담길을 따라 걷다 보면 골목 끝에서 만날 수 있다. 왕실의 일을 돌보며 살아가던 사람들의 흔적이 고스란히 남아 있다.

북촌 3경 : 가회동 11번지 일대
한옥 내부를 감상할 수 있는 일대로, 아름다운 한옥과 다양한 전통문화를 체험할 수 있는 여러 공방이 자리하고 있어 북촌 문화를 고스란히 만날 수 있다.

북촌 4경 : 가회동 31번지 언덕
본격적인 한옥 밀집 지역인 가회동 31번지 일대를 한눈에 담을 수 있다. 북촌 꼭대기에 위치한 이준구 가옥도 한눈에 들어온다.

북촌 5경 : 가회동 골목길(내림)
한옥의 경관과 흔적이 가장 많이 남아 있는 곳으로 한옥들이 빼곡히 늘어서 있다.

북촌 6경 : 가회동 골목길(오름)
한옥 지붕과 처마 사이로 보이는 서울 시내의 전경이 북촌 산책의 백미로 손꼽힌다.

북촌 7경 : 가회동 31번지(내림)
한옥 특유의 고즈넉하고 소박한 골목 풍경을 만날 수 있다.

북촌 8경 : 삼청동 돌계단길
화개1길에서 삼청동길로 내려가는 돌계단길. 커다란 바위 하나를 통째로 조각해 만든 이색적인 조경이 시선을 사로잡는다.

1 COURSE
🚶 서울중앙고등학교에서 좌측으로 도보 2분

➡ **삼청동 산책**

2 COURSE
🚶 도보 3분

➡ **북촌한옥청**

3 COURSE

➡ **북촌한옥마을**

주소　서울시 종로구 삼청동
가는 법　3호선 안국역 1번 출구 → 도보 5분

산과 물과 사람이 맑다 해서 '삼청(三淸)'이라 불리는 동네. 서울 시내에서 걷기 좋기로는 첫째로 꼽히는 곳. 화랑과 갤러리 숍, 개성 있는 멋과 맛을 자랑하는 음식점과 찻집, 액세서리 숍들이 어우러진 서울의 대표적인 문화 거리. 정독도서관 삼거리를 기준으로 좌측 골목으로 가면 삼청동, 우측 커피방앗간 골목으로 올라가면 북촌한옥마을이 시작된다.

주소　서울시 종로구 가회동 11-32
운영시간　화~일요일 10:00~18:00 / 매주 월요일 휴무
입장료　무료
전화번호　02-2133-5580
홈페이지　hanok.seoul.go.kr/front/index.do
etc　주차 불가

위의 사진은 북촌한옥청 담장 너머에서 바라본 북촌 풍경이다. 강연, 전시, 공연, 포럼 등을 여는 대관 시설로 사용되는 공공 한옥인 북촌한옥청은 북촌의 전망을 한눈에 바라볼 수 있는 비밀스런 공간이다. 120평 넓은 규모 구석구석 자연광이 넘쳐나서 마음껏 사진놀이를 할 수 있다.

주소　서울시 종로구 가회동과 삼청동 일대
전화번호　02-731-0114
홈페이지　bukchon.jongno.go.kr

2월 6주 소개(72쪽 참고)

계동
골목길 산책

지하철 3호선 안국역 3번 출구로 나와서 왼쪽 골목으로 들어서면 곧바로 시작되는 계동 골목길은 현대의 모습으로 변해버린 서촌과 달리 서울의 옛 모습을 고스란히 간직하고 있다.

노란벽 작업실

주소 서울시 종로구 계동 80번지
운영시간 화~일요일 12:00~18:00
전화번호 010-9768-1106
대표메뉴 다방커피 및 얼음 박카스 1,500원

빈티지한 소품과 테이크아웃 음료를 판매하며 주인이 북유럽을 여행하며 가져온 제품도 많다.

중앙탕(젠틀몬스터)

주소 서울시 종로구 계동 133-6번지

한때 계동의 명소로 불리던 우리나라 최초의 목욕탕 '중앙탕'은 지난 50년 동안 계동 주민들의 사랑방이다. 지금은 구조를 고스란히 살려 '젠틀몬스터'라는 안경 편집 쇼룸으로 개조되었다.

대구 참기름집

주소 서울시 종로구 계동 79-8번지
전화번호 02-765-3475

40년이 넘는 시간 동안 계동을 지켜온 참기름집이다. 지금도 매일 오후 3시부터 5시까지 옛날 방식으로 참기름을 짠다.

어니언 안국

주소 서울시 종로구 계동길 5 운영시간 월~금요일 07:00~21:00, 토~일요일 09:00~21:00 전화번호 070-7543-2123

성수동에서 큰 사랑을 받은 어니언이 계동길에 새롭게 오픈한 한옥 베이커리 카페. 기존에 포도청, 요정, 한식당으로 사용되던 대형 한옥을 뉴트로 감성으로 재해석했다. 허니매생이와 인절미빵은 이곳에서만 맛볼 수 있으니 꼭 먹어보자.

골목 공동체 마을 인사동,
감고당길, 소격동 골목길

7 week

SPOT **1**

인사동 유랑 일번지

인사동 쌈지길

주소 서울시 종로구 인사동길 44 쌈지길 · **가는 법** 3호선 안국역 6번 출구 → 종로 경찰서 지나 좌측 골목 → 도보 3분 · **운영시간** 10:30~20:30 · **구정·추석 당일 휴무** · **전화번호** 02-736-0088 · **홈페이지** blog.naver.com/ssamzigil

'쌈지'는 '작은 주머니'를 뜻한다. 쌈지길은 마름모꼴 마당을 중심으로 'ㄷ'자 형태로 4층 전체가 하나의 골목으로 연결되어 있으며, 여러 문화적 재미 요소를 더해 인사동 골목길을 새롭게 창조한 주역이기도 하다. 땅에서부터 건물 꼭대기까지 초현실 적으로 쌓아 올린 쌈지길의 생동감 넘치는 공간을 걷고 있노라 면 건물 속이 아니라 인사동 자체를 걷고 있는 것 같은 기분이 든다. 쌈지길과 인사동을 산책한 후 잠시 쉬어 가고 싶다면 경 인미술관 내에 있는 아늑한 정원의 전통다원에 들러보자.

인사동의 또 다른 볼거리인 쌈지길 계단 갤러리

'ㄷ' 자 모양의 쌈지길 건물

느리게 걷기 좋은 쌈지길 밖 인사동길 풍경

주변 볼거리 · 먹거리

개성만두 궁 속이 꽉 찬 개성식 만두와 고소한 사골 국물의 조랭이떡만둣국이 유명한 인사동의 60년 터줏대감으로 4대째 이어오고 있다. 경인미술관 정문 맞은편에 있다.

Ⓐ 서울시 종로구 인사동10길 11-1 Ⓞ 월~토요일 11:30~21:30 / 일요일 11:30~20:00 / 신정과 구정 및 추석 휴무 Ⓣ 02-733-9240 Ⓗ www.koong.co.kr Ⓜ 개성 고기만두전골 15,000원(1인분) / 조랭이떡 만둣국 8,000원

SPOT 2

산책로, 볼거리, 먹거리
3박자를 모두 갖춘
감고당길

주소 서울시 종로구 안국동 · 가는 법 3호선 안국역 1번 출구에서 나와 횡단보도를 건너 풍문여자고등학교 방면으로 예쁘게 이어지는 돌담길을 따라 3분 정도 걷다 보면 좌우로 풍성히 뻗은 가로수길이 나오는데 이곳부터 감고당길이 시작된다.

인사동의 끝자락과 삼청동 초입에 위치한 감고당길. 서울 토박이에게도 생소한 이름인지 모른다. 조선시대 숙종이 인현왕후의 부모를 위해 지어준 집인 '감고당(感古堂)'에서 유래됐다. 정독도서관 삼거리 앞에서 끝나는 감고당길(이른바 '정독도서관길'이라 불림)에서는 낭만적인 돌담과 여심을 자극하는 예쁜 숍들, 문화예술은 물론 맛집으로 소문난 다양한 먹거리를 만날 수 있는데, 무엇보다 저렴한 가격이 장점이다. 또한 수많은 갤러리와 카페가 몰려 있어 먹으며, 구경하며, 쉬어가며 거닐 수 있다.

주변 볼거리·먹거리

정독도서관 삼청동 단골 데이트 코스. 이 곳의 전신은 경기고 등학교로 1983년에 건립됐다가 후에 경기고등학교가 이전하면서 학교 건물과 둥근 아치형의 구조가 그대로 남 아 있어 여느 도서관과는 다른 분위기를 자아 낸다. 도서관 앞마당 잔디밭과 늘어선 등나무 벤치에서 조용히 책 읽기 좋고, 풍성한 나무들 이 계절마다 다른 풍경을 선사하니 더할 나위 없다.

Ⓐ 서울시 종로구 북촌로5길 48 Ⓞ 평 일 07:00~23:00, 동절기(11월~2월) 08:00~23:00, 주말 07:00~22:00, 동절기(11 월~2월) 08:00~22:00 Ⓣ 02-2011-5799 Ⓗ jdlib.sen.go.kr

덕성여고와 덕성여중의 사잇길인 감고당길

TIP

• 정독도서관 삼거리를 기준으로 좌측 골목으로 들어가면 삼청동, 우측 커피방앗 간 골목으로 올라가면 북촌한옥마을이 시작된다. 그리고 가운데 골목으로 직진 하면 국립현대미술관이 나온다.

감고당길이 많은 이들로부터 사랑받는 이유는 이 낭만적인 돌담 때문이다.

SPOT **3**

**6개의 마당을 간직한
도심 속 문화공간**

국립
현대미술관
경복궁 마당

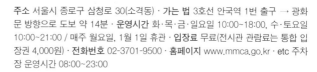

주소 서울시 종로구 삼청로 30(소격동) · **가는 법** 3호선 안국역 1번 출구 → 광화문 방향으로 도보 약 14분 · **운영시간** 화·목·금·일요일 10:00~18:00, 수·토요일 10:00~21:00 / 매주 월요일, 1월 1일 휴관 · **입장료** 무료(전시관 관람료는 통합 입장권 4,000원) · **전화번호** 02-3701-9500 · **홈페이지** www.mmca.go.kr · etc 주차장 운영시간 08:00~23:00

　2013년 11월, 과천관과 덕수궁관에 이어 소격동에 국립현대미술관 서울관이 문을 열었다. 3호선 경복궁역에서 내려 경복궁 담벼락을 따라 고즈넉한 운치를 느끼며 미술관까지 걸어가다 보면 경복궁과 마주한 국립현대미술관을 만날 수 있다. 미술관에서 미술 작품만 관람하라는 법은 없다. 바람과 햇볕이 따스한 날 넓은 통유리 너머로 바라보는 미술관 마당과 교육동 3층 옥상 '경복궁 마당'에서 내려다본 풍경이 일품이다. 국립현대미술관 여행은 이 두 가지만으로도 제대로 힐링이 된다. 단, 경복궁 마당은 매일 개방되는 것이 아니라 매해 불규칙하게 개방하므로 사전에 홈페이지를 반드시 확인하고 가자.

미술관 앞에서 바라본, 정선의 〈인왕제색도〉에 담긴 인왕산 풍경

새롭게 단장한 국립현대미술관(MMCA) 본관

미술관 전체가 넓은 통유리로 되어 있는 국립현대미술관 1층의 미술관 마당

TIP

- 평일에 2시간마다 국립현대미술관 과천관으로 떠나는 순환버스가 운행되므로 시간적 여유가 된다면 하루쯤 현대미술로의 여행을 떠나보는 것도 좋겠다.
- 경복궁역이나 안국역 어느 곳을 택해도 좋다. 경복궁을 끼고 삼청동길을 따라 올라가면 국립현대미술관이 나온다.
- 전시동 1층에는 카페테리아, 푸드코트 등의 편의시설이 있다. 이 밖에도 작가들의 작품과 각종 디자인, 아트 및 문화상품을 판매하는 갤러리 아트존도 놓치지 말자(영업시간 : 화·목·금·일요일 10시~18:00, 수·토요일 10:00~21:00).

주변 볼거리 · 먹거리

국립민속박물관 추억의 거리
Ⓐ 서울시 종로구 삼청로 37 국립민속박물관 내 Ⓞ 09:00~18:00(동절기에는 17:00까지) / 매주 화요일 휴관 Ⓒ 무료 Ⓣ 02-3704-3114 Ⓗ www.nfm.go.kr
8월 34주 소개(292쪽 참고)

조선김밥
Ⓐ 서울시 종로구 율곡로3길 68 1층 Ⓝ 3호선 안국역 1번 출구 → 도보 10분 Ⓞ 화~토요일 11:00~20:00, 일요일 11:00~19:00 / 브레이크타임 15:00~16:30 / 매주 월요일 휴무 Ⓣ 02-723-7496 Ⓜ 조선김밥 4,800원, 오뎅김밥 4,800원, 콩비지 7,500원, 조선국시 7,000원 Ⓔ 김밥 포장 시 300원 할인
5월 19주 소개(180쪽 참고)

토속촌삼계탕 1983년 개업한 이래 현재까지 길게 줄을 서서 기다렸다 먹는 곳. 외국 관광객 사이에서도 유명해 발길이 끊이지 않는 글로벌 맛집이다.
Ⓐ 서울시 종로구 자하문로5길 5 Ⓞ 10:00~22:00 / 연중무휴 Ⓣ 02-737-7444 Ⓗ www.tosokchon.com Ⓜ 삼계탕 16,000원

SPOT 4

집고추장으로 만든
집떡볶이와 떡꼬치

풍년쌀농산

주소 서울시 종로구 북촌로5가길 32 · 가는 법 3호선 안국역 1번 출구 → 횡단
보도 건너서 도보 3분 → 정독도서관 삼거리에서 좌회전 → 도보 2분 · 운영시
간 12:00~20:00 / 매주 화요일 휴무 · 전화번호 02-736-5356 · 대표메뉴 떡꼬치
1,000원, 떡볶이· 순대· 튀김 각 3,000원, 식혜 1,500원, 어묵꼬치 500원

삼청동에 가면 항상 사람들이 긴 줄을 서 있는 터에 도저히
그냥 지나칠 수 없는 곳이다. 흔하디흔한 게 떡볶이지만 무엇
을 넣었는지, 무엇으로 만들었는지에 따라 맛은 천차만별. 풍
년쌀농산은 손수 만든 집고추장으로 조미료를 넣지 않은 집떡
볶이와 쫄깃한 1,000원짜리 떡꼬치 하나로 삼청동 일대를 평
정한 맛집이다. 과거 쌀집이었으나 장사가 잘되지 않자, 쌀떡
으로 떡볶이를 만들어 팔기 시작하면서 유명세를 탔다. 방앗
간에서 직접 뽑은 쌀떡을 꼬치에 꽂아 튀겨 매콤달콤한 양념
장을 발라주는 쌀떡꼬치와 밥알 동동 식혜가 인기 메뉴. 〈수
요미식회〉에 최고의 떡볶이집으로 소개되면서 사람들의 발
길이 더욱 끊이지 않는 삼청동의 필수 '참새방앗간'이 되었다.

주변 볼거리 · 먹거리

커피방앗간 '1분 초
상화'를 그려주는 카
페 커피방앗간은 북
촌으로 올라가는 초
입의 이정표다.

Ⓐ 서울시 종로구 북촌로5가길 8-11 ⓞ
08:30~ 23:00 / 연중무휴 ⓣ 02-732-7656 ⓔ
초상화 5,000원(음료 주문 시 1,000원)

과거 쌀가게의 흔적이 그대로 남아 있다.

삼청동&인사동 데이트 단골 코스 ——————

1 COURSE
🚶 도보 3분

▶ 쌈지길

2 COURSE
🚶 안국동사거리 방면으로 도보 10분

▶ 경인미술관 전통다원

3 COURSE

▶ 국립민속박물관 추억의 거리

주소	서울시 종로구 인사동길 44
운영시간	10:30~20:30 / 구정 · 추석 당일 휴무
전화번호	02-736-0088
홈페이지	blog.naver.com/ssamzigil
가는 법	3호선 안국역 6번 출구 → 도보 3분

2월 7주 소개(76쪽 참고)

주소	서울시 종로구 인사동10길 11-4
운영시간	10:00~18:00
전화번호	02-733-4448
홈페이지	www.kyunginart.co.kr
etc	경인미술관 내 아틀리에에서 열리는 다양한 전시들도 놓치지 말자.

1983년에 개관한 경인미술관 내에 있는 전통 한옥 카페. 처마 끝에서 은은하게 울려 퍼지는 풍경 소리와 한옥의 예스러움이 마치 산사에 앉아 있는 듯한 착각을 불러일으킨다. 15종의 전통차를 맛볼 수 있어 내외국인들에게 이미 명소로 알려진 곳이다. 특히 미닫이문을 열면 마루와 함께 정원이 내다보이는 방이 매력적이다.

주소	서울시 종로구 삼청로 37 국립민속박물관 내
운영시간	09:00~18:00(동절기 17:00까지) / 매주 화요일 휴관
입장료	무료
전화번호	02-3704-3114
홈페이지	www.nfm.go.kr

8월 34주 소개(292쪽 참고)

석촌호수 옆 낭만 골목 산책
송 리 단 길

8 week

SPOT **1**

서울에서 만나는 작은 교토

가배도

주소 서울시 송파구 백제고분로45길 6 2층 · 가는 법 9호선 송파나루역 1번 출구 → 도보 3분 · 운영시간 월~금요일 12:00~22:00 / 토~일요일 11:00~22:30 / 연중무휴 · 전화번호 02-423-4542 · 홈페이지 www.instagram.com/gbdcoffee · 대표메뉴 가배도 밀크티 7,000원, 판나코타 5,000원, 티라미수 7,000원, 말차라테 6,500원, 바닐라라테 5,500원 · etc 건물 입구에 카페 이름이 새겨진 작은 명패가 붙어 있지만 크기도 작고 한자로 씌어 있어 눈에 잘 띄지 않아 코앞에 두고도 헤매기 십상이다. 오히려 당구장 간판을 찾는 게 수월하다(당구장 건물 2층).

송리단길의 대표 핫플레이스 가배도(加排島). 문을 열고 들어서면 허름하고 평범한 건물 외관과는 전혀 다른 세상이 펼쳐진다. 촘촘한 나무 창살 사이로 비치는 햇살과 걸음마다 삐걱삐걱거리는 나무 바닥, 고풍스러운 빈티지 소품들이 대나무 화분과 어우러져 교토의 전통 가옥에 온 듯 독특한 공간이다. 대표 디저트는 판나코타와 말차라테, 바닐라라테.

슈퍼 그레잇한 맛의
이탈리안 스몰 레스토랑
니엔테

주소 서울시 송파구 백제고분로45길 40 · **가는 법** 9호선 송파나루역 1번 출구 →
도보 5분 · 운영시간 12:00~22:00 / 브레이크타임 15:00~17:30 / 연중무휴 · **전
화번호** 02-423-7846 · **홈페이지** www.instagram.com/chef_jeongheejin · **대표
메뉴** 시금치 페스토크림 파스타 19,000원, 뇨키 18,500원, 폭찹스테이크 23,000
원 · etc 송리단길 맛집으로 소문이 자자하니 예약 방문 추천!

　　송리단길의 창시자로 불리는 정희진 셰프가 운영하는 이탈리
안 스몰 레스토랑. 세계 3대 요리 학교 중 하나인 이탈리아 ICIF
에서 공부한 그녀가 자신 있게 내놓은 대표 메뉴는 뼈째 구운
돼지 등심에 사과를 졸여 만든 처트니와 건포도를 곁들여 환상
의 단짠 조합을 보여주는 폭찹스테이크. 부드럽게 씹히는 돼지
등심은 입안 가득 고이는 촉촉한 육즙을 자랑한다. 소스 속 톡
톡 터지는 겨자씨도 놓칠 수 없는 포인트! 진득한 크림소스와
시금치의 조합이 일품인 시금치 페스토크림 파스타도 인기다.

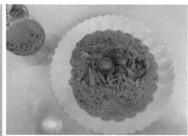

구운 관자가 큼직하게 두 덩이 올라가 부드러우면서도 쫄깃하고 담백한 맛이 훌륭하다.

SPOT 3

세상 부드러운 수플레팬케이크
만옥당

주소 서울시 송파구 백제고분로45길 9 · **가는 법** 9호선 송파나루역 1번 출구 → 도보 3분 · 운영시간 12:00~22:00 / 연중무휴 · **전화번호** 070-8154-0002 · **홈페이지** www.instagram.com/cafe_manokdang · **대표메뉴** 수플레팬케이크 12,000원, 만옥비엔나 6,000원, 심연 6,000원 · etc 주차 불가

폐철선의 나무로 만든 낡은 문을 지나 카페로 들어가면 마치 다른 시대로 여행을 온 듯한 착각에 빠진다. 만옥당의 시그니처는 수제 크림과 촉촉하면서도 부드러운 식감이 일품인 수플레팬케이크. 스페셜티 드립 커피는 부드럽게 감기는 묵직한 '심연', 화사한 산미와 가벼운 목 넘김이 일품인 '화연' 두 가지가 대표적인데 그날 가장 질 좋은 원두를 사용한다. 핫케이크는 주문과 동시에 머랭을 쳐서 만들기 때문에 인내심이 필요하지만 베이스부터 크림까지 만옥당만의 부드럽고 촉촉한 맛에 자동으로 엄지척이 나온다.

1 COURSE
👣 도보 2분

▶ 니엔테

2 COURSE
👣 도보 10분

▶ 레어마카롱

3 COURSE

▶ 석촌호수 산책

주소	서울시 송파구 백제고분로45길 40
운영시간	12:00~22:00 / 브레이크타임 15:00~17:30 / 연중무휴
전화번호	02-423-7846
홈페이지	www.instagram.com/chef_jeongheejin
대표메뉴	시금치 페스토크림 파스타 19,000원, 뇨키 18,500원, 폭 찹스테이크 23,000원
etc	송리단길 맛집으로 소문이 자자하니 예약 방문 추천!
가는 법	9호선 송파나루역 1번 출구 → 도보 5분

2월 8주 소개(86쪽 참고)

주소	서울시 송파구 오금로 126
운영시간	12:00~22:00 / 연중무휴
전화번호	070-7717-6809
홈페이지	www.instagram.com/rare_macarons
etc	마카롱 판매는 오후 1시부터 / 예약 불가, 현장 판매만 가능

마카롱 특유의 단맛을 싫어하는 사람들도 부담 없이 즐길 수 있는 마카롱 디저트 카페. 적당히 바삭하고 쫄깃한 코크에 필링이 뚱뚱하게 들어간 뚱카롱은 너무 달지 않아서 좋다. 롯데타워가 한눈에 들어오는 석촌호수 뒤편에 위치해 데이트 코스로 그만이다.

주소	서울시 송파구 잠실동
운영시간	상시 개방
전화번호	02-412-0190

석촌호수는 공연과 축제 등 즐길 거리가 풍부한 매직아일랜드가 옆에 있고, 계절의 정취를 그대로 만끽할 수 있어서 더욱 특별하다. 특히 벚꽃이 필 때 롯데월드타워의 무료 전망대인 SKY31을 꼭 들러보자! 수려한 벚꽃 호수 뷰를 한눈에 내려다볼 수 있는 히든 스팟이다.(롯데월드타워 동문에 위치. 인포메이션에서 이름과 전화번호만 적으면 방문증 무료 지급)

호젓하게
맛보는
송리단길

이태원의 경리단길이 유명세를 타면서 지역마다 힙한 거리를 '~리단길'로 부르기 시작했다. 마포구 망원동 일대의 망리단길과 더불어 새롭게 떠오른 거리가 송파구 석촌호수 백제고분로 일대의 송리단길이다. 잠실역 10번 출구 근처의 석촌호수와 오금로를 동시에 접하는 주거 지역을 지칭하는데, 2017년 후반부터 석촌호수 인근 골목골목에 카페와 맛집 등이 들어섰다. 젊은 층의 취향을 저격하는 유니크한 메뉴를 갖추고, 트렌디하고 독창적인 인테리어로 꾸민 아기자기한 맛집들이 운치 있게 자리하고 있다. 개성 넘치는 골목길이 유명세를 타면서 주말은 물론 평일에도 사람들이 북적거리는 핫플레이스. 특히 '석촌호수 카페 거리'라고 부를 만큼 감성 충만한 카페들이 골목골목 숨어 있어 찾아내는 재미도 있다.

보고 먹고 마시고 걷고 즐길 수 있는 모든 것들이 모여 있는 종합선물세트 같은 송리단길. 일주일 중 하루쯤 송리단길에서 호젓한 하루를 누려보는 것은 어떨까?

서울리즘

주소 서울시 송파구 백제고분로 435
운영시간 월~목요일, 일요일 13:00~23:00 / 금~토요일 13:00~24:00
전화번호 02-412-0812
홈페이지 www.instagram.com/seoulism_official
etc 결제 후 자리에 앉을 수 있다. / 1인 1음료 주문 필수

잠실 롯데월드타워가 한눈에 보이는 루프톱 카페로 유명하다. 루프톱에서 롯데월드타워를 배경으로 'SEOUL' 네온사인이 세워져 있어 일명 '서울 인증샷'을 찍을 수 있다. 낮 풍경도 매력적이지만 특히 야경이 더욱 멋진 곳이다.

카페단지

주소 서울시 송파구 송파동 51-10
운영시간 13:00~18:00 / 매주 월~화요일 휴무
전화번호 070-8888-1412
대표메뉴 말차숲 6,500원, 아메리카노 4,000원, 단지피크닉 대여 25,000원('카카오톡플러스친구'에서 '카페단지'로 사전 문의)
etc 주차 불가 / 5인 이상 단체 입장 불가

포근하고 아기자기하며 귀욤귀욤한 분위기의 피크닉 카페. 매장 내부는 조금 협소하지만 시그니처로 유명한 말차라테와 녹차 아이스크림이 어우러진 말차숲과 더불어 프릿츠(Fritz) 원두로 내린 커피 맛도 꽤 좋다.

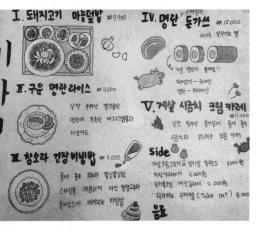

미자식당

주소 서울시 송파구 송파동 51-9
운영시간 점심 11:30~14:30, 저녁 17:30~20:30(재료 소진 시 조기 마감) / 브레이크타임 14:30~17:30
전화번호 02-425-0809
대표메뉴 명란돈가스 12,000원, 게살시금치카레 11,000원, 돼지고기 마늘덮밥 9,900원

니엔테의 정희진 셰프가 세컨 브랜드로 오픈한 가정식 퓨전 식당. 통명란을 등심으로 돌돌 말아 튀긴 명란돈가스를 먹으려는 사람들의 발길이 끊이지 않는 송리단길의 대표 맛집이다.

라라브레드

주소 서울시 송파구 송파동 58-8
운영시간 10:00~22:00 / 연중무휴
전화번호 1800-1990
대표메뉴 아메리카노 3,500원, 쫄깃식빵 4,000원, 프렌치토스트 8,000원

매일 갓 구운 빵과 신선한 재료로 만든 오픈샌드위치가 맛있는 브런치 베이커리 카페. 유기농 빵과 트랜스 지방을 줄인 건강한 식빵, 따뜻한 수프까지 준비돼 있어 커피 및 음료와 함께 건강한 브런치를 즐길 수 있다. 독특하게도 매장에서 산 식빵을 1인용 토스터에 직접 구워 따끈따끈하게 먹을 수 있다.

서 울 의 브 루 클 린
성 수 동 아 틀 리 에 길

9 week

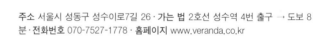

SPOT **1**

앤디 워홀의 '팩토리' 같은

베란다
인더스트리얼

주소 서울시 성동구 성수이로7길 26 · **가는 법** 2호선 성수역 4번 출구 → 도보 8분 · **전화번호** 070-7527-1778 · **홈페이지** www.veranda.co.kr

　예술적인 그림·조명 등을 만드는 김정한 작가의 작업실이자 갤러리. 금속 부품 공장을 개조해 정제되지 않은 느낌을 그대로 살렸다. 최근에는 각종 촬영 공간으로 더 각광받고 있다. 대문서터에 그려진 그래피티, 내부의 그림과 조명 등 거의 모든 것이 작가의 작품들이다. 이국적인 비주얼을 자랑하는 이곳은 사진을 찍어봐야 진가를 알 수 있다. 건물 앞에 잠시 서 있기만 해도 뉴욕의 브룩클린에 있는 듯한 분위기를 연출할 수 있다. 카메라를 꺼내 들지 않을 수 없다.

주변 볼거리 · 먹거리

사진창고 오래된 창고를 개조해 만든 갤러리 카페 겸 스튜디오. 협소해 보이는 외관과 달리 탁 트인 내부 공간이 인상적이며, 바닥과 천장 등 거친 노출 콘크리트가 매력적이다. 카페를 이용하면 카페 벽면에 마련된 대형 스크린에서 수시로 상영 중인 사진 작품이나 예술 영화를 무료로 감상할 수 있다. 작품 전시뿐 아니라 각종 교육이나 세미나 장소, 인디밴드 공연장, 플리마켓 등 다채로운 문화공간으로 활용되고 있다.

Ⓐ 서울시 성동구 성수이로7길 26 Ⓞ 11:00~21:30 Ⓣ 02-461-3070 Ⓗ blog.naver.com/sajinchanggo Ⓝ 2호선 성수역 4번 출구 →도보 8분 Ⓜ 아메리카노 3,900원

TIP

- 개인 작업실이므로 함부로 문을 열면 안 된다. 단, 공간 대여나 촬영이 없는 날에는 대문을 활짝 열어놓는데, 이때는 누구나 들어가 내부 공간과 전시된 작품을 감상할 수 있다.
- 평일에도 안에서 촬영 중일 때가 많으므로 에티켓을 지키자.
- 베란다인더스트리얼 바로 옆에는 사진창고 갤러리가 있으니 함께 이용해 보자.

SPOT **2**
수제 구두 장인들의 메카
프롬에스에스
&수제화거리

주소 서울시 성동구 아차산로 103 프롬에스에스 · **가는 법** 성수역 2번 출구 → 좌측으로 도보 2분(성수역 1번과 2번 출구 교각 밑) · **운영시간** 10:30~20:00 / 연중무휴 · **전화번호** 070-4418-6283(프롬에스에스)

　성수동은 1990년대 우리나라 수제화 제조업체의 70퍼센트 이상이 밀집해 있던 '수제화 1번지'였다. 성수역 1번과 2번 출구로 나가면 수제화 거리가 시작된다. 수제화 장인의 7개 숍이 모인 프롬에스에스까지 천천히 걸어보자. 구두 장인이 최고급 가죽으로 만들어 대부분 대형 백화점에 납품되고 있는 수제화를 절반 정도 저렴한 가격에 구입할 수 있다. 공간은 협소하지만 이토록 질 좋은 수제화를 이렇게 저렴한 가격으로 살 수 있다니 그저 놀라울 뿐이다. 특별한 날 부모님을 위한 선물로 강력 추천하고 싶다. 7개의 숍마다 각기 다른 디자인과 스타일의 신발을 선보이고 있으니 꼼꼼히 둘러보자. 이탈리아 볼로냐 공법의 구두 제조 방법 특허를 보유한 곳도 있으며, 기계로 찍어내는 대량생산이 아니기 때문에 다른 곳에서는 볼 수 없는 독특한 디자인의 구두도 만나볼 수 있다.

TIP
- 프롬에스에스 매장에 비치된 구두를 구입하든, 수제화를 맞추든 가격은 동일하다.
- 구두 굽, 발볼, 가죽까지 자신의 취향대로 마음껏 디자인할 수 있다.
- 주문 후 제작까지 열흘 정도 걸리며 택배 배송이 가능하다.
- A/S도 외부에 맡기지 않고 부자재가 있는 한 직접 현장에서 무료로 받을 수 있다.

주변 볼거리·먹거리

슈즈팟 성수 수제화를 만드는 모형과 도구들을 전시한 체험관, 우리나라 수제화의 역사를 한눈에 보여주는 영상 자료와 제품 갤러리 등이 마치 수제화 박물관을 연상시킨다.

Ⓐ 2호선 성수역사 내

프롬에스에스의 마스코트 '고양이의 빨간 꿈' 조각상

7개의 숍이 모두 똑같은 외관과 내부로 이루어져 있는 프롬에스에스

SPOT **3**

영감을 주는 복합문화공간

성수연방

입구에 들어서면 가장 먼저 눈길을 사로잡는 '성
수성탑' 파빌리온. 시즌마다 새로운 테마와 이름
으로 꾸며지는 성수연방의 심벌이자 포토존이다.

주소 서울시 성동구 성수이로14길 14 · **가는 법** 2호선 성수역 3번 출구 → 도보 5분
· 운영시간 10:00~22:00 / 연중무휴 · **전화번호** 070-8866-0213 · etc 발렛파킹
(1시간 3,000원)이 가능하지만 협소한 데다 담당자가 없어 혼잡할 때가 많으니 대
중교통을 권한다.

　정미소를 개조한 대림창고, 인쇄소를 개조한 자그마치, 봉제
공장을 개조한 어니언 등이 그렇듯 성수연방도 화학공장을 탈
바꿈한 공간이다. 라이프스타일 편집숍, 리빙숍, 서점, 카페 등
을 한 공간에서 즐길 수 있다. 성수연방은 각각의 분야에서 특
별한 개성과 능력 그리고 이야기들을 가진 스몰 브랜드와 그
구성원들이 함께하는 새로운 유형의 복합문화공간이다. 길드
(guild, 동업조합)에서 착안하여 공간을 큐레이팅하고 한 단계 더
나아가 입점된 제품의 생산과 유통, 소비가 한 건물 내에서 이
루어지는 방식이 참신하다.

　'ㄷ'자 모양의 성수연방 건물 1층에는 수제 캐러멜 전문점 '인

덱스 카라멜'과 라이프스타일 편집매장 '띵굴(Thingool)', 소문난 만두 분식집 '창화당'이 있다. 2층에는 큐레이팅 서점 '아크앤북'과 대만 요리 전문점 '샤오짠 팩토리', 3층에는 카페 겸 문화 전시 공간 '천상가옥'이 있다.

1층_띵굴스토어 생활용품부터 옷, 먹거리까지 판매한다. 여자들의 취향을 저격하는 디스플레이 덕분에 구매 욕구가 마구 솟아오른다. 운영시간 11:00~22:00

2층_아크앤북 책을 매개로 취향을 발견하고 영감을 주는 복합문화공간이라고 스스로를 소개하는 조금은 특별한 서점. 책 사이사이 자리한 감성 굿즈들을 발견하는 재미도 놓치지 말자. 운영시간 10:00~22:00

3층_천상가옥 성수연방의 하이라이트라고 할 수 있는 루프탑 카페. 몽환적인 이름처럼 파란 하늘과 맞닿은 온실 구조의 높은 통유리 천장과 초록빛의 싱그러운 커다란 식물들이 어우러지는 하늘 속 집 같은 곳. 특히 비 오는 날의 뷰가 장관이다. 시그니처는 꿀 들어간 라테에 후춧가루를 뿌린 페페허니. 운영시간 11:00~22:00

SPOT **4**

도심 속 비밀의 정원

어반소스

주소 서울시 성동구 연무장3길 9 · **가는 법** 2호선 성수역 4번 출구 → 도보 6분 · **운영시간** 카페 11:00~23:00, 연중무휴 / 레스토랑 12:00~21:00, 매주 월요일 휴무 · **전화번호** 02-462-6262 · **홈페이지** urbansource.co.kr · **대표메뉴** 아메리카노 4,500원, 쌀 스무디 6,500원, 깜장라테 6,500원 · **etc** 루프톱은 반려동물 동반 가능 / 주차 불가

　　1961년 봉제공장으로 시작해 1995년부터 20년간 시간이 멈춰 있었던 670평의 공간. 이 오래된 옛 자수공장 터를 살려낸 어반소스는 평소 카페 겸 레스토랑으로 운영되지만 다양한 행사가 열리는 문화공간이기도 하다. 사계절 중에서도 특히 봄에 들르면 좋은 이유는 정원과 루프톱 공간 때문이다. 온통 초록 식물로 가득한 정원은 일부러 꾸민 게 아니라 20년간 방치되었던 나무와 식물들이 자라 자연스럽게 조성되었다는 사실이 놀랍다. 따사로운 햇빛, 푸릇푸릇한 초록 나무들 사이사이를 가르며 지나가는 바람. 온갖 새들의 지저귐을 들으며 꽃피는 봄의 정원

속에 앉아 있노라면 제주도 혹은 교외 어디쯤 온 것 같은 착각
에 빠진다. 들어가자마자 보이는 카페 옆 레스토랑에서는 영국
가정식을 맛볼 수 있다.

주변 볼거리 · 먹거리

카페 할아버지공장

Ⓐ 서울시 성동구 성
수이로7가길 9 Ⓞ
11:00~22:00 / 연중
무휴 Ⓣ 070-7642-1113 Ⓗ gffactory.co.kr
2월 9주 소개 (103쪽 참고)

SPOT **5**

순하고 착한 빵집
보난자
베이커리

주소 서울시 성동구 왕십리로5길 9-2 · **가는 법** 분당선 서울숲역 1번 출구 → 에이플러스마트 앞의 횡단보도를 건너서 도보 5분 · **운영시간** 12:00~21:00 / 연중무휴 · **전화번호** 070-4799-5025 · **대표메뉴** 바게트, 크랜베리 호두, 나 초코, 치즈롤, 무화과 호두, 블랙 올리브 치아바타 2,800~4,500원

    성수동 아틀리에길에서 멀지 않은 서울숲과 성수동 사이 주택가 골목에 자리한 보난자 베이커리. 점심시간에는 줄을 서야 먹을 수 있을 정도로 인기다. 버터, 우유, 달걀, 설탕을 일절 사용하지 않고 프랑스 전통 방식 그대로 유기농 밀가루와 소금, 물만을 사용해 만든 건강한 빵을 판매한다. 당일 생산, 당일 판매를 원칙으로 한다. 설탕 한 톨도 넣지 않았지만 천연 발효종을 넣고 장시간 저온 숙성해 쫀득한 식감이 예술이다.

TIP
- 오후 12시, 3시, 6시에 맞춰 가면 갓 구운 빵을 맛볼 수 있다. 하지만 그마저도 금세 팔리니 미리 전화하고 가는 것이 좋다(전화 예약 가능).
- 빵을 사서 바로 먹어야 보난자 베이커리 특유의 쫀쫀한 식감을 제대로 느낄 수 있다.

1 COURSE

🚶 도보 1분

▶ 천상가옥

2 COURSE

🚶 도보 1분

▶ 대림창고

3 COURSE

▶ 자그마치

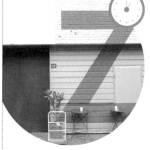

주소	서울시 성동구 성수이로14길 14
운영시간	11:00~22:00
전화번호	070-8866-0213
가는 법	2호선 성수역 3번 출구 → 도보 5분

2월 9주 소개(97쪽 참고)

주소	서울시 성동구 성수이로 78
운영시간	11:00~23:00 / 명절 당일 휴무
전화번호	02-499-9669
홈페이지	www.instagram.com/daelim_ changgo

1월 2주 소개(46쪽 참고)

주소	서울시 성동구 성수이로 88
운영시간	평일 11:00~23:00 / 연중무휴
전화번호	070-4409-7700
홈페이지	www.instagram.com/ zagmachi
대표메뉴	아메리카노 4,000원 / 레드벨 벳 케이크 8,000원

인쇄소를 새로운 인테리어 콘셉트로 재해석한 카페 겸 조명 갤러리. 조명 디자이너의 카페답게 구석구석 조명과 빔 프로젝트 등 빛을 활용한 인테리어가 독특하다. 입구에 굵은 고딕체로 새겨진 대문자 Z가 트레이드마크. 2014년 2월 오픈한 자그마치는 성수동의 정체성을 바꾸는 데 가장 큰 역할을 했다고 평가받는 곳이기도 하다. 단순한 카페 공간이 아니라 복합문화공간이자 지역 커뮤니티 공간의 역할을 겸하고 있다.

성수동
아틀리에길

녹색공유센터

주소 서울시 성동구 서울숲길 53
전화번호 02-498-7432
홈페이지 www.greentrust.or.kr

서울의 초록화를 위한 재단인 '서울그린트러스트' 사무실이
자 작은 숲이 있는 곳으로 단독주택을 개조해 만들었다. 초록
의 성수동을 이끄는 견인차 역할을 하고 있으며, 서울 전역에
26개의 동네 숲을 조성하고 도시의 숨은 녹색을 발굴·공유한
다. 이곳의 대문은 일요일을 제외하고 항상 열려 있으니 꽃과
나무에 관심 있는 사람이라면 누구든 들어와서 마당의 식물을
구경하거나 식물 키우는 법을 배워 갈 수 있다. 정원에서 키운
식물을 나누는 행사는 물론 도구를 실은 수레를 끌고 다니며
누군가의 집 텃밭을 함께 가꾸는, 게릴라성 깜짝 가드닝이 열
리기도 한다.

우드유라이크리빙윈도우

주소 서울시 성동구 서울숲6길 16-1
운영시간 11:00~18:00 / 매주 월요일 휴무
전화번호 02-6214-6814
홈페이지 swindow.naver.com/handmade/store/1000003652/
home

직접 디자인한 원목가구와 소품을 판매하는 나무
공방.

펜두카

주소 서울시 성동구 서울숲2길 38-1
운영시간 10:00~18:00 / 매주 토~일요일 휴무
전화번호 070-4473-3371
홈페이지 thefairstory.tistory.com

아프리카 등 저개발 국가 주민들이 직접 만든 수공
예 상품을 판매하는 공정무역 가게. '펜두카'는 남
아프리카 나미비아에서 살아가는 빈민, 장애 여성
들을 위한 공동체 이름이자 '워크업(Walk up)'을 뜻
하는 나미비아 말에서 따왔다. 수익금을 생산자의
환경 개선이나 자립에 사용한다.

카페 할아버지공장

주소 서울시 성동구 성수이로7가길 9
운영시간 11:00~23:00 / 연중무휴
전화번호 070-7642-1113
홈페이지 gffactory.co.kr

50년간 염색공장과 자동차 공업사로 사용됐던 공
간을 리모델링했다. 카페인 동시에 흙, 나무, 돌을
이용한 예술 작품을 감상할 수 있는 예술 공간이기
도 하다. 2층 테라스에서 올라갈 수 있는 트리하우
스가 이곳의 트레이드마크!

바야흐로 3월은 겨우내 혹한을 지낸 모든 자연이 기지개를
켜며 해사한 봄맞이를 준비하는 달이다. 사람도 마찬가지.
추운 겨울 내내 움츠리고 무거웠던 몸을 이끌고 서울의 예
쁜 동네들을 거닐며 봄을 맞이하는 것은 어떨까? 도저히 서
울이라고는 믿기지 않은 소소한 동네를 걷다 보면 시간이
멈춘 듯도 하고, 생각지도 못했던 공간을 만나기도 한다. 허
름하지만 따뜻한 헌책방, 그림보다 더 예쁜 공간이 있는 숍,
숨어 있기 좋은 소소한 카페, 오래된 낡은 상점, 고단했던
삶의 흔적이 켜켜이 쌓인 빛바랜 지붕과 담벼락들. 이 모든
것들이 자꾸만 발걸음을 잡아끈다. 그야말로 도심 속 동네
골목길의 쉼표 여행이다.

서울·경기도
3월의

느릿느릿 산책하기 좋은
예쁜 서울 동네

3월 첫째 주

전에도, 지금도
여전히 좋은 서촌

10 week

SPOT **1**

화가의 집

박노수미술관

주소 서울시 종로구 옥인동 168-2 · **가는 법** 3호선 경복궁역 3번 출구 → 마을버스 '종로 09' → 우리약국 하차 → 도보 1분 · **운영시간** 10:00~18:00 / 매주 월요일, 1월 1일, 구정·추석 당일 휴관 · **입장료** 어른 3,000원 / 청소년 1,800원 / 어린이 1,200원 · **전화번호** 02-2148-4171 · **홈페이지** jfac.or.kr

　원래 박노수 화가가 살던 집이었는데, 지금은 고풍스런 미술관으로 사용하고 있다. 일제강점기 대표적인 친일파 윤덕영이 딸을 위해 지은 곳으로 조선 말기 한식, 양식, 중국식, 서양식 등 다양한 건축 양식이 뒤섞인 절충식 가옥이다. 1972년부터 동양화가 박노수 화백이 소유하게 됐으며 그가 살던 옛집 그대로 보수해 2013년 9월 미술관으로 개관했다. 정확한 명칭은 '종로 구립 박노수미술관'이다.

TIP 관람 포인트
- 작은 뒷동산에 오르면 전망대가 있는데, 서촌이 한 눈에 내려다보이는 최고의 뷰포인트. 놀랍도록 멋진 서촌의 풍경을 놓치지 말 것!
- 3월에 방문하면 빨간 열매를 맺은 산수유나무를 만날 수 있다.
- 대나무가 군락을 이룬 뒷동산은 하얀 눈이 소복하게 쌓인 겨울에 절경을 맞는다.

TIP
- 문화재 보호 차원에서 신발을 벗고 입실해야 한다.
- 미술관 내부는 사진 촬영을 할 수 없다.
- 미술관 뒤쪽 전망대에 오르는 돌계단 말고 또 다른 흙길이 나오는데 조금 비탈지고 좁으니 비 오는 날 미끄러지지 않도록 각별히 주의하자.
- 전망대 주변이 주택가이므로 큰 소음은 자제하자!

주변 볼거리·먹거리

미술관 옆 작업실 박노수미술관 바로 옆에 자리한 미술관 옆 작업실. 인테리어 스타일리스트 주인장의 작업실, 공방, 카페, 소품 매장을 겸하고 있다. 안이 훤히 들여다보이는 커다란 통창이 한 번쯤 여행자의 눈길을 잡아끈다. 자유분방한 주인장의 성격답게 오픈 시간이 정해져 있지 않다.

Ⓐ 서울시 종로구 옥인길 40 Ⓣ 02-7527-0107

산수유가 빨갛게 얼굴을 내밀고 봄을 알린다.

예술가들이 사랑한 산

인왕산
수성동 계곡

주소 서울시 종로구 옥인동 179-1 · **가는 법** 3호선 경복궁역 3번 출구 → 마을버스 '종로 09' → 종점에서 하차(약 20분 소요) · **운영시간** 상시 개방 · **입장료** 무료 · **전화번호** 02-2148-2844

'물소리가 유명한 계곡'이라 하여 수성동(水聲洞)이라 불리는 인왕산 계곡은 청계천의 발원지로서 수채화에서 튀어나온 듯 사계절 내내 아름답고 수려한 풍경이 일품이다. 천재 시인 이상이 자라고, 윤동주가 하숙을 했던 인왕산 자락에 걸쳐 있는 수성동 계곡의 웅장한 기운이 마치 강원도 산골의 깊은 계곡에 온 듯하다. 인왕산 수성동 계곡의 백미는 겸재 정선의 그림에도 나오는 기린교 암석 골짜기. 이 기린교는 조선시대 안평대군의 집터에 있던 돌다리를 가져다 만든 것이다. 이곳에 있던 아파트가 철거되고 이 지역을 복원하는 과정에서 정선의 그림에 있는 수성동 계곡과 기린교의 모습이 원형대로 남아 있어서 많은 사람들을 놀라게 했다. 1971년 수성동 계곡 우측에 준공된 옥인시범

아파트는 근대사가 만들어낸 흉물이었다. 하지만 지금은 이를 허물고 인왕산의 자연경관을 회복했다. 현재는 주민들의 요구로 7동 일부분과 터만 남겨 근대사의 오류와 그 의미를 되새기고 반성하게 했다.

TIP
- 수성동 계곡과 옥인시범아파트는 내비게이션에서 검색되지 않으며, 마을버스 종점에 작은 주차 공간이 있지만 거의 대부분 주민들의 차로 가득하다. 특히 주말에는 주차할 곳이 아예 없으므로 참고하자.
- 계곡은 출입 금지이므로 아이들에게 미리 주의를 주자.
- 기린교에 출입 금지 푯말이 없어서 많은 사람들이 건너다니는데 절대 출입 금지! 이 바위 절벽은 일품이지만 상당히 위험하므로 낙상에 주의하자.
- 가재, 개구리 등 동물 서식처이므로 잡는 행위 금지.
- 우측 산책로를 오를 때 가로수가 없어 한여름 햇빛에 그대로 노출되므로 선캡이나 양산, 선글라스를 준비하자.
- 근처에 슈퍼가 없으니 더운 날 생수를 챙겨 가자.

TIP 관람 포인트
- 사계절 내내 풍경이 일품이지만, 특히 물 많은 여름에 더욱 장관이다.
- 수성동 계곡 끝 돌계단을 올라가면 창의문으로 통하는 도로와 인왕산으로 올라가는 석굴암 입구가 보인다.
- 겸재 정선의 산수화에 나오는 기린교를 꼭 감상하자.
- 수성동 계곡 옆으로 나 있는 인왕산 자락길을 따라 이어지는 부암동 카페 거리를 함께 들러보는 것도 좋다.

주변 볼거리·먹거리

남도분식 갖가지 튀김을 상추에 싸 먹는 상추튀김으로 유명한 분식집. 떡볶이 국물에 오징어 몸통 하나가 통째로 들어간 오징어떡볶이도 인기 메뉴다.

Ⓐ 서울시 종로구 옥인길 33 Ⓗ 11:30~21:00 Ⓣ 02-723-7775 Ⓜ 남도떡볶이·짜장떡볶이 14,000원 / 상추튀김 9,000원

영화루 3대째 이어오는 서촌의 50년 터줏대감. 외관부터 세월의 흔적이 느껴진다. 청양고추와 고추기름으로 매콤한 맛을 낸 짜장소스와 고추짜장이 유명하다.

Ⓐ 서울시 종로구 누하동 25-1 Ⓗ 11:00~21:00 / 연중무휴(구정과 추석에는 휴무) Ⓣ 02-738-1218 Ⓜ 고추간짜장 9,000원 / 자장면 6,000원 / 짬뽕 7,000원

윤동주 하숙집 터 마을버스 09가 지나가는 골목, 수성동 계곡으로 올라가는 길 언저리에 윤동주의 하숙집 '터'가 있다. 지금은 3층 양옥집이 들어선 이 자리는 소설가 김송의 집이었는데 윤동주가 연희전문학교 재학 시절 여기서 하숙을 했다. 이 시절 그의 대표작 〈별 헤는 밤〉, 〈자화상〉 등이 탄생했다.

Ⓐ 서울시 종로구 옥인길 57

가장 완벽한 한옥에서 한잔

베어 카페

주소 서울시 종로구 효자동 62 · **가는 법** 3호선 경복궁역 3번 출구 → 도보 약 12분 · **운영시간** 11:00~19:00 / 매주 월~화요일 휴무 · **전화번호** 070-7775-800 · **홈페이지** blog.naver.com/designeum · **대표메뉴** 아메리카노 4,000원, 카페라테 4,500원, 프렌치프레스 5,000원, 소금 아인슈페너 5,500원 · **etc** 주차 불가(대로 맞은편 신교 공영주차장 이용)

　　인테리어 전문 잡지 〈킨포크〉와 〈베어〉를 펴내는 출판사 디자인이음이 운영하는 서촌의 한옥 카페. 자연을 담은 정원과 커피, 라이프스타일과 책이 결합된 독특한 공간이다. 외관과 상반된 인테리어도 인상적이다. 큼직한 대문을 들어서면 맨 먼저 보이는 것은 자갈 깔린 마당과 사계절 내내 푸른 침엽수. 사방 통유리로 오픈된 공간에 한옥과 잘 어울리는 깔끔한 화이트 톤 가구를 배치했는데 나뭇결과 모던한 가구의 조화가 이색적인 풍경을 만든다.

주변 볼거리·먹거리

아크앤북

Ⓐ 서울시 중구 을
지로 29 부영을지빌
딩 B1F(시청점) ⓞ
10:00~22:00 / 연중무휴 ⓣ 070-8822-4728
ⓗ www.instagram.com/arc_n_book_official
ⓔ 시청점 외에 성수점, 잠실 롯데월드몰 분점
이 있다. / 1만 원 이상 구매 시 2시간 무료 주
차권을 준다.
1월 1주 소개(34쪽 참고)

낮은 문턱이나 창문 등 한옥 고유의 멋을 살리되 너무 내세우지 않고 미니멀하게 정리한 내부.

예쁜 경복궁 돌담길을 운치 있게 걷다 보면 금세 나오는 베어 카페.

이 집에서 60년을 사신 할머니의 정원을 그대로 보존했다.

서울에서 가장 오래된 헌책방
대오서점

주소 서울특별시 종로구 누하동 33 · **가는 법** 3호선 경복궁역 2번 출구→도보 5분→우리은행 효자동 지점 앞 골목에서 좌회전 · **운영시간** 운영시간 12:00~21:00 / 연중무휴 · **관람료** 입장료: 3,000원(엽서 증정) 혹은 1인 1음료 주문 중 선택 · **전화번호** 02-735-1349 · **대표메뉴** 아메리카노 및 유자레몬차 등 모든 음료 5,500원~6,000원(관람료 포함)

서울에서 가장 오래된 헌책방 대오서점은 서촌의 상징이다. 서울 같지 않은 서울 속 동네 서촌에 머물면 발걸음이 저절로 느려지고, 시간 또한 느릿느릿 흘러가는 듯하다. 그런 서촌의 모습을 가장 잘 보여주는 곳이 바로 대오서점이다. 60년이 훌쩍 넘은 시간 동안 서촌을 지켜온 대오서점은 서울에서 가장 오래된 헌책방이기도 하다. 하지만 지금은 중고서점이 아닌 작은 카페로 운영되고 있다. 할머니의 문갑과 학교 의자, 낡은 풍금이 정겹고 소박하다. 운이 좋으면 주인아주머니가 직접 연주하는 풍금 소리를 들을 수 있다.

주변 볼거리 · 먹거리

효자베이커리 통인동의 터줏대감이자 수십 년 동안 청와대에 빵을 납품한 빵집으로 유명하다. 사라다빵, 맘모스빵, 만주 등 어릴 적 먹던 추억의 빵부터 요즘 인기 있는 건강 발효 빵까지 다양한 종류의 빵을 맛볼 수 있으며, 가족이 총동원되어 일하기 때문에 굉장히 친절하다. 인심도 후해서 빵을 사면 빵을 하나 더 서비스로 준다.

Ⓐ 서울시 종로구 통인동 43-1 ⓗ 08:00~21:30 / 매주 월요일 휴무 ⓣ 02-736-7629 ⓜ 효자베이커리의 1등 빵 콘브레드 5,000원

TIP
• 현재 대오서점은 책방이 아닌 카페로 운영되고 있다. 카페를 이용하지 않고 내부만 구경하려면 입장료 3,000원, 카페 이용 시 1인 1음료 주문 필수!
• 주인아주머니가 직접 담근 유자레몬차를 주문하면 추억의 달고나 사탕이 함께 곁들여 나오고, 유기농 커피와 펄자스민차 등의 음료와 수제 브라우니를 판매한다.

1 COURSE
👣도보 3분

▶ 내자상회

2 COURSE
👣도보 7분

▶ 원모어백

3 COURSE

▶ 리틀템포

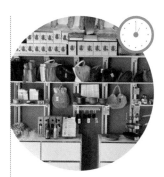

주소	서울시 종로구 내자동 142 1층
운영시간	10:00~22:00 / 연중무휴
전화번호	070-7755-0142
홈페이지	smartstore.naver.com/ naejaandco
etc	주차 불가
가는 법	3호선 경복궁역 7번 출구 → 도보 2분

그릇, 프라이팬, 라탄 소재의 소품들까지 감성이 흘러넘치는 키친웨어들로 채워진 매력적인 공간. 리빙숍과 카페를 겸하고 있다.

주소	서울시 종로구 필운동 146-1
운영시간	12:00~19:00 / 매월 마지막날 휴무
전화번호	070-7768-8990
홈페이지	www.onemorebag.kr
etc	골목이 아닌 큰길가 빌딩 2층이라 찾기 힘들 수 있다.

에코백 마니아라면 익히 알고 있을 만한 천가방 편집숍. 개성 넘치는 가방부터 리빙, 패션 아이템 등 귀여운 소품들이 준비되어 있다. 국내외 브랜드는 물론 직접 제작한 유니크한 감성의 에코백도 만나볼 수 있다.

주소	서울시 종로구 자하문로7길 69-1
운영시간	13:00~19:00 / 매주 일, 월요일 휴무
전화번호	070-7725-4038
홈페이지	www.little-tempo.com
etc	내부 사진 촬영 불가

소속 디자이너들이 직접 만든 디자인 문구, 캐릭터 소품들과 주문 제작 도장을 판매하는 디자인 소품 숍.

서촌의 명물, 통인시장 100퍼센트 즐기기

주소 서울시 종로구 통인동 44번지
운영시간 07:00~21:00(점포별 상이) / 매달 셋째 주 일요일 시장 전체 휴무
가는 법 3호선 경복궁역 2번 출구 → 도보 10분
전화번호 02-722-0911
홈페이지 tonginmarket.co.kr

통인시장 이용 방법

1. 통인시장의 모든 점포에서 서울전통시장 상품권을 사용할
   수 있다.
2. 구입한 점포에 의뢰하면 마을기업 (주)통인커뮤니티에서 상
   품을 오토바이로 당일 무료 배송해 준다.
3. 종로구 일대에 한해 통인시장 내의 상품을 인터넷으로 주문
   가능하다(tonginmarket.co.kr).

내 맘대로 공방

위치 통인시장 내 주 출입구(필운대길 방면)에서 우측 여섯 번째 점포
운영시간 화~일요일 10:00~17:00
전화번호 02-722-0911
홈페이지 cafe.naver.com/fullmoonh

공방 장비를 이용해 아기자기한 소품과 가구 제작, 오래된 가구 리폼 및 수리, 주문 제작 등의 작업을 할 수 있다. 한 달에 한 번 초중등부를 위한 행사가 열릴 때를 맞춰서 참여하면 아이들도 직접 만들어볼 수 있다.

도시락 cafe

위치 통인시장 내 고객만족센터 2층
운영시간 화~일요일 11:00~17:00(엽전 판매는 4시까지) / 매주 월요일 및 매월 셋째 주 일요일 휴무
전화번호 070-8874-4571

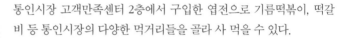

통인시장 고객만족센터 2층에서 구입한 엽전으로 기름떡볶이, 떡갈비 등 통인시장의 다양한 먹거리들을 골라 사 먹을 수 있다.

1. 통인시장 내에 있는 도시락 카페 통(通)에서 엽전을 산다(엽전 1개당 500원이며 1인당 엽전 6냥 정도면 충분한 식사가 가능하다).
2. 엽전을 사면 함께 주는 빈 도시락 통을 들고 시장을 돌아다니면서 반찬가게, 분식점, 떡집 등 여러 도시락 카페 가맹점에서 엽전을 내고 음식을 산다(보통 엽전 한두 개면 반찬 한 가지씩 살 수 있으며, 국과 밥은 도시락 카페에서 각각 엽전 2냥에 판매한다).
3. 도시락에 담아 온 음식을 가지고 도시락 카페로 와서 먹는다. 도시락 카페에 자리가 없으면 밥과 국을 사서 잡도리 쉼터(시장 내 통로 왼쪽으로 가서 시골반찬 옆 지하)에서 먹으면 된다.

곽가네 음식

위치 통인시장이 끝날 때쯤 좌측에 위치
운영시간 평일 및 토요일 8:30~21:30 / 매주 일요일 휴무
전화번호 02-722-0911
대표메뉴 쌈밥정식 12,000원, 인삼돼지불고기 9,500원, 더덕된장찌개 11,500원

통인시장 내 사찰음식 전문점으로 엽전 도시락 투어가 번거로운 사람들은 이곳에서 맛깔스럽고 건강한 반찬을 뷔페식으로 먹을 수 있다. 천연조미료만 사용해 많이 먹어도 속이 부대끼지 않고 깔끔하다. 입소문이 자자해 서촌 주민들도 가족 단위로 많이 이용하고, 멀리서도 일부러 찾는 건강한 가게다.

서울에서 가장 오래된
한옥마을, 익선동

11 week

SPOT **1**

카페, 바, 복합문화공간

카페&바 식물

주소 서울시 종로구 돈화문로 11다길 46-1 · **가는 법** 1·3호선 종로3가역 4번 출구
→ 건너편 골목으로 도보 3분 · **운영시간** 12:00~23:00 · **전화번호** 02-742-7582 ·
홈페이지 blog.naver.com/plantcafebar · **대표메뉴** 아메리카노 5,000원, 갓 구운
크루아상 5,000원 · **etc** 1인 1음료 주문 필수

　　카페이자 바(Bar)이자 펍인 '식물'은 전시와 공연까지 겸하는
복합문화공간이다. 이곳은 포토그래퍼 루이스 박과 미술 강사
겸 바리스타 진일환 대표가 함께 운영하는 공간으로, 80년이란
오랜 세월의 흔적을 간직한 한옥 세 채를 이어서 만들었다. 외
벽을 최대한 살리기 위해 벽면 밖을 카보네이트로 마감하고, 기
존의 창틀도 떼지 않고 그대로 살려두었다. 일제강점기에 지어
진 한옥이라 일본 가옥의 형태도 남아 있다. 한옥의 구조를 살
려 현대적으로 재구성한 공간에 의자, 테이블, 그릇 등 빈티지
한 아이템이 가득하다. 종종 아티스트들의 전시와 공연, 영화
상영도 진행한다. 낮에는 카페, 밤에는 바로 운영된다.

커다란 창문이 인상적인 퇴청마루에 놓인 자개 테이블은 '식물'의 심벌로 진일환 대표의 어머니가 사용하던 것이다. 빈티지 캐비닛과 독일 학생용 의자, 가죽 소파 등 가구와 소품들 대부분이 그가 집에서 사용하던 것들을 가져오거나 옆동네 풍물시장에서 구입한 것들이다. 마시고 남은 공병들을 활용해 만든 향초와 디퓨저 그리고 패브릭 가방도 판매한다.

TIP
- 외부 음식물 반입 금지.
- 빵 종류는 주문하면 바로 구워서 나오므로 최소 20분의 인내력은 필수!

주문 후 바로 구워 결이 살아 있는 크루아상

오래된 대청마루를 재해석한 빈티지한 테라스 공간

포토그래퍼 주인장의 취향이 구석구석에 넘쳐난다.

SPOT **2**

양심적인 익선동 원조 맛집

익선동121

TIP
• 모든 메뉴 포장 가능하다.

주소 서울시 종로구 익선동 121 · **가는 법** 3호선 종로3가역 4번 출구 → 건너편 골목으로 도보 5분 · **운영시간** 11:00~24:00 / 연중무휴 / 브레이크타임 16:00~17:00(주말 및 공휴일 제외) · **전화번호** 02-765-0121 · **대표메뉴** 수육부추된장비빔밥·양지부추된장비빔밥·토마토소고기카레 10,000원 / 반반카레 12,000원 / 부추수육 15,000원

　　가게 이름이자 주소인 '익선동 121'은 최대한 몸에 좋은 것들을 찾아 정직하게 내놓고 조미료는 일절 넣지 않기로 유명하다. 그래서 자극적이지 않고 담백해 속이 부담스럽지 않다. 주메뉴는 건강식인 부추 된장 비빔밥과 수제 카레. 특히 된장은 한의사가 직접 재배한 콩으로 담근 것이다. 식사, 와인, 맥주, 막걸리, 커피 등 입맛대로 다양하게 고를 수 있다. 사람들이 많이 다니는 골목이 아니어서 한산하고, 가격도 저렴한 데다 모든 메뉴가 훌륭해서 밥이든 술이든 편하게 즐길 수 있다.

'익선동121'은 원래 이곳 주인장이 자주 찾던 단골 막걸리집이었다고 한다. 한옥집을 리모델링할 때 기존의 창틀, 지붕, 서까래, 흙벽, 심지어 막걸리집이었던 당시의 낙서까지 그대로 보존했다. 구석진 자리에서 만난 뜻밖의 로스팅 기계. 처음에는 커피 로스팅을 전문으로 하는 카페였으나 대표가 중간 중간 내놓은 음식들 반응이 너무 좋아서 아예 밥집을 차렸다고 한다. 익선동이 알려지기 전부터 인근 주민과 직장인들에게 사랑받은 곳이다. 익선동에서 집밥이 먹고 싶을 때 이곳의 된장비빔밥을 추천한다. 직접 로스팅한 커피와 맥주도 착한 가격에 사이드 메뉴로 즐길 수 있다.

주변 볼거리·먹거리

익동다방 3개월을 주기로 전시되는 작품들이 바뀌어 매번 색다른 분위기를 느낄 수 있는 갤러리 카페 겸 바. 원래 익선동의 첫 인상이 시작되는 '익동다방'으로 유명했다. 저녁 8시 이후에는 펍으로 운영된다.

Ⓐ 서울시 종로구 수표로28길 17-19 Ⓞ 12:00~23:00 / 매주 월요일 휴무 Ⓣ 02-763-7263 Ⓗ www.instagram.com/ikseon.teum

대림미술관 일상이 예술이 되는 미술관, 대

림미술관의 전신은 1996년 대전에 개관한 한국 최초의 사진 전문 한림미술관이다. 사진뿐 아니라 폴 스미스, 칼 라거펠트, 린다 매카트니 등 다양한 분야의 전시를 소개한다. 전시의 연장선에 놓인 콘서트, 강연, 워크숍, 파티를 비롯해 문화 예술계의 인사를 초대해 관객과의 대화 시간을 갖는 등 상식적인 미술관의 영역을 뛰어넘어 새로운 라이프스타일을 제안하는 전시 콘텐츠들을 선보이고 있다.

Ⓐ 서울시 종로구 자하문로4길 21 Ⓞ 화~일요일 10:00~18:00, 목·토요일 10:00~20:00 / 매주 월요일, 구정·추석 연휴 휴관 Ⓒ 성인 5,000원, 청소년 3,000원, 어린이 2,000원 Ⓣ 02-720-0667 Ⓗ www.daelimmuseum.org Ⓔ 온라인 회원이 되면 전시 입장료 20퍼센트 할인. 인터파크에서 예약하면 대기 시간 없이 바로 입장 가능

출판사를 운영하는 주인의 취향이 물씬 묻어나는 벽장 속의 책들

SPOT **3**

연탄불 먹태가 예술인 가맥집

거북이슈퍼

주소 서울시 종로구 수표로28길 17 · **가는 법** 3호선 종로3가역 4번 출구로 나와 건너편 골목으로 도보 2분 · **운영시간** 월~금요일 15:00~24:00, 토요일 14:00~24:00, 일요일 14:00~23:00 · **전화번호** 010-7532-7474 · **대표메뉴** 먹태 15,000원, 쥐포 8,000원, 일반 병맥주 5,000원

한옥의 형태를 그대로 살린 실내와 무심한 듯 부순 거친 담장이 멋스러운 곳으로 옛날 동네에서 흔히 볼 수 있던 슈퍼마켓을 그대로 재현했다. 이름은 슈퍼지만 가게 맥줏집, 일명 '가맥'집이다. 먹태, 육포, 쥐포 등 마른안주 외에도 '슈퍼'라는 이름답게 음료, 아이스크림, 과자, 컵라면, 집커피, 수정과, 식혜, 찐빵, 치약, 건전지, 식용유, 세제까지 가벼운 장을 보기에 무리가 없을 정도다. 모든 포는 석쇠로 연탄불에 정성스럽게 구워 나온다.

TIP
- 국산 맥주만 판매한다.
- 거북이슈퍼의 명당 자리는 할머니 댁에 가면 있을 법한 밥상이 놓인 좌식 마루다.

1 COURSE
🕐 1호선 종로3가역 2-1번 출구
▶ 🚶 도보 5분

▶ 경복궁

주소	서울시 종로구 사직로 161
운영시간	1월~2월·11월~12월 09:00 ~17:00, 3월~5월·9월~10월 09:00~18:30, 6월~8월 09:00~18:30 / 매주 화요일 휴무
입장료	성인 3,000원, 만 24세 이하 및 만 65세 이상 무료, 한복 착용 시 무료, 매월 마지막 주 수요일(문화가 있는 날) 무료
전화번호	02-3700-3900
홈페이지	www.royalpalace.go.kr
가는 법	3호선 경복궁역 5번 출구 → 도보 2분

조선시대 다섯 개의 궁궐 중 첫 번째로 만들어진 곳으로, 조선 왕조의 법궁이다. 매년 9월 말에서 10월 중순까지 야간특별관람이 열리는데, 낮과는 다른 놀랍도록 화려하고 요염한 경복궁의 야경을 볼 수 있다.

2 COURSE
🚶 도보 3분

➡ 4.5평 우동집

주소	서울시 종로구 익선동 123-2
운영시간	월~금요일 11:00~23:00(런치 할인 14:00까지) / 토요일 11:00~21:30 / 일요일 11:00~20:30 / 연중무휴 / 평일 브레이크타임 15:30~17:00 / 저녁 8시 30분부터는 술안주만 주문 가능
전화번호	02-745-5051
대표메뉴	유부우동 5,000원, 오뎅우동 7,000원, 카레우동 7,500원, 카레라이스 7,500원, 점심 한정 메뉴 카레세트(비프 카레라이스+작은 우동) 8,000원

4월 14주 소개(146쪽 참고)

3 COURSE

➡ 카페&바 식물

주소	서울시 종로구 돈화문로11다길 46-1
운영시간	12:00~23:00
전화번호	02-742-7582
홈페이지	blog.naver.com/plantcafebar
대표메뉴	아메리카노 5,000원, 갓 구운 크루아상 5,000원

3월 11주 소개(116쪽 참고)

소소히 걷기 좋은 동화 같은
서울 속 전원마을, 부암동

12 week

SPOT **1**

시인의 영혼의 가압장

윤동주문학관

주소 서울시 종로구 창의문로 119 · **가는 법** 3호선 경복궁역 3번 출구 → 지선버스 7022·7212·1020 → 윤동주문학관 하차 · **운영시간** 10:00~18:00 / 매주 월요일, 1월 1일, 구정·추석 연휴 휴관 · **입장료** 무료 · **전화번호** 02-2148-4175 · etc 제3 전시관은 매시 정각, 15분, 30분, 45분 상영(상영 시간 약 11분)

　　윤동주 시인의 사진 자료와 친필 원고, 시집, 당시에 발간된 문학잡지 등을 전시하는 문학관. 윤동주 시인의 일생과 시 세계를 담은 영상물을 감상할 수 있는 제3전시실은 폐기된 가압장의 물탱크를 원형 그대로 살려 윤동주 시의 상징인 '닫힌 우물'을 형상화한 것이다. 외부에서 한 줄기 빛이 스며들어 독특한 분위기를 연출한다. 이 '영혼의 가압장'은 한국의 현대건축 '베스트 20' 중에서 18위, 서울시 건축상 대상에 선정되기도 했다. 탱크 윗부분은 정원으로 꾸며져 있으며 뒤쪽 윤동주 시인의 언덕으로 향하는 계단과 연결된다. 문학관에서 주최하는 시낭송회와 음악회, 백일장 등이 열리며, 문학관 뒤편 인왕산 자락에는 '시인의 언덕'이라는 작은 공원이 조성되어 있다. 윤동주 시인

의 사진 자료와 친필 원고, 시집, 당시에 발간된 문학잡지 등을 전시하는 문학관. 윤동주 시인의 일생과 시 세계를 담은 영상물을 감상할 수 있는 제3전시실은 폐기된 가압장의 물탱크를 원형 그대로 살려 윤동주 시의 상징인 '닫힌 우물'을 형상화한 것이다. 외부에서 한 줄기 빛이 스며들어 독특한 분위기를 연출한다. 이 '영혼의 가압장'은 한국의 현대건축 '베스트 20' 중에서 18위, 서울시 건축상 대상에 선정되기도 했다. 탱크 윗부분은 정원으로 꾸며져 있으며 뒤쪽 윤동주 시인의 언덕으로 향하는 계단과 연결된다. 문학관에서 주최하는 시낭송회와 음악회, 백일장 등이 열리며, 문학관 뒤편 인왕산 자락에는 '시인의 언덕'이라는 작은 공원이 조성되어 있다.

TIP
- 윤동주문학관 내부 전시실은 사진 촬영 금지.
- 아이들과 관람 시 관람 소요 시간은 약 30분 예상.

SPOT **2**

천천히 가도 괜찮아

백사실계곡

주소 서울시 종로구 부암동 115 · 가는 법 3호선 경복궁역 3번 출구 → 지선버스 7018 → 하림각 하차 → 도보 9분 · 운영시간 상시 개방 · 입장료 무료 · 전화번호 02-731-0395

도심 속 비밀정원이라 불리는 백사실계곡. 골목골목 숨어 있는 갤러리와 카페를 찾는 즐거움을 만끽하며 부암동 언덕길을 오르다 보면 산중턱에서 만나는 백사실계곡은 '오성과 한음'으로 유명한 '백사 이항복'의 별장지가 있어 붙은 이름이다. 1급수 지표종인 도롱뇽이 살 정도로 맑은 물을 자랑한다. 북악산의 아름답고 수려한 산천으로 둘러싸인 이곳에 널찍한 건물 터와 연못, 잘 정비된 수로가 있어 잠시 앉아 조용히 휴식하기 좋다. 한여름에는 돗자리와 간단한 먹거리 등을 챙겨 가서 나무 아래 앉아 쉬다 보면 근심이 절로 사라진다.

백사실계곡으로 가는 안내도

백사실계곡으로 들어가는 비밀정원 같은 길

TIP
- 윤동주문학관부터 백사실계곡까지 걸어 올라가는 언덕길은 등산로 못지않게 경사가 심하므로 편한 신발은 필수!
- 신록의 봄 혹은 단풍으로 물든 가을이 가장 예쁘다.
- 비가 온 뒤에는 흙길이 미끄러우니 주의한다.
- 백사실계곡은 자연 보존을 위해 취사 및 물놀이가 제한된 곳이다. 단, 현통사 앞에서는 유일하게 계곡물을 만끽할 수 있다.
- 백사실계곡은 차량 진입이 아예 불가능하므로 도보로 이동해야 한다.

SPOT 3

서울에서 가장 높은 미술관

자하미술관

주소 서울시 종로구 부암동 362-21 · **가는 법** 3호선 경복궁역 3번 출구 → 일반버스 7022·1020·7212 / 5호선 광화문역 2번 출구 → 교보빌딩 앞에서 일반버스 7212·1020 → 부암동주민센터 하차 → 우측 골목길로 도보 15분 · **운영시간** 10:00~18:00 / 매주 월요일 휴관 · **입장료** 5,000원 · **전화번호** 02-395-3222 · **홈페이지** www.zahamuseum.com

부암동주민센터에서 우측 골목길로 덩굴이 많은 스러져 가는 높은 담과 귀여운 새끼 길고양이들과 조우하며 꽤 비탈진 언덕길을 걷고 쉬기를 반복하다 보면 인왕산 중턱에서 만나게 되는 고요하고 아름다운 미술관. 자하미술관은 서울의 미술관 중 가장 높은 곳에 위치해 있다. 2층 전시장의 야외 테라스에 올라서면 북악산과 부암동 일대가 한눈에 내려다보이는 전망과 병풍처럼 둘러친 비봉 능선에 탄성이 절로 나온다. 놀랍도록 조용하

고, 아늑하며, 분위기 좋은 곳이라 연인 혹은 친구와 함께 가도 좋고, 홀로 찾아도 사색이 가능한 시크릿 스팟이다. 갈 때마다 늘 바뀌는 작은 전시공간에서 감성 예술 산책은 보너스.

주변 볼거리·먹거리

사이치킨

Ⓐ 서울시 종로구 부암동 257-3 Ⓞ 월~금요일 15:00~23:00, 토~일요일 12:00~23:00 Ⓣ 02-395-4242 Ⓔ 후라이드 숙주세트 28,000원, 사이치킨 감자세트 27,000원
3월 12주 소개(128쪽 참고)

TIP
- 전시 준비 중에는 개관하지 않으니 홈페이지를 통해 전시 일정을 꼭 확인하고 방문하자.
- 산으로 둘러싸인 동네답게 자하미술관까지 꽤 비탈진 언덕길을 올라가야 하니 편한 신발을 착용하자.
- 2층 전시실의 야외 테라스에서 해 질 녘의 북악산과 부암동 일대를 감상하는 것도 잊지 말자.

도심 속 산꼭대기의 풍유도원
산모퉁이 카페

주소 서울시 종로구 부암동 97-5 · **가는 법** 3호선 경복궁역 3번 출구 → 일반버스 212·7022·1020 → 부암동사무소 또는 자하문고개 하차 · **운영시간** 11:00~21:00 / 연중무휴 · **전화번호** 02-391-4737 · **홈페이지** www.sanmotoonge.co.kr · **대표메뉴** 아메리카노 7,000원, 모든 음료 7,000~10,000원, 케이크 7,000원

부암동 산책로 맨 꼭대기에 위치한 산모퉁이 카페는 원래 목인박물관으로 사용되던 곳이었는데, 드라마〈커피프린스 1호〉의 촬영지로 유명해지면서 지금은 갤러리&카페로 변신하게 되었다. 이름처럼 북악산 산모퉁이에 자리 잡은 2층 단독주택 건물로 지하 전시관은 아시아의 다양한 예술작품은 물론 드라마 촬영 소품부터 영상 등을 볼 수 있는 갤러리, 1층과 2층의 라운지로 이뤄져 있다. 2층의 야외 테라스에서 남산부터 인왕산 그리고 웅장한 북악산에 둘러싸인 서울 시내를 한눈에 내려다볼 수 있다.

TIP
· 산중턱까지 올라가야 하니 편한 신발은 필수!
· 길이 제법 경사져 힘들 수 있으니 천천히 산책하는 중간 중간 뒤를 돌아보자. 건너편 인왕산 자락을 따라 뻗은 한양도성 서울성곽의 절경이 펼쳐진다.

주변 볼거리·먹거리

라 카페 갤러리
Ⓐ 서울시 종로구 부암동 44-5 ⓞ 11:00~22:00 / 매주 월요일 휴무 ⓣ 02-379-1975 ⓗ www.racafe.kr Ⓔ 1층 입구에 주차 가능
8월 33주 소개(290쪽 참고)

사이치킨 서울의 3대 치킨집으로 손꼽히는 곳. 치킨에 곁들여 나오는 숙주 샐러드 (무한 리필)가 일품이다. 매일 오후 4시 2분 전 (3시 58분)에 입장하는 사람에게는 생맥주 한 잔 또는 음료 한 캔이 무료로 제공되며, 비나 눈이 오는 날은 모든 메뉴가 10퍼센트 할인된 가격에 제공된다(단, 음료 및 주류는 제외). 홍대에 분점이 있다.
Ⓐ 서울시 종로구 부암동 257-3 ⓞ 월~금요일 15:00~23:00, 토~일요일 12:00~23:00 ⓣ 02-395-4242 ⓜ 후라이드 숙주세트 28,000원, 사이치킨 감자세트 27,000원

1 COURSE
🚶 윤동주문학관 앞에서 오른쪽으로 길 건너 도보 5분

▶ 시인의 언덕(청운공원)

2 COURSE
🚶 럭키마트 삼거리에서 왼쪽 골목으로 도보 3분

▶ 소소한 풍경

3 COURSE

▶ 라 카페 갤러리

주소	서울시 종로구 창의문로 119
운영시간	상시 개방
가는 법	3호선 경복궁역 3번 출구 → 지선버스 7022 · 1020 · 7212 → 윤동주문학관 하차 → 길 건너 계단으로 도보 2분

윤동주문학관 건너편 산의 계단으로 올라가면 인왕산 자락길의 한 코스이기도 한 '시인의 언덕'이 나온다. 이곳의 정식 명칭은 청운공원이지만, 예전에 윤동주 시인이 이곳에 올라 서울 도심을 내려다보며 시를 썼다고 해서 '시인의 언덕'으로 더 유명하다. '시인의 언덕'에서 시작되는 인왕산 자락길은 청운공원에서 사직공원에 이르는 산책로다. 인왕산 자락길을 걷다 보면 수성동 계곡과 서촌으로 이어지니 가볍게 걸어보자.

주소	서울시 종로구 부암동 239-13
운영시간	12:00~22:00 / 연중무휴
전화번호	02-395-5035
etc	주차 가능(2대 정도)

5월 22주 소개(198쪽 참고)

주소	서울시 종로구 자하문로10길 28
운영시간	11:00~22:00 / 매주 월요일 휴무
전화번호	02-379-1975
홈페이지	www.racafe.kr
etc	라 카페 1층 입구에 주차 가능

8월 33주 소개(290쪽 참고)

산책하기
좋은 동네
부암동

부암동은 조금 불편하더라도 천천히 걸어가며 둘러보아야 한다. 보통 부암동 카페 거리가 시작되는 부암동주민센터에서 출발해 음식점과 카페 골목을 지나 백사실계곡까지 향하는 경로를 선택한다. 하지만 이 코스 말고 경복궁역 버스정류장 앞에서 버스를 타고 '윤동주문학관'에서 하차해, '시인의 언덕'부터 백사실계곡 방향으로 이동하는 동선이 먹고, 쉬고, 즐기며 걷기에는 훨씬 효율적인 코스다.

'시인의 언덕'을 오른 후 윤동주문학관을 거쳐 길 건너 동양방앗간의 갈림길에서 오른쪽 골목에 위치한 '카페 라'에서 한숨 쉬어 가자. 박노해 사진전이 상시 무료로 진행되고 있다. 그리고 다시 20분 정도 언덕길을 올라서 드라마〈커피프린스 1호점〉의 촬영지로 유명한 '산모퉁이 카페'에 들러 시원한 음료 한 잔 마시며 북악산과 부암동 전경이 한눈에 내려다보이는 환상적인 풍경을 감상하자. 그리고 북악산 산책로를 따라 백사실계곡에 들러 시원하게 피톤치드 가득 받고 내려다와서, 도로 건너편 부암동주민센터에서 시작되는 카페 거리를 천천히 걸으며 즐비한 부암동 맛집에서 배를 채우고, 해 질 무렵 서울에서 가장 높은 곳에 있는 자하미술관에 올라 멋진 서울 야경과 그림 한 점을 감상하면 부암동 산책 코스를 모두 마친 셈이다.

사진 전시장과 사진 도서관을 운영하고 있는 사진공방 '공간 291'

본격적인 부암동 산책이 시작되는 동양방앗간

산유화카페를 지나 내리막길을 따라 4분 정도 걸으면 나오는 백사실계곡

'고진감래' 라는 이정표가 비탈진 부암동 여정을 역설적으로 말해 준다.

부암동 산책 시 주의사항

- 부암동 일대 대부분의 산책 코스는 급경사 및 언덕, 계단이 많으므로 최대한 발이 편한 신발을 착용하는 것이 좋다.
- 주요 식당이나 갤러리 방문 시 주차 공간이 협소하거나 없을 확률이 높으므로 가급적 대중교통을 이용하는 것이 좋다.
- 부암동 일대는 대부분 일반 주민들이 거주하므로 지역민에게 피해를 주는 행동을 삼가자(심야 시간대 고성방가 주의).

젊은 예술가들의 취향,
문래예술창작촌

13 week

SPOT **1**

골목골목 예술꽃이 피어나다

문래예술
창작촌
골목길 아트

주소 서울시 영등포구 문래동 · **가는 법** 2호선 문래역 7번 출구 → 도보 2분

　카메라 하나 메고 벽에 그려진 다채로운 예술적 그림들을 감상하며 문래예술창작촌 골목골목을 누비다 보면 마을 전체가 갤러리라는 것을 실감한다. 오밀조밀한 골목길을 따라 발걸음을 옮기다 보면 좁은 길과 허름하고 투박한 건물 사이사이 벽에 그려진 다채로운 예술 작품들을 만날 수 있다. 젊은 예술가들의 감성이 묻어나는 골목은 철공소 기계음마저 묘하게 하모니를 이룬다.

　문래동은 철공 기술자들과 젊은 예술가들의 작업실이 공존하는 곳이다. 하지만 이곳을 찾는 이들이 갑자기 늘어나면서 철공업 종사자들의 의지와 상관없이 초상권을 침해당하는 일이 빈번하다. 이방인에게는 서울에서 보기 힘든 신선한 풍경일지 모르지만 그들에게는 고된 삶의 일터이자 휴식처임을 기억해야 한다.

TIP

* 문래예술창작촌의 다양한 스팟들은 한 곳에 밀집돼 있지 않고 수많은 골목 어귀에 흩어져 있기 때문에 찾기가 조금 힘들 수 있다. 2호선 문래역 7번 출구로 나와 2분 정도 걷다 보면 각종 철공소들이 보인다. 거기서 멈추지 말고 100미터쯤 계속 직진하자. 왼쪽에 '카페 수다'가 나오는데 이 카페를 중심으로 움직이면 길을 찾는 데 시간을 조금이나마 아낄 수 있다.

허름한 담장을 곱게 덮고 있는 벽화

주변 볼거리 · 먹거리

우쿨렐레 파크 영화 〈프랭크〉의 우스꽝스러운 인형 탈 그림이 인상적인 우쿨렐레 가게. 우쿨렐레 레슨을 받을 수 있고, 우쿨렐레도 판매한다.

Ⓐ 서울시 영등포구 문래동 3가 57-65 Ⓞ 13:00~24:00 / 매주 일~월요일 휴무 Ⓣ 010-9929-7121 Ⓗ www.ukulelepark.com

좁고 긴 철공소 골목길을 따라 형성된 문래예술창작촌

SPOT **2**

철공단지 옥상에 일군
도시공동체 텃밭

문래도시텃밭

주소 서울시 영등포구 문래동 54-41번지 · **가는 법** 2호선 문래역 7번 출구 → 은광
상사 앞에서 좌회전 → 스페이스 문이 보이는 건물까지 도보 4분 · **운영시간** 상시
개방 · **홈페이지** cafe.naver.com/mullaefarm

오래된 철공소 건물의 100제곱미터 남짓한 작은 옥상에 꾸며
진 텃밭에서 당근, 가지, 고추, 토마토, 허브, 완두콩, 깻잎, 상추
등 온갖 채소가 자라고, 문래동 젊은 예술가들부터 아이들, 철
공소 직원들까지 주민들의 만남의 장소로 이용되는 곳이다. 커
피 원두를 담았던 자루와 비료 포대도 모두 훌륭한 화분이 된
다. 이곳에서 키운 채소와 작물들로 옥상 바비큐 파티가 열리
고, 텃밭에서 기른 배추로 김장 잔치도 벌인다. 말 그대로 텃밭
부흥회다. 단순히 작물 재배에서 끝나는 것이 아니라 수확한 농
작물은 도시형 장터 '마르쉐@'에서 더 많은 사람들과 함께 건강
한 맛으로 교감하고 있다.

낮의 모습만큼 밤에도 아름다운 옥상 텃밭의 풍경

TIP
- 텃밭이 있는 건물을 찾기가 여간 어렵지 않으니
  '영동 스텐레스'라는 간판이 달린 건물을 찾자.
  이 건물 3층 옥상에 텃밭이 꾸며져 있다.

문래옥상텃밭 건너편으로 보이는 예술공간 SAY

주변 볼거리·먹거리

치포리 문화 예술·인
문 서적과 문래예술
창작촌에서 활동하
는 예술가들의 두툼
한 아카이브 자료가 가득한 북카페 겸 갤러리.
갤러리와 옥상텃밭은 전시와 세미나 공간으로
사용되며, 판매 수익금은 문래동 컬처 매거진
〈문래동네〉를 발간하는 데 쓰인다.

Ⓐ 서울시 영등포구 문래동3가 58-84 2층
Ⓞ 평일 10:00~23:30, 주말 11:00~23:00
Ⓣ 02-2068-1667 Ⓗ ko-kr.facebook.com/
chichipopolibrary Ⓜ 커피류 2,500~3,500원,
리코타 파스타 샐러드 5,500원, 치포리 와플
10,000원

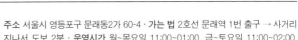

SPOT **3**
발리 감성의 루프톱
호텔707

주소 서울시 영등포구 문래동2가 60-4 · **가는 법** 2호선 문래역 1번 출구 → 사거리
지나서 도보 2분 · **운영시간** 월~목요일 11:00~01:00, 금~토요일 11:00~02:00,
일요일 11:00~23:00 · **전화번호** 02-2636-8694 · **홈페이지** www.instagram.com/
hotel707 · **대표메뉴** 코코넛 아이스크림 18,000원, 707 애프터눈티 세트 23,000
원·etc 코코넛 아이스크림은 하루 20개 한정 판매 / 주차 불가

　　성수동과 익선동의 계보를 잇는 핫플레이스 문래동에서도 분
위기가 굉장히 독특한 곳이다. 반짝이는 샹들리에, 대리석 테이
블 등 이국적인 호텔을 콘셉트로 화려한 인테리어를 자랑한다.
고급스러운 분위기를 자아내는 1층과 달리 2층의 루프톱은 야
자수와 원목으로 꾸며 마치 발리에 온 듯하다. 그래서일까? 외
국인 손님들이 눈에 많이 띈다. 대표 메뉴인 코코넛 아이스크림
은 코코넛 젤라토 위에 시리얼과 코코넛 칩을 올린 것이다. 입
안에서 부드럽게 녹아내리는 향긋한 코코넛 아이스크림에 바삭

한 과자가 씹는 식감을 더한다. 커피와 티, 식사와 맥주도 판매
한다. 707 애프터눈티 세트는 자체 제작한 티팟과 디시 세트에
내는데, 직접 구운 15가지 이상의 베이커리와 디저트를 제공한
다. 든든한 한 끼 식사로도 손색없는 가성비 훌륭한 구성이다.

SPOT **4**

정갈한 가정식을 선보이는
문래동의 원조 맛집

쉼표말랑

주소 서울시 영등포구 도림로 438-7 · **가는 법** 2호선 문래역 7번 출구 → 도보 6분
· **운영시간** 11:30~17:30 (브레이크타임 없음) / **주말** 휴무 · **전화번호** 010-4645-
2639 · **대표메뉴** 돼지고기 생강조림 9,000원 / 감자크로켓 3,000원

철강시대 문래동 특유의 투박한 분위기를 간직한 채 독특하
고 정갈한 가정식 메뉴를 선보이며 문래동의 리얼 맛집으로 손
꼽히는 곳이다. 아기자기하고 소박하고 정갈한 맛을 간직한 음
식점이다. 감자수제비를 넣은 북엇국이나 돼지고기 생강조림처
럼 톡톡 튀는 음식들이 주메뉴인데 매일 조금씩 달라진다. 식자
재 원산지도 투명하게 공개되어 더욱 안심된다.

TIP
• 신선한 제철 식재료로 만든 '그때그때
밥상'을 계절마다 새롭게 만날 수 있다.

1
COURSE
예술공간SAY

🚶 도보 5분

2
COURSE
청색종이

🚶 도보 5분

3
COURSE
문래도시텃밭

주소	서울시 영등포구 문래동 2가 2번지 2층(문래동사거리 GS주유소 옆 건물)
운영시간	13:00~19:00 / 매주 일~월요일 휴관
전화번호	070-8637-4377
홈페이지	www.artspacesay.com
가는 법	2호선 문래역 7번 출구 → 도보 10분

미술 개인 전시회, 공모 기획전, 예술 문화 관련 세미나, 영화 상영, 공연장. 장르, 국적, 나이에 관계없이 다양한 교류를 통해 예술가들의 소통의 장 역할을 하고 있다.

주소	서울시 영등포구 문래동2가 14-15
운영시간	화~금요일 13:00~21:00 / 매주 토~월요일 휴무
전화번호	02-2636-5811
홈페이지	www.instagram.com/bluepaperps

1천 권의 시집과 수필, 소설, 인문서, 예술서까지 갖추고 있는 김태형 시인의 헌책방이자 출판사. 희귀본이 많은 중고서점으로 유명한데 구하기 어려운 저자 사인본, 절판본, 초판본이 보물처럼 꽂혀 있다. 대부분 김태형 시인이 소장하던 책들이다. 다양한 강의와 인문 세미나 프로그램도 수시로 열린다.

주소	서울시 영등포구 문래동 54-41번지
운영시간	상시 개방

무농약, 무비닐, 무화학 비료를 원칙으로 하는 친환경 농법으로 건강한 먹거리를 손수 가꿀 수 있는 공공 도시텃밭이다. 도시농부학교를 운영해 초보 도시농부들도 경작에 어려움이 없도록 도와준다. 이곳 옥상텃밭에서 바라본 일몰 풍경이 굉장히 아름다우니 문래예술촌을 여행하는 사람이라면 한 번쯤 들러보길 추천한다.

4월은 바람만 불어도 행복한 달이다. 3월이 매화와 산수유의 달이라면 4월은 벚꽃을 시작으로 개나리, 진달래, 목련, 철쭉 등 색색의 봄꽃이 우리를 맞이한다. 꽃이 절정으로 피는 시기는 개화하고 일주일 뒤다. 따라서 서울과 근교의 벚꽃 절정 시기는 4월 초부터 중순까지. 바야흐로 더할 나위 없이 꽃나들이 떠나기 좋은 4월, 봄꽃 따라 눈이 즐겁고 사진에 담기도 좋은 서울 혹은 근교의 봄꽃 여행지를 골랐다. 단, 꽃보다 사람이 많은 곳은 제외했으며, 비교적 구경꾼 적고 조용한 곳만 꼽았다.

꽃 따라 떠나는
봄으로의 여행

사찰을 감싸는 진한 홍매화

14week

SPOT 1

천년 고찰 마당에 가득 내려앉은
봄의 정령들

봉은사

주소 서울시 강남구 봉은사로 531 · **가는 법** 9호선 봉은사역 7번 출구 / 2호선 삼성역 6번 출구 →도보 10분 · **운영시간** 03:00~24:00 · **입장료** 무료 · **전화번호** 02-3218-4800 · **홈페이지** www.bongeunsa.org

　신라 원성왕 10년(794) 연화국사가 창건한 1200년 역사의 사찰 봉은사. 4월이면 천년 고찰 봉은사 마당에 한가득 봄이 내려앉는다. 강남의 화려한 고층 빌딩숲 사이에서 이토록 온갖 초록빛 나뭇잎과 꽃향기가 어우러지는 곳이라니! 여기저기서 낭랑한 풍경 소리와 맑은 새소리가 울리고, 사락거리는 바람 소리를 듣고 있노라면 마치 지리산 깊은 산사에 들어와 있는 듯한 착각이 든다. 특히 봄꽃이 내려앉은 이맘때의 봉은사는 마음의 여유와 낭만을 안겨준다.

　봉은사의 꽃은 굉장히 다양하여 '도심 속 사찰 화원'으로 불러도 손색없을 정도다. 3월 말부터 4월 초까지는 홍매화, 4월 초부

터 중순까지는 벚꽃, 4월 말에는 만개한 진달래와 철쭉을 감상할 수 있다. 평일 낮에 찾으면 한국인보다 외국인 관람객이 더 많아서 외국의 유적지에 와 있는 듯한 느낌이 든다.

오후 5시쯤 방문해 해 질 녘까지 머물러 보자. 고층 빌딩 너머로 걸린 산사 풍경이 굉장히 유혹적이다. 봉은사는 국제적 규모의 템플스테이(www.templestay.com)를 운영하는 사찰 중 하나로, 해마다 1만여 명에 가까운 내외국인이 모여드는 곳이기도 하다.

TIP
• 메가박스 코엑스점에서 영화를 본 후 조금 어둑해진 저녁 시간 때 봉은사에 들러보자. 화려하면서도 정갈하게 수놓은 야경과 고요한 자연 속에 둘러싸여 있노라면 이곳이 도심이 맞나 싶다. 봉은사에서 바라보는 야경은 서울에서도 아름답기로 손꼽힌다.

주변 볼거리·먹거리

삼성 코엑스몰 국내 최초로 자라 홈(ZARA Home)이, 국내 최대 규모의 자주(JAJU) 인테리어 숍이 입점돼 있고 미식, 쇼핑, 문화, 예술 그리고 엔터테인먼트까지 거의 모든 것을 원스톱으로 즐길 수 있다. 파르나스몰에서 출발해 코엑스몰까지 걷는 '몰링 여행'에 제격이다.

Ⓐ 서울시 강남구 영동대로 513 ⓞ 10:00~22:00 / 연중무휴 ⓣ 02-6002-53 ⓗ www.coexmall.com

선유도공원

Ⓐ 서울시 영등포구 선유로 343 ⓞ 06:00~24:00 / 연중무휴 ⓒ 무료 ⓣ 02-2631-9368(선유도공원관리사무소) ⓗ parks.seoul.go.kr/seonyudo 5월 22주 소개(199쪽 참고)

SPOT **2**

서울의 센트럴파크

서울숲

주소 서울시 성동구 뚝섬로 273(성수1가 1동 635) · 가는 법 2호선 뚝섬역 8번 출구 → 도보 10분 / 분당선 서울숲역 3번 출구 → 도보 5분 · 운영시간 상시 개방 · 전화번호 02-460-2905 · 홈페이지 parks.seoul.go.kr/seoulforest · etc 서울숲 주차장 이용 시 5분당 150원, 하절기에 서울숲 내 여름캠핑장 이용 가능-당일 13:00~익일 11:00, 이용요금 10,000원, 공공서비스예약 홈페이지(yeyak.seoul.go.kr)에서 사전 접수(이용일 1일 전까지)

　뉴욕에 센트럴파크, 영국에 하이드파크가 있다면 서울에는 서울숲이 있다. 원래 뚝섬을 재개발하면서 만든 대규모 공원인 서울숲은 5개의 테마공원과 야외무대, 환경놀이터, 산책로, 광장시설, 이벤트 마당, 곤충 식물원 등을 갖추고 있다. 서울, 아니 대한민국 숲 중 단연 최대 규모를 자랑하며(무려 35만여 평), 공기 좋고, 파릇파릇한 드넓은 잔디와 초록초록한 나무들이 어우러져 어디를 둘러봐도 푸르름이 넘쳐난다. 그야말로 자연과 함께 숨 쉬는 생명의 숲이며, 서울 시민의 웰빙 공간이다. 게다가 교통이 편리하고 주차 공간이 여유로워 가족 단위 피크닉으로 더욱 추천할 만하다.

주변 볼거리·먹거리

성수동 아틀리에길

Ⓐ 2호선 성수역 2·4
번 출구 일대, 분당
선 서울숲역 1·4번
출구 일대
2월 9주 소개(102쪽 참고)

2월 9주 소개(102쪽 참고)

TIP

- 공원은 연중무휴이나 전시관은 매주 월요일 휴관이다.
- 숲 내 자전거 사고가 빈번하니 사람이나 자전거 모두 반드시 서행할 것!
- 반려견을 데리고 출입할 수 있는데, 쓰레기는 다시 가져가고 각별히 깨끗하게 뒷정리를 하는 데 유의하자.
- 여름에는 산모기가 많으니 주의하자.
- 서울숲 내 자전거 대여요금 : 아동용 페달 카트 5,000원, 성인용 페달 카트 12,000원, 1인용 자전거 3,000원, 2인용 자전거 6,000원(모두 1시간 기준)
- 거울분수 : 푸른 하늘과 주변의 풍광이 투명하게 비쳐 일 명 거울분수라 불리는 문화예술공원 광장의 바닥 분수와 스케이트 파크, 숲속 놀이터, 가족 마당으로 새롭게 꾸며 졌다. 가족 혹은 연인들이 여가를 즐기기에 더욱 안성맞 춤이다.
- 거울연못 : 서울숲의 명소는 거울연못이다. 계절과 시간, 바라보는 위치에 따라 물에 비친 풍경을 감상하고 있노 라면 마치 앙코르와트 연못에 비친 그것처럼 매혹될 수 밖에 없다.
- 꽃사슴 먹이 주기 : 서울숲에는 꽃사슴이 산다. 꽃사슴방사장에 있는 꽃사슴 먹 이 자판기에서 먹이를 구입할 수 있으며, 사전 예약을 통해 꽃사슴에게 먹이 주 기를 할 수 있다. 서울시 공공서비스예약 홈페이지(yeyak.seoul.go.kr)에서 예 약 가능하며 참가료는 무료(사슴 먹이는 1,000원).
- 곳곳에 나무 그늘과 잔디가 많아서 돗자리 펴고 드러누워 한갓지게 고독을 즐기 며 책 보기에 좋다. 피크닉의 필수품, 돗자리는 필수! 더불어 오전 9시부터 오후 6시까지 허용 구역의 잔디에서 그늘막 텐트도 칠 수 있다.
- 녹음이 우거진 5월과 6월에 찾아도 좋지만 알록달록 수채화 물감을 칠해 놓은 듯 아름다운 서울숲의 가을 비경 또한 놓치지 말자.

SPOT 3

**낮에는 우동집,
밤에는 심야주점!**

4.5평 우동집

주소 서울시 종로구 익선동 123-2 · **운영시간** 월~금요일 11:00~23:00(런치 할인 14:00까지) / 토요일 11:00~21:30 / 일요일 11:00~20:30 / 연중무휴 / 평일 브레이크타임 15:30~17:00 / 저녁 8시 30분부터는 술안주만 주문 가능) · **전화번호** 02-745-5051 · **대표메뉴** 유부우동 5,000원, 오뎅우동 7,000원, 카레우동 7,500원, 카레라이스 7,500원, 점심 한정 메뉴 카레세트(비프 카레라이스+작은 우동) 8,000원

　　이름처럼 아담한 공간이 인상적인 4.5평 우동집은 원래 부암동 대표 맛집으로 이름깨나 날리던 곳이다. 지금은 종로의 오래된 한옥 마을 익선동 뒤편 골목으로 자리를 옮겼다. 유부우동을 비롯해 그야말로 우동의 기본에 충실한 다양한 메뉴로 유명하다. 특히 소고기, 당근, 양파를 큼지막하게 썰어 넣고 오래 끓인 걸쭉한 카레를 끼얹은 카레우동은 이곳의 오래된 인기 메뉴다. 4.5평 우동집의 모든 면은 주인이 순수 밀가루와 좋은 소금, 물 세 가지만으로 직접 만들어서 속이 더부룩하지 않고 소화가 잘 된다.

주변 볼거리 · 먹거리

카페&바 식물

Ⓐ 서울시 종로구 돈화문로 11다길 46-1
Ⓞ 12:00~23:00
Ⓣ 02-742-7582 Ⓗ blog.naver.com/plantcafebar Ⓜ 아메리카노 5,000원, 갓 구운 크루와상 5,000원
3월 11주 소개(116쪽 참고)

익동다방

Ⓐ 서울시 종로구 수표로 28길 17-19
Ⓞ 12:00~23:00 /
매주 월요일 휴무 Ⓣ 02-763-7263 Ⓗ www.instagram.com/ikseon.teum
3월 11주 소개(119쪽 참고)

TIP
- 점심시간에는 면 메뉴에 한해 곱빼기가 무료로 제공되며, 점심시간 외에도 모든 면 종류는 곱빼기 주문이 가능하다.
- 뜨끈한 국물 맛이 일품인 우동은 이 집의 겨울철 인기 메뉴로 유부초밥을 함께 먹으면 더욱 든든하다.
- 식사는 오후 8시 30분까지만 이용할 수 있고, 이후부터 심야 주점으로 변신한다.

1
COURSE

🚶 커먼그라운드 건물 3층

커먼그라운드

2
COURSE

🚇 9호선 봉은사역 7번 출구 ▶
🚶 도보 1분

아날로그키친

3
COURSE

봉은사

주소	서울시 광진구 아차산로 200
운영시간	11:00~22:00(일부 F&B 매장은 새벽 2시까지)
전화번호	02-467-2747
홈페이지	www.common-ground.co.kr
가는 법	2호선 건대입구역 6번 출구 → 도보 3분

12월 52주 소개(424쪽 참고)

주소	서울시 광진구 자양동 17-1 커먼그라운드 마켓홈 3층
운영시간	11:00~22:00 / 명절 휴무
전화번호	02-2122-1265
홈페이지	www.analogkitchen.com
대표메뉴	밥과 부추, 오징어 삼합의 최고 메뉴 통오징어밥 13,000원, 꽃게 한 마리 크림 파스타 17,000원, 모시조개 듬뿍 칼칼 봉골레 15,000원

한남동의 유명 맛집 아날로그키친을 커먼그라운드에서도 만날 수 있다.

주소	서울시 강남구 봉은사로 531
운영시간	03:00~24:00
입장료	무료
전화번호	02-3218-4800
홈페이지	www.bongeunsa.org

4월 14주 소개(142쪽 참고)

물길 따라 걷기 좋은 벚꽃길

15week

SPOT **1**

로맨틱한 천변 벚꽃 터널

안양천
벚꽃길

주소 경기도 광명시 철산동 철산교~서울시 금천구 가산동 광명교 · 가는 법 7호선 철산역 1번 출구 → 도보 5분 → 육교 건너편 · etc 구일역~안양교 구간은 서부간선 도로 쪽에만 벚꽃이 핀다. 안양교~광명교 구간은 초입에만 살짝 피어 있다. 안양천 벚꽃길의 하이라이트는 철산교 구간이다(일명 안양천 벚꽃 터널).

안양천 벚꽃길은 지하철 1호선 '구일역-안양교-광명교-철산교'까지 10킬로미터에 걸쳐 양쪽으로 이어진 산책로를 말한다. 딱 한 군데 하이라이트 구간을 꼽으라면 단연 1.2킬로미터에 이르는 광명교에서 철산교까지다. 4월 중순이면 일제히 만개해 하늘을 가득 덮은 화려한 벚꽃 터널이 완성되는데 진해만큼 일품이다. 연인이나 친구는 물론 온 가족이 호젓하게 걷기 좋으며, 봄바람 타고 휘날리는 벚꽃잎이 그림 같은 장면을 연출하니 사진 촬영을 하기에도 좋다.

주변 볼거리·먹거리

안양예술공원 '안양 유원지'로 불리다가 다양한 건축물과 조각물 등 50여 개의 예술작품들을 곳곳에 설치하면서 2005년 안양예술공원으로 재탄생했다. 이곳의 작품들은 세계적인 작가들이 직접 공원을 둘러보고 자연과 어울리는 작품을 구상해 설치했다는 점에서 다른 조각공원들과 차별화된다. 환상적인 전망을 자랑하는 안양예술공원 전망대와 맑은 계곡물을 옆에 끼고 푸짐하게 즐기는 백숙을 절대 놓치지 말자.

Ⓐ 경기도 안양시 만안구 석수동 산21 Ⓣ 031-389-5552

황제백숙 안양예술공원의 소문난 맛집인 황제백숙은 계곡을 옆에 끼고 초록의 경치를 보며 먹을 수 있어 여름철 나들이 장소로 제격이다. 감초, 대추, 밤, 인삼, 당귀, 은행 등 12가지 한약재를 아낌없이 사용해 푸짐한 건강 보양식을 선보인다. 백숙이라고 해서 닭만 들어가는 게 아니다. 토종닭에 살아 있는 전복과 낙지, 가리비가 푸짐하게 들어가는데 혁 소리 나는 비주얼과 양을 자랑한다. 조리하는 데 40~50분 걸리니 미리 예약하고 가는 것이 좋다.

Ⓐ 경기도 안양시 만안구 예술공원로 251 Ⓞ 10:00~22:00 / 연중무휴 Ⓣ 031-471-6034 Ⓜ 닭백숙 40,000원

TIP
• 광명과 서울을 잇는 돌다리를 건너자마자 나오는 벚꽃 터널이 하이라이트 구간이다. 이 돌다리를 꼭 건너볼 것! 고층빌딩 사이를 가로지르며 유유히 흐르는 맑은 안양천을 따라 길게 늘어선 벚꽃길이 장관이다.
• 해마다 4월이면 금천하모니 벚꽃축제가 열리니 천변을 거닐며 축제를 즐겨보자.

SPOT 2

자전거 벚꽃 데이트로 딱!

불광천
벚꽃길

주소 서울시 은평구 응암동 불광천변 일대(응암역~증산교~디지털미디어시티역) ·
가는 법 6호선 응암역 1번 출구 · **전화번호** 02-351-6514(은평구청 문화관광과)

　사람 많은 곳은 이제 그만! 서울의 벚꽃 하면 여의도 윤중로
가 대표적이지만 서울의 모든 사람들이 뛰쳐나온 듯 복작복작
몰리는 인파가 싫다면 붐비지 않는 은평구의 불광천 벚꽃길로
산책을 떠나보자. 불광천변을 하얗게 수놓은 벚꽃길은 그 일대
에서 이미 소문이 자자하다. 6호선 응암역부터 DMC, 즉 디지털
미디어시티역까지 광활하게 이어져 있어서 오붓한 데이트 코스
로 안성맞춤이다. 더불어 불광천 양옆으로 한강까지 이어지는
자전거 전용도로가 있어서 자전거 벚꽃 데이트 스팟으로도 손
색없다.

주변 볼거리 · 먹거리

상암동 MBC광장

Ⓐ 서울시 마포구 상
암로 267 Ⓞ 상시 개
방 Ⓣ 02-780-0011
Ⓗ www.imbc.com Ⓔ MBC몰에는 다양한 맛
집이 입점해 있으며 1층에서는 〈무한도전〉
사진전이 열리고 관련 용품들을 판매한다.
6월 24주 소개(210쪽 참고)

TIP
- 6호선 응암역 혹은 새절역에서 디지털미디어시티역 방향으로 이어진 불광천 벚꽃길이 하이라이트 구간이다(도보 약 50분).
- 응암역 인근에서 자전거를 무료로 대여해 주므로 벚꽃비 맞으며 불광천변의 자전거 전용도로를 쌩쌩 달려보자.

SPOT **3**

**콘서트 선율이 울려 퍼지는
심야 책방**

이상한 나라의
헌책방

주소 서울시 은평구 녹번동 82-27 2층 · **가는 법** 6호선 역촌역 4번 출구 → 도보 5분 · **운영시간** 15:00~23:00 / 매주 일~화요일 휴무 · **전화번호** 070-7698-8903 · **홈페이지** www.2sangbook.com

'이상한 나라의 헌책방'은 숨어 있기 딱 좋은 곳이다. 책들이 천장에 주렁주렁 매달려 있고, 아늑한 서재 같은 30평 남짓한 공간에 귀여운 캐릭터 인형들과 낡은 타자기, 널찍한 나무 책상과 소파까지 놓여 있다. 은은한 재즈 선율이 흐르는 이곳은 '헌책방'이란 이름이 무색할 정도다.

이곳은 책방 주인 윤성근 대표가 좋아하는 문학, 역사, 철학, 예술 관련 책만 판매한다. 책방 주인은 북큐레이터 역할도 겸하는데 한 달에 60권씩 읽는 활자 중독자인 주인장이 읽어본 책들만 권한다. '책 내용을 모르면 손님에게 권하거나 대화할 수 없다'는 게 주인장의 신념이다. 책방 주인이 모은 희귀 수집본들도 재미난 구경거리다. 루이스 캐럴의 ≪이상한 나라의 앨리스≫에 관련된 자료들은 대학 시절 원서로 만난 '앨리스'에 빠진 윤

성근 대표가 20년 넘게 모은 것들이다. 책방 이름도 이 책에서 따왔을 만큼 애정이 각별해 판매는 하지 않는다. 매달 둘째·넷째 주 금요일 저녁이면 헌책방은 인디밴드부터 소리꾼까지 다양한 장르의 라이브 공연이 열리는 무대로 변신한다. 공연, 영화, 독서 모임, 음악회 등 다양한 문화 행사가 정기적으로 열리는 복합문화공간이다.

주변 볼거리·먹거리

불광천 벚꽃길

Ⓐ 서울시 은평구 응암동 불광천변 일대 (응암역~증산교~디지털미디어시티역) ☎ 02-351-6514(은평구청 문화관광과)
4월 15주 소개(150쪽 참고)

TIP
- 책방 대관 가능.
- 음악회 관람료는 보통 현금 5천 원 혹은 5천 원 상당의 헌책을 구매하는 것으로 대신한다.
- 음악회와 주인장의 한 달 일정표는 홈페이지에서 확인할 수 있다.
- 책 상태에 대한 기준이 저마다 다르기 때문에 오프라인 판매만 한다.

SPOT **4**

3대째 MSG 제로!
차이니즈 레스토랑
락희안

주소 서울시 서대문구 가재울로4길 53 · **가는 법** 경의중앙선 가좌역 4번 출구 →
마을버스 06(모래내시장) → 남가좌동 아이파크 정문 하차 → 도보 7분 · **운영시간**
11:30~21:30(브레이크타임 월~금요일 15:00~17:00) / 명절 연휴 휴무 · **전화번호**
02-375-7576 · **홈페이지** lexian1.modoo.at · **대표메뉴** 우리 밀 춘장을 사용하고
시금치와 부추를 함께 반죽해 숙성한 생면으로 만든 이가짜장 6,000원, 옛날탕수
육 23,000원

　　　명지대학교 근처 남가좌동에 위치한 러시안은 화교 3대의 손
맛을 자랑하며 화학조미료로 맛을 내지 않아서 속이 전혀 부대
끼지 않고 입안이 개운하다. 인공조미료
를 첨가한 음식을 먹고 나면 대번에 속이
불편하고 입이 텁텁한 사람들도 속 편히
먹고 나오는 곳이다. 그 정도로 자극적이
지 않고 순한 맛이다.

TIP

- 13,000원짜리 코스 요리를 평일 점심
에 가면 9,900원에 맛볼 수 있다. 이
코스 요리(매정식)를 먹으면 러시안의
메인 요리를 거의 다 맛봤다고 해도 무
방할 정도로 정갈하고 정성스럽게 나
온다.
- 번잡한 1층과 달리 2층을 미리 예약하
고 가면 오붓하고 조용히 식사할 수 있
다. 2층은 2인, 4인, 6인, 단체석 등의
룸으로 이루어져 있어서 모임을 갖기
에 좋다.

주변 볼거리 · 먹거리

**서대문구 안산자락
숲길**

Ⓐ 서울시 서대문구
연희동 168-6 Ⓞ 상
시 개방 Ⓣ 02-330-1410(서대문구 문화체육
과) Ⓗ www.sdm.go.kr
4월 16주 소개(156쪽 참고)

홍제동 개미마을

Ⓐ 서울시 서대문구
홍제동 9-81
4월 15주 소개(155쪽
참고)

**이상한 나라의
헌책방**

Ⓐ 서울시 은평구 녹
번동 82-27 2층 Ⓞ
15:00~23:00 / 매주 일월화요일 휴무 Ⓣ 070-
7698 -8903 Ⓗ www.2sangbook.com
4월 15주 소개(152쪽 참고)

1 COURSE

🚇 3호선 독립문역 5번 출구 ▶
🚶 서대문형무소 역사관 방향으로 도보 2분

▶ **홍제동 개미마을**

2 COURSE

🚇 3호선 경복궁역 7번 출구 ▶
🚶 도보 1분

▶ **서대문 안산자락 벚꽃길**

3 COURSE

▶ **포도나무**

주소	서울시 서대문구 홍제동 9-81
가는 법	3호선 홍제역 1번 출구로 나와서 직진하지 말고 바로 뒤돌아 마을버스 07을 타고 종점에서 하차(약 10분 소요)

서울에서 거의 마지막 남은 달동네 홍제동 개미마을. 한국전쟁 이후 갈 곳 없는 사람들이 임시 거처로 천막을 치고 살았던 것이 이 마을의 시초다. 당시에는 인왕산 정상 자락에 옹기종기 모여 있는 천막촌이 마치 인디언 마을 같아서 '인디언촌'이라고도 불렸다고 한다. 영화 〈7번 방의 선물〉의 촬영지로도 유명하다. 마을버스 종점에서 하차해 내려가면서 둘러볼 것을 추천한다. 인왕산 정상에 자리 잡고 있어 급경사를 올라가면서 둘러보기는 힘들다.

주소	서울시 서대문구 연희동 168-6
운영시간	상시 개방
전화번호	02-330-1410(서대문구 문화체육과)
홈페이지	www.sdm.go.kr

4월 16주 소개(156쪽 참고)

주소	서울시 종로구 내자동 131
운영시간	점심 11:30~15:00, 저녁 17:30~21:30 / 매주 토·일요일 휴무
전화번호	02-732-1220
대표메뉴	짱뚱어탕 15,000원, 꼬막전 및 낙지전 40,000원, 삼합정식 35,000원
etc	주차장 없음

11월 46주 소개(380쪽 참고)

붐비지 않는 서울의 비밀 벚꽃 화원

16 week

SPOT 1

숲길 따라 이어진 벚나무 언덕

서대문구 안산자락 벚꽃길

주소 서울시 서대문구 연희동 168-6 · **가는 법** 3호선 독립문역 5번 출구 → 서대문구 의회 방향으로 도보 7분 · **운영시간** 상시 개방 · **전화번호** 02-330-1410(서대문구 문화체육과) · **홈페이지** www.sdm.go.kr

서대문구 안산자락길은 여의도 벚꽃길과 달리 숲길을 따라 자연스럽게 이어져 있고, 우거진 숲과 길고 편평하게 쭉 뻗은 나무 데크가 어우러진 숨은 벚꽃 명소다. 산이라기보다 언덕쯤 되는 곳으로 오르막과 내리막 경사가 심하지 않아 남녀노소 누구나 쉽게 산책을 즐길 수 있다. 서울의 벚꽃길은 대부분 앉을 곳도 마땅찮고 인공적으로 조성된 곳들인데 안산자락은 곳곳에 수많은 오솔길과 샘터 및 쉼터도 많고, 숲 속 북카페는 물론 인왕산과 북한산이 한눈에 보이는 전망 자리도 있다. 끝없이 이어지는 벚꽃길이 식상할 때쯤 하늘로 치솟은 메타세쿼이아 군락지와 울창한 참나무숲이 나타나 또 다른 볼거리를 선사한다. 더

불어 잣나무, 벚나무, 자작나무 등 다양한 나무들이 우거져 있어 도심 속 삼림욕이 가능하다.

서대문 안산자락 벚꽃 산책의 백미는 해발 약 150미터 산중턱 경사면에 펼쳐진 벚나무 샛길이다. 벚꽃이 흐드러진 이 길은 드라마 〈신사의 품격〉의 배경이 되기도 했다. '연희숲속쉼터'에서 열리는 안산자락길 벚꽃 음악회도 놓치지 말자(음악회 일정과 시간은 홈페이지 참고). 벚꽃이 개화하면 하루 1회 이상 문화공연이 펼쳐져 볼거리가 다양하다.

주변 볼거리·먹거리

안산자락길의 인공폭포&음악분수 인공폭포는 수시로 떨어지고, 음악분수는 12:00~13:00, 17:00~18:00에 작동한다.

서대문독립공원 안산에서 20분만 내려오면 가볍게 산책하며 쉴 수 있는 서대문독립공원이 있다.

Ⓐ 서울시 서대문구 통일로 247 Ⓞ 상시 개방
Ⓣ 02-364-4686

TIP

· 간단한 음식과 돗자리를 미리 준비해 가면 적당한 곳에 자리 잡고 잠시 쉬면서 피크닉 기분을 내볼 수 있다.
· 담양 못지않은 메타세쿼이아 숲을 먼저 보고 싶다면 독립문 쪽보다 서대문자연사박물관 입구로 들어가는 것이 좋다.
· 안산의 허리를 따라 만든 약 7킬로미터의 안산자락길을 한 바퀴 도는 데 2시간 정도 소요된다.
· 주말에는 주차 전쟁이므로 대중교통을 이용하자. 차를 가져올 경우 서대문구청 혹은 구청 옆 동신병원 뒤 공영주차장을 이용하거나(카드 결제만 가능) 자연사박물관 옆 연북중학교 운동장에 유료 주차를 해야 한다.
· 서울 시내가 한눈에 내려다보이는 정상의 봉수대도 놓치지 말자.

SPOT 2

국내 유일의 수양벚꽃 향연

국립서울
현충원

주소 서울시 동작구 현충로 210 · 가는 법 4호선 동작역 4번 출구 → 도보 3분 / 9호선 동작역 8번 출구 바로 앞 · 운영시간 06:00~18:00 · 입장료 무료 · 전화번호 02-815-0625 · 홈페이지 www.snmb.mil.kr

현충원 하면 나라를 위해 스러져간 선열들이 떠올라 왠지 모르게 비장한 기분마저 들지만 4월의 국립현충원은 서울의 그 어느 곳보다 화려한 꽃 천지다. 조선시대 청나라에 볼모로 잡혀간 효종이 북벌을 대비해 활을 만들려고 심었다는 수양벚꽃. 길가마다 꽃줄기가 쏟아져 내릴 듯 피어난 수양벚꽃을 국내에서 유일하게 볼 수 있는 곳이다. 발걸음 닿는 곳마다 상춘객들의 머리 위로 가지를 쭉쭉 늘어뜨린 자태에 탄성이 절로 나온다. 4월 중순을 전후로 가지마다 치렁치렁 늘어진 수양벚꽃을 번잡하지 않게 음미할 수 있으며, 현충원인 만큼 한산하고 차분하게 봄을 만끽할 수 있어서 잔잔한 데이트를 원하는 연인들에게 안성맞춤이다.

TIP
- 쭉쭉 늘어지는 가장 멋들어진 수양벚꽃의 자태를 사진에 담을 수 있는 포인트는 정문 도로변과 충무정, 팔각정이다.
- 벚꽃 행사 기간에는 18:00~21:00까지 3시간 연장 개방(기간은 홈페이지 확인).

주변 볼거리·먹거리

 국립중앙박물관 30만여 점의 유물을 보관, 전시하고 있는 세계적 규모의 박물관. 수많은 외국 유물들을 볼 수 있는 상설전시관과 더불어 기획전시관, 어린이전시관, 야외전시관 등이 있고, 전문 공연장(극장용)과 도서관까지 갖춘 종합문화공간이다. 또한 아름다운 건축미와 더불어 어디서든 빛이 잘 들어와 출사지로도 유명하다. 휴관일인 매주 월요일에는 한적하게 야외 촬영을 할 수 있다.

Ⓐ 서울시 용산구 서빙고로 137 Ⓞ 화·목·금요일 09:00~18:00, 수·토요일 09:00~21:00, 일요일·공휴일 09:00~19:00 / 매주 월요일, 1월 1일 휴관 Ⓣ 02-2077-9000 Ⓗ www.museum.go.kr Ⓔ 매주 수·토요일 3시간 연장(단, 어린이박물관은 매월 마지막 주 수요일만 야간 개장)

 예술의전당 1988년 개관한 대한민국 최초의 복합아트센터. 예술의전당 야외 공간은 음악당, 미술관, 오페라하우스 등 각종 문화공간이 유기적으로 연결되어 누구나 쉽게 접근할 수 있도록 꾸며졌다. 선선한 봄날, 유료 음악회가 아니더라도 분수가 있는 야외 마당에 앉아 자연과 아름다운 음악 선율을 만끽할 수 있다.

Ⓐ 서울시 서초구 남부순환로 2406 Ⓣ 02-580-1300 Ⓗ www.sac.or.kr

SPOT **3**

뉴욕 느낌 충만한
송도의 수제 버거 맛집

버거룸181

주소 인천시 연수구 센트럴로 160 송도센트럴파크푸르지오 A동 2층 228호 · **가는 법** 인천 1호선 센트럴파크역 4번 출구 → 도보 20분(택시 기본요금) · **운영시간** 11:30~22:00(평일 브레이크타임 15:00~17:00) / 연중무휴 · **전화번호** 032-279-0016 · **홈페이지** www.facebook.com/burgeroom181 · **대표메뉴** 버거류 8,500~12,000원, 런치 메뉴 9,900~11,900원, 크래프트맥주 7,000~12,000원

속이 더부룩하지 않고 뒷맛이 깔끔한 건강한 수제 버거의 지존, 버거룸181. 외관부터 세부 인테리어 하나까지 빈티지하고 뉴욕 분위기가 물씬 나는 데다 유독 외국인 손님이 많아서 더욱 이국적인 분위기를 자아낸다. MSG와 조미료에 굉장히 민감해서 조금만 간이 강해도 위에 부담을 느끼는 사람도 버거룸181의 햄버거를 먹으면 속이 편하다. 요즘 흔하디흔한 것이 수제 버거지만 일단 먹어보면 이 집에 외국인 손님이 유독 많은 이유를 알 수 있다. 100퍼센트 청정 호주산 최상급 냉장 와규를 매일 직접 갈아서 패티를 만든다. 바로바로 튀겨내는 통감자와 종류가 다양한 미국 수제 맥주도 인기 메뉴다.

TIP
- 센트럴파크 벤츠 매장 위 푸르지오 상가 2층 건물을 찾으면 수월하다.
- 주문한 메뉴를 제외하고 모든 것이 셀프!

주변 볼거리·먹거리

송도 센트럴파크&트라이볼 야경

Ⓐ 인천시 연수구 송도동 24-5 ⓞ 상시 개방 ⓣ 032-721-4415 ⓗ www.insiseol.or.kr
9월 37주 소개(316쪽 참고)

NC큐브 커넬워크

Ⓐ 인천시 연수구 송도동 17-1 ⓞ 10:30~22:00 ⓣ 032-723-6300 ⓗ www.ncshopping.com
9월 37주 소개(321쪽 참고)

1 COURSE

⚡ 3호선 독립문역(5번 출구) 방향으로 도보 10분

서대문구 안산자락 벚꽃길

주소	서울시 서대문구 연희동 168-6
운영시간	상시 개방
전화번호	02-330-1410(서대문구 문화체육과)
홈페이지	www.sdm.go.kr
가는 법	3호선 독립문역 5번 출구 → 서대문구의회 방향으로 도보 7분

4월 16주 소개(156쪽 참고)

2 COURSE

⚡ 도보 3분(서대문구립 이진아기념도서관은 서대문형무소역사관과 함께 독립공원 내에 있다)

서대문형무소역사관

주소	서울시 서대문구 통일로 251 독립공원 내
운영시간	여름철(3월~10월) 평일 09:30~18:00 주말 09:30~18:00, 겨울철(11월~2월) 09:30~17:00, 30분 전 입장 마감 / 매주 월요일 휴관
전화번호	02-360-8590
홈페이지	www.sscmc.or.kr/culture2

조국 독립을 위해 활동하던 수많은 애국지사들이 옥살이를 했던 곳이자 우리나라 역사의 고난과 아픔을 고스란히 간직한 공간. 1907년 일제가 우리나라 애국지사들을 가두기 위해 만든 곳으로 처음에는 경성감옥으로 불렸으며, 1912년에 서대문형무소로 이름이 바뀌었다(관람 소요 시간은 1시간 30분 내외).

3 COURSE

서대문구립 이진아기념도서관

주소	서울시 서대문구 독립문공원길 80
운영시간	평일 09:00~18:00 토일요일 09:00~17:00 / 매주 월요일 및 공휴일 휴관
전화번호	02-360-8600
홈페이지	lib.sdm.or.kr

딸을 잃은 가족의 마음으로 지어진 도서관. 미국 유학 중 사고로 숨진 이진아 학생의 가족이 책을 좋아하던 딸을 기리기 위해 사재를 기증해 설립되었으며, 이진아 양의 생일날 개관했다. 세상을 떠난 아이를 기리는 마음으로 지어진 도서관이라서 그런지 다른 도서관들에 비해 어린이 서가가 넉넉해 아이들이 마음 놓고 책을 볼 수 있으며, 모자열람실과 수유실도 갖춰져 있다.

4월 넷째 주

핑크핑크 한 진달래 와 복숭아꽃이 활짝 피었습니다

17 week

SPOT **1**

15만 그루의 진달래로 붉게 물들다

원미산 진달래동산

주소 경기도 부천시 원미구 춘의동 산22-1 · **가는 법** 7호선 부천종합운동장역 2번 출구 → 도보 5분 → 활박물관 옆 · **운영시간** 상시 개방·**입장료** 무료 · **전화번호** 032-625-5762~4 · **홈페이지** www.bucheon.go.kr

　전라남도 영취산만큼은 아니지만 서울 근교에도 핑크빛 가득한 진달래꽃을 실컷 볼 수 있는 곳이 있다. 바로 부천 원미산이다. 15만 그루의 진달래 꽃물결은 그야말로 장관이다. 무엇보다 높이 123미터의 낮은 야산으로 남녀노소 모두 쉽게 오를 수 있어 봄철 연인 및 가족들의 꽃나들이를 위한 최적의 장소다. 게다가 잠시 피었다 후두둑 져버리는 벚꽃과 달리 진달래는 오래도록 피어 있으니 봄나들이에 늦은 상춘객들도 만개한 진달래를 볼 수 있다.

진달래숲에서 내려다본 부천종합운동장의 모습

주변 볼거리·먹거리

한국만화박물관

Ⓐ 경기도 부천시 원미구 길주로 1 Ⓞ 10:00 ~18:00(입장 마감 17:00) / 매주 월요일 휴관 Ⓒ 5,000원(36 개월 미만 무료) Ⓣ 032-310-3090 Ⓗ www. komacon.kr/museum Ⓔ 주차 무료 1월 2주 소개(294쪽 참고)

봉순게장

Ⓐ 경기도 부천시 오정구 작동 204-2 Ⓞ 10:30~당일 준비된 게장 소진 시까지 Ⓜ 봉순정식 19,000원, 간 장게장 7,000원 Ⓣ 032-682-0029 Ⓔ 간장게 장 및 양념게장 포장 판매 1kg 40,000원 4월 17주 소개(166쪽 참고)

TIP

- 동산의 규모에 비해 축제 기간에는 엄청난 인파가 북적거린다. 축제가 시작되기 하루 이틀 전에 미리 방문하면(특히 오전) 핑크빛 진달래동산을 훨씬 더 여유롭게 즐길 수 있다.
- 중간 중간 그늘이 있긴 하지만 거의 땡볕이므로 선글라스와 생수를 챙겨 가자.
- '동산'이지만 엄연히 산이므로 운동화나 편한 신발 착용을 권한다.
- 둘레길이 잘 정비되어 있어 2시간 정도면 사진 찍으며 슬렁슬렁 한 바퀴 돌 수 있다.
- 주차장 만차 시 부천종합운동장 2번 출구 건너편에 부설 주차장을 이용하면 된다.

SPOT 2
핑크빛 복숭아꽃의 유혹

춘덕산
복숭아꽃
축제

주소 경기도 부천시 원미구 역곡1동 산 16-1 · **가는 법** 1호선 역곡역 북부역 방면 혹은 7호선 까치울역 2번 출구 → 도보 2분 → 사거리에서 우회전 → 산울림청소년수련원 방향으로 도보 2분(역에서 축제장까지 도보 20분 내외) · **운영시간** 10:00~17:00 · **입장료** 무료 · **전화번호** 032-625-5722 · **홈페이지** www.bucheon.go.kr

　　수도권에서는 복숭아꽃 군락지를 찾아보기 거의 힘들다. 하지만 부천의 춘덕산 복숭아 과원에 가면 제법 많은 복숭아나무들을 만날 수 있다. 규모가 크지 않아 화려한 군락을 이루지는 않지만 가족 단위로 가볍게 피크닉을 다녀오기에 좋다. 과원으로 가는 양쪽 길에 녹음 짙은 산과 주말농장들이 있고, 벚꽃, 개나리, 진달래도 어우러져 눈과 발이 즐겁다. 참고로 원미산 진달래 축제와 함께 부천의 3대 꽃축제 중 하나인 춘덕산 복숭아꽃 축제는 만개했을 때보다 복숭아꽃이 후두둑 떨어져 땅을 분홍빛으로 물들였을 때가 절정이므로 그 시기를 잘 맞춰 가자.

역에서 축제장까지 이어진 산책로에는 벚꽃나무가 줄지어 있는데 끝물에 접어든 벚꽃비가 흩날리므로 운치 있게 걷기 좋다.

부천시를 상징하는 꽃이 복숭아꽃일 만큼 예로부터 부천은 복숭아로 유명했던 곳이다. 1980년대까지만 해도 부천 일대는 온통 복숭아나무 천지였고, '소사 복숭아'는 그 맛과 품질이 전국적으로 알아주는 명품이었다. 하지만 도시화 개발로 그 많던 복숭아밭이 다 사라졌고, 몇 안 되는 소사 복숭아나무와 일본 오카야마시와의 우호 교류 기념으로 기증받은 복숭아 묘목을 심어 복숭아 기념동산을 조성했다. 이러한 정체성을 이어가기 위해 부천시는 2002년부터 매년 4월 중순경이면 춘덕산 일대에서 복숭아꽃 축제를 개최하고 있다.

주변 볼거리·먹거리

원미산 진달래동산

Ⓐ 경기도 부천시 원미구 춘의동 산22-1
ⓞ 상시 개방 ⓒ 무료
ⓣ 032-625-5762~4 ⓗ www.bucheon.go.kr
4월 17주 소개(162쪽 참고)

TIP
• 수련원 주차장은 협소한 데다 주말농장 때문에 주차하기가 쉽지 않으니 대중교통을 이용하는 것이 좋다.
• 부득이하게 자가용으로 움직일 경우 역곡초등학교나 산울림청소년수련원 주차장을 이용한다(도보 2분).
• 산이라기보다 언덕에 가까운 작은 과원이라 어린아이와 함께 가도 무리 없이 산책로를 편하게 거닐 수 있다.

🚶 17week ❶ ❷ ❸

SPOT **3**

짜지 않고 담백한 게장정식
봉순게장

주소 경기도 부천시 오정구 작동 204-2 · **가는 법** 7호선 까치울역 5번 출구 → 도보 7분 · **운영시간** 10:30~당일 준비된 게장 소진 시까지 · **전화번호** 032-682-0029 · **대표메뉴** 봉순정식 19,000원, 간장게장 7,000원 · **etc** 간장게장 및 양념게장 포장 판매 1kg 40,000원

'밥도둑'이라는 말은 봉순게장에 딱 어울리는 훈장이다. 메뉴는 간장게장 하나뿐이라 일단 가게 안으로 들어가면 따로 주문하지 않아도 인원수대로 게장정식을 가져다준다. 국내산 암꽃게만 사용하는 게장은 내장까지 포동포동 살지고, 비리지 않으며, 간이 잘 배 쪽쪽 빨아 먹게 된다. 게딱지에 밥까지 비벼 먹으면 밥 한 그릇 뚝딱이다. 곁들여 나오는 양념게장과 새우장, 미역국, 날치알, 김, 겉절이, 김치 등 싱싱하고 맛깔스러운 밑반찬들도 밥맛을 돋운다. 얼마 전까지만 해도 신선한 게장을 무한리필로 먹을 수 있었으나 지금은 1인 1정식 15,000원의 저렴한 가격에 판매하고 있다.

주변 볼거리·먹거리

부천상동호수공원
Ⓐ 경기도 부천시 원미구 조마루로 15 Ⓞ 상시 개방 Ⓣ 032-625-3496
8월 34주 소개(299쪽 참고)

부천식물원 규모는 작지만 온갖 희귀한 식물들이 전시돼 있다. 야외 산책으로도 손색없어 봉순게장에서 식사한 후 가볍게 들러보면 좋다. 봉순게장에서 차로 5분 거리(도보 약 15분)

Ⓐ 경기도 부천시 춘의동 381 Ⓞ 09:30~18:00 / 매주 월요일, 1월 1일, 설날 및 추석 당일 휴관 Ⓒ 성인 2,000원, 3세 이상~초등학생 1,000원 Ⓣ 032-320-3000 Ⓗ ecopark.bucheon.go.kr

TIP
· 당일 준비한 게장이 모두 소진되면 일찍 문을 닫으므로 확인해 보고 가는 것이 좋다.
· 오전 10시 30분에 문을 열지만 전화 예약을 받지 않으므로 주말에는 오전 10시부터 조금씩 사람들이 몰려들므로 오픈 30분 전에 미리 도착하는 것이 좋다.
· 밑반찬으로 나오는 김에 날치알을 올려 게장 살을 싸 먹는 것이 봉순게장을 더욱 맛나게 먹는 비법이다.
· 1시간 이내의 가까운 거리는 여름을 제외하고 포장 가능하며 택배 배송은 불가하다.

1
COURSE

🚇 7호선 삼산체육관역 5번 출구
▶ 🚶 도보 10분

▶ 원미산 진달래동산

2
COURSE

🚇 7호선 까치울역 5번 출구 ▶
🚶 도보 7분

▶ 한국만화박물관

3
COURSE

▶ 봉순게장

주소	경기도 부천시 원미구 춘의동 산22-1
운영시간	상시 개방
입장료	무료
전화번호	032-625-5762~4
홈페이지	www.bucheon.go.kr
가는 법	7호선 부천종합운동장역 2번 출구 → 도보 5분

4월 17주 소개(162쪽 참고)

주소	경기도 부천시 원미구 길주로 1
운영시간	10:00~18:00(입장 마감 17:00) / 매주 월요일 휴관
입장료	5,000원(36개월 미만 무료)
전화번호	032-310-3090
홈페이지	www.komacon.kr/museum
etc	주차 무료

1월 2주 소개(294쪽 참고)

주소	경기도 부천시 오정구 작동 204-2
운영시간	10:30~20:30(당일 준비된 게 장 소진 시까지)
전화번호	032-682-0029
etc	간장게장 및 양념게장 포장 판 매 1kg 40,000원
대표메뉴	봉순정식 19,000원, 간장게장 7,000원
가는 법	7호선 까치울역 5번 출구 →도 보 7분

4월 17주 소개(166쪽 참고)

벚꽃엔딩

18week

SPOT **1**

구름 위의 산책

아차산
생태공원~
워커힐 벚꽃길

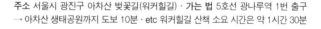

주소 서울시 광진구 아차산 벚꽃길(워커힐길) · **가는 법** 5호선 광나루역 1번 출구 → 아차산 생태공원까지 도보 10분 · **etc** 워커힐길 산책 소요 시간은 약 1시간 30분

　　아차산 생태공원부터 시작해 쉐라톤 워커힐 호텔까지 이르는 2킬로미터 남짓한 산책길은 4월이면 벚꽃으로 빼곡히 뒤덮여 많은 연인들이 찾는다. 가파르지 않은 나무 데크 길이어서 구두를 신고도 가볍게 걷기 좋으며 유모차를 끌거나 아이들과 함께 걷기에도 안전하다. 워커힐길 초입에 위치한 아차산 생태공원에도 들러 가볍게 산책해 보자.

　　서울시 광진구 광장동 530-1번지의 광나룻길에서 광장동 365번지 워커힐아파트에 이르는 1,840미터, 너비 10미터의 도로를 '워커힐길'이라고 하는데, 광장동에 있는 쉐라톤 워커힐 호텔 앞까지 이어진 데서 비롯되었다.

주변 볼거리·먹거리

아차산 생태공원 광진 둘레길과 워커힐 길을 잇는 아차산 생태공원은 다른 공원에 비해 규모는 크지 않지만 건강을 위한 황톳길과 지압 보도 같은 주요 시설을 갖추고 있다. 자생식물원, 나비정원, 습지원 등이 있어 자연학습을 하기에도 좋은 아기자기한 녹지 쉼터다.
Ⓐ 서울시 광진구 광장동 370 Ⓞ 상시 개방
Ⓣ 02-450-1192 Ⓗ www.gwangjin.go.kr/achasan

워커힐 와인&비어 페어 매년 4월 초면 워커힐에서 벚꽃맞이 페스티벌이 다양하게 열린다. '워커힐 구름 위의 산책'이라고도 불리는 '와인&비어 페어'에서 3백 종 이상의 와인을 할인 판매하는데 이를 무제한으로 시음해 볼 수 있으며, 다양한 어쿠스틱 밴드 공연도 즐길 수 있다.

Ⓐ 쉐라톤 그랜드 워커힐(구 피자힐 삼거리)
Ⓞ 매년 4월 초에 열리며 정확한 일정은 홈페이지 확인 Ⓒ 1인당 25,000원

TIP
• 워커힐 호텔에서 제공하는 무료 셔틀버스를 이용하면 워커힐 호텔 '더글라스 하우스'에서 '제이드가든' 방향 내리막길에 핀 벚꽃들을 편안하게 구경할 수 있다.

SPOT **2**

꽃비 맞으며 걷다

당인리발전소
벚꽃길

주소 서울시 마포구 토정로 56 · 가는 법 2호선 합정역 7번 출구 → 절두산순교성
지 입구까지 도보 5분→ 왼쪽으로 돌아 약 5분 직진

마포대교 입구 교차로부터 양화진 지하차도까지 총 3.3킬로
미터에 달하는 길, 즉 토정로에서 당인리발전소까지 이어지는
가로수길은 해마다 봄이면 아름다운 벚꽃 나들이길로 변신한
다. 이른바 '당인리발전소 벚꽃길'이라 불리는 곳이다. 길 중간
중간 이색적인 카페들이 많으니 발길 닿는 곳에 들러 봄을 즐기
며 쉬엄쉬엄 걸어보자.

- 당인리발전소가 서울 벚꽃 명소로 소문나면서 매년 벚꽃 시즌이 되면 시민들에게도 특별히 일정 기간 동안 개방한다.
- 당인리발전소 근처에 있는 카페 앤트러사이트도 꼭 들러보자.

주변 볼거리·먹거리

앤트러사이트 정신 없이 혼잡한 홍대에서 조금 떨어진 당인리발전소 근처에 위치해 '당인리 커피공장'으로 불린다. 기존 신발 공장의 외관과 내부를 살려 개조해 투박한 분위기지만, 커피 맛이 보장된 합정동 카페를 찾는다면 강력 추천한다.

Ⓐ 서울시 마포구 토정로5길 10 Ⓞ 09:00~23:00 / 연중무휴 Ⓣ 02-336-7850 Ⓗ www.anthracitecoffee.co

메세나폴리스몰 쇼핑과 휴식 그리고 문화의 경계를 허문 신개념 스트리트 몰로서 패션, 뷰티 등의 쇼핑 시설과 대형 마트, 영화관, 다양한 레스토랑과 카페를 만날 수 있다. 지하에서 동그랗고 파란 하늘이 보이고, 하늘이 오픈된 원형 가든에서 브런치를 즐기며, 공원을 산책하듯 쇼핑할 수 있다. 메세나가든과 중앙광장에서는 다양한 이벤트와 공연이 수시로 열린다. 2·6호선 합정역과 바로 연결돼 있어서 접근성도 좋다.

Ⓐ 서울시 마포구 서교동 490 Ⓞ 각 매장별로 운영시간 상이 Ⓣ 02-6357-0108 Ⓗ mecenatpolismall.co.kr

SPOT **3**

20년 동안 오로지 우유식빵
하나만 파는 전설의 식빵 장인

김진환
제과점

주소 서울시 마포구 와우산로 32길 41 · **가는 법** 2호선 신촌역 8번 출구 →홍대역 방향으로 도보 7분 · 운영시간 08:00~16:30 · 매주 일요일, 공휴일 휴무 · 전화번호 02-325-0378 · 대표메뉴 우유식빵 3,900원 / 밤식빵 3,500원 / 아몬드소보로빵 1,700원 / 쇼콜라 3,700원

식빵의 레전드라 불리는 곳으로 홍대 번화가에서 떨어진 좁은 골목에 있지만 빵이 나오자마자 눈 깜짝할 사이에 다 팔린다. 동경제과제빵학교를 졸업한 후 1996년부터 20년째 같은 자리에서 우유식빵 하나만 만들고 있는 식빵 장인의 제과점이다. 하루에도 수십 번 구워 내는 식빵은 향이 좋고 믿을 수 없을 정도로 부드러운 식감으로 명성이 자자하다. 그야말로 식빵의 정석이다. 최근에는 식빵을 사려고 긴 줄을 서는 손님들을 위해 쇼콜라와 밤빵도 판매하고 있다.

주변 볼거리 · 먹거리

리치몬드제과점 대한민국 제과 명장이 운영하는 곳으로 맛집 프로그램 〈수요미식회〉에서 '서울 3대 빵집'으로 선정된 집이기도 하다. 판매되고 있는 빵 종류만 450여 가지에 보유 레시피만 3천 개가 넘고, 카페 공간도 있다. 30년 이상 한자리를 지켜온 홍대의 명물이었던 리치몬드가 사라져 아쉬웠던 사람들이라면 이곳 성산 본점을 꼭 방문해 보기 바란다.

Ⓐ 서울시 마포구 성산1동 114-5 ⓞ 08:00~21:30 · 매주 화요일 휴무(명절연휴 휴무는 별도 공지) Ⓜ 슈크림 2,000원, 밤식빵 7,500원, 독일식 정통호밀빵 8,800원 ⓟ 02-3142-7494 Ⓗ www.richemont.co.kr

TIP
- 영업 시간이 딱히 정해져 있지 않다. 그날 만든 빵이 다 소진되면 문을 닫기 때문이다.
- 거의 매일 빵이 나오자마자 매진되기 때문에 최대 1시 이전에는 가야 허탕치지 않는다.
- 김진환 제과점의 식빵은 수분이 빨리 증발하는 슬라이스된 것보다 통식빵을 사서 손으로 북북 찢어 먹어야 제맛이다.

1 COURSE
🚶 도보 5분

▶ 절두산순교성지

2 COURSE
🚶 도보 5분(양화진외국인선교사 묘원 바로 옆에 절두산 순교성지 가 있다)

▶ 양화진외국인선교사묘원 (양화진공원)

3 COURSE

▶ 당인리발전소 벚꽃길

주소	서울시 마포구 합정동 114
운영시간	평일 10:00~17:00, 토요일 10:00~17:00
입장료	무료
전화번호	02-332-9174
홈페이지	www.yanghwajin.net
etc	양화진 공영주차장 이용

연세대학을 세운 호러스 그랜트 언더우드 부부, 배재학당을 세운 헨리 거하드 아펜젤러, 이화학당을 설립한 메리 스크랜턴, 제중원을 세운 존 W. 헤론, 한국 최초의 맹인학교와 경성여자의학전문학교를 세운 로제타 홀, 숭실대학 설립자 윌리엄 M. 베어드, 한국의 독립을 위해 외교 활동을 펼친 호머 헐버트, 한국에 결핵요양원을 처음 세운 셔우드 홀 등 총 414명의 유해가 안장되어 있다. 영문 묘비명들이 이국적이면서도 숙연해진다.

주소	서울시 마포구 토정로 56

4월 18주 소개(170쪽 참고)

주소	서울시 마포구 토정로 6
운영시간	상시 개방(한국천주교순교자박물관은 09:30~17:00) / 매주 월요일 휴무
입장료	무료(한국천주교순교자박물관 1,000원)
전화번호	02-3142-4434
홈페이지	www.jeoldusan.or.kr
etc	기도에 방해되는 반려동물, 자전거, 자동차는 출입할 수 없다.
가는 법	합정역 7번 출구 → 도보 5분

절두산순교성지는 병인박해 때 수많은 천주교도가 순교한 곳으로 수많은 신앙 선조들이 목이 잘려 죽었다. 김훈의 소설 《흑산》의 영감이 된 절벽과 한국 교회 건축 최고의 걸작으로 꼽힌다. 한국 최초의 신부 김대건 신부의 동상과 유물이 모셔져 있으며, 내한했던 요한 바오로 2세가 맨 먼저 방문했던 곳이기도 하다.

5월, 땅 위의 모든 싱그러운 녹음이 깨어나는 달. 5월만큼 자연이 우리 곁에 가까이 다가오는 계절도 없다. 3월과 4월은 봄이라고 하기에 조금 춥고, 아무래도 봄 날씨의 진수는 5월이다. 어디를 가든 사랑스러운 풍광이 눈에 스며든다. 연초록의 싱그러운 녹음을 옆에 끼고, 솔솔 불어오는 바람을 벗 삼아 걸어보자. 귀차니즘은 잠시 접어두고 아이와 연인 혹은 가족과 친구끼리 조그만 피크닉 도시락 들고 가까운 숲으로, 공원으로 나서보자. 눈부시게 흩뿌리는 햇살 아래 녹음 가득한 사진은 덤이다.

연초록의 싱그러운
풍경 속으로
떠나는 여행

5월 첫째 주

지 하 철 3 호 선 타 고
떠 나 는 여 행

19 week

SPOT **1**

서울에서 30분이면 뚜벅뚜벅
거닐 수 있는 초원길
원당종마공원

주소 경기도 고양시 덕양구 서삼릉길 233-112 · **가는 법** 3호선 삼송역 5번 출구 → 마을버스 041 → 종점(서삼릉 종마공원 입구)에서 하차 → 도보 10분 · **운영시간** 하절기(3월~10월) 09:00~17:00, 동절기(11월~2월) 09:00~16:00 / 매주 월·화요일, 명절 연휴 휴무 · **입장료** 무료 / 어린이 승마 체험 무료(매주 토~일요일 11:00~16:00, 당일 선착순 접수 가능) · **전화번호** 02-509-2672 · **홈페이지** www.park.kra.co.kr/parkuserseoul · **etc** 원당종마공원 옆에 무료 주차장

　　원당종마공원은 한국마사회가 경주마사관학교로 운영하며, 국내 최초의 경주마가 탄생한 곳이다. 사진 찍기에도 좋아 출사지로도 유명하며, 각종 CF와 드라마 촬영지로 많이 이용된다. 11만 평 초지에 끝없이 펼쳐지는 초원길과 하얀색 펜스가 빚어내는 목가적인 풍경, 폭신한 흙길은 이곳이 과연 서울 근교인가 싶을 정도로 놀라움을 자아낸다. 바쁜 도심 생활에서 벗어나 몸과 마음의 여유를 즐기기에 더할 나위 없는 곳이다.

TIP 주의할 점

- 원당종마공원이라고 원당역에서 내리면 안 된다. 반드시 삼송역에서 내릴 것!
- 광활한 초지는 말과 기수를 위한 제한구역이므로 들어갈 수 없다.
- 원당종마공원 바로 옆에 무료 주차장이 있으나 굉장히 협소하다. 게다가 주말에는 초입부터 주차 전쟁이므로 대중교통을 이용하는 것이 효율적이다.
- 마을버스 배차 간격이 약 20분 정도여서 자칫 오래 기다릴 수도 있으니 시간을 맞춰 가자. 삼송역 5번 출구 앞에서 마을버스 041이 매시 15분, 35분, 55분에 상시 운행 중이다. 단, 주말에는 매시 25분, 55분에 있다.
- 돌아 나올 때는 농협대학 앞에서 매시 5분, 25분, 45분에 마을버스를 타면 된다.

TIP 관람 포인트

- 종마공원 입구부터 시작되는 아름다운 은사시나무와 미루나무가 거대한 가로수를 이루고 있는 산책로를 걷고 있노라면 그야말로 도심 속 힐링이 따로 없다.
- 한 정거장 전인 농협대학에서 하차해 가로수길을 꼭 걸어보자.
- 가족 단위 관람객들을 위한 기승 체험과 마방 견학 프로그램도 운영하고 있어 색다른 즐길 거리를 제공한다.
- 봄, 여름, 가을, 겨울 사계절 내내 운치 있지만 특히 녹음이 우거지는 초여름과 단풍 지는 가을이 장관이다.
- **서삼릉누리길** 총 8.28킬로미터로 '원당역 → 수역이마을 → 서삼릉 및 종마목장 → 농협대학 → 솔개약수터 → 삼송역' 코스의 서삼릉누리길을 완주해 보자. 평지와 작은 언덕으로 이어져 5월의 화창하고 선선한 날씨에 걷기 좋다.

주변 볼거리 · 먹거리

서삼릉보리밥 주말이면 길게 줄이 늘어설 만큼 일대에서 소문난 맛집.

Ⓐ 경기도 고양시 덕양구 서삼릉길 124 ⓞ 11:00~20:00 / 명절 연휴 휴무 ⓣ 031-968-5694 Ⓜ 보리밥 7,000원, 코다리 10,000원

꽃 선물할 때는 무조건
강남 고속버스터미널 꽃시장

주소 서울시 서초구 신반포로 194 · **가는 법** 3·7·9호선 고속터미널역 하차 → 경부선 건물 3층으로 가거나 1번 출구로 나와 우측에 보이는 고속터미널 상가 3층 · **운영시간** 생화시장 24:00~13:00, 조화시장 24:00~18:00 / 매주 일요일 휴무 · **전화번호** 02-535-2118(생화), 02-593-0991(조화) · **etc** 경부선 건물 좌우로 생화시장과 조화시장(부자재)이 나눠져 있다. 고속터미널 8번 출구 앞의 신세계백화점 바로 옆에 주차장이 있는데 꽃시장 입구 쪽에 있는 도장을 주차증에 찍어 가면 요금이 3천 원이다.

　어버이날, 스승의날, 성년의날, 연인의날 등 5월은 그야말로 꽃을 선물하는 달이다. 하지만 꽃집에서 사면 장미 몇 송이에 포인트 꽃 하나만 꽂아도 족히 4만~5만 원이 훌쩍 넘는다. 지갑이 두둑하지 않아도 만 원이면 양손 가득 꽃을 살 수 있다. 사계절 내내 다양한 종류의 꽃과 부자재를 한 번에 구매할 수 있는 곳, 꽃의 달 5월에는 강남 고속버스터미널 꽃시장으로 꽃놀이를 떠나보는 것이 어떨까?

　부자재 시장은 도매시장과 같은 층에 있다. 각종 다양한 조화, 화기, 크리스마스 소품부터 인테리어 소품, 캔들 재료, 그릇, 식기, 꽃을 다듬는 데 필요한 모든 재료와 포장, 꾸밈 재료 등 없는 것이 없다. 2층에는 그릇, 이불, 원단 등 홈 인테리어 전문상가가 있다.

생화시장과 연결된 조화시장

주변 볼거리·먹거리

양재 시민의숲

Ⓐ 서울시 서초구 매
헌로 99(양재동 236)
Ⓞ 상시 개방 Ⓣ 02-
575-3895 Ⓗ parks.seoul.go.kr/citizen
5월 22주 소개(196쪽 참고)

5월 22주 소개(196쪽 참고)

TIP

- 도매 위주이기 때문에 보통 밤 12시부터 새벽 2시 사이가 가장 복잡하다.
- 오전 9시부터 오후 1시까지는 일반인들에게 그날의 신선한 꽃을 판매한다.
- 싱싱하고 좋은 꽃을 사려면 꽃이 새로 입고되는 월·수·금요일에 가는 것이 좋다.
- 화·목·토요일에는 전날 입고된 꽃들을 저렴하게 살 수 있다. 남은 꽃이라고 싱싱하지 않은 것은 아니지만 종류나 수량은 좀 적을 수 있다.
- 고급스러운 수입 꽃은 화요일에 입고된다.
- 꽃시장의 모든 꽃은 단으로 판매되는데 보통 한 단에 10송이가 기본이고 작약이나 카라처럼 꽃이 큰 것들은 5송이가 한 단이다. 최소한 어떤 색깔의 꽃을 살지 미리 정하고 가야 어울리지 않는 색을 마구 섞는 실수와 과소비를 막을 수 있다.
- 금요일에는 평소보다 더 많은 사람들이 찾으니 여유롭게 둘러보고 싶다면 다른 날을 추천한다.
- 꽃을 구입할 때 꽃집 사장님께 아랫단을 잘라달라고 부탁하면 즉석에서 바로 싹둑 잘라준다. 이렇게 밑단을 살짝 다듬어 가면 집에서 다듬는 수고가 훨씬 줄어든다.
- 공식적인 폐장은 오후 1시지만 대략 12시 30분이면 거의 모든 꽃집이 폐장 준비에 한창이므로 여유 있게 가는 것이 좋다.
- 조화시장은 생화시장보다 좀더 오래 운영되기 때문에 오전에 가면 좀더 한가롭다.

만 원짜리 꽃다발이 꽤 풍성하다.

TIP 꽃을 살 때 실패하지 않는 방법

- 바로 사용할 꽃이라면 활짝 핀 것을, 하루이틀 뒤에 사용하려면 꽃봉오리 상태를 고르는 것이 좋다.
- 꽃잎이 구겨지거나 찢어진 상처가 있는 꽃은 사지 않는 것이 좋다.
- 자칫 줄기가 무르거나 꺾여 있을 수 있으니 줄기까지 세심히 살펴본다.
- 잎이 잘 붙어 있고 싱싱한 것을 고른다.

SPOT **3**

삼청동의 소문난 맛집
조선김밥

주소 서울시 종로구 율곡로3길 68 1층 · **가는 법** 3호선 안국역 1번 출구 → 도보 10분 · 운영시간 화~토요일 11:00~20:00, 일요일 11:00~19:00 / 브레이크타임 15:00~16:30 / 매주 월요일 휴무 · **전화번호** 02-723-7496 · **대표메뉴** 조선김밥 4,800원, 오뎅김밥 4,800원, 콩비지 7,500원, 조선국시 7,000원 · **etc** 김밥 포장 시 300원 할인

삼청동 번화가에서 살짝 비켜난 국립현대미술관 뒷골목에 조용히 자리 잡고 있던 조선김밥이 삼청동의 메인 로드로 이사했다. 예전의 쓰러져가는 한옥에서 먹는 정취가 사라져 아쉽지만 맛은 그대로니 걱정 말자. 메뉴는 총 네 가지뿐. 하지만 그 어디에서도 맛볼 수 없는 건강한 맛이 일품이다. 고기육수와 부추를 넣어 구수하면서도 깔끔한 조선국시와 국산 콩을 직접 갈아 만든 콩비지 그리고 묵은 나물이 잔뜩 들어간 구수한 맛의 김밥은 먹어도 먹어도 질리지 않는다. 특히 오뎅김밥은 소박해 보이는 비주얼과 달리 반전의 맛을 선사한다. 조선김밥은 모자가 함께 운영하는데 순정만화에서 툭 튀어나온 듯 예쁘장한 외모의 남자 사장님도 김밥 못지않게 꽤 유명하다는 사실!

TIP

- 식사 시간에 맞춰 가면 골목으로 쭉 이어진 줄에 서서 기다려야 한다. 일찍 가거나 아예 식사 시간이 지나서 가면 줄을 서지 않고 바로 먹을 수 있다.
- 조선김밥 사장님이 장아찌 명인에게 직접 배운 깔끔한 기본 반찬들은 원가 상승으로 인해 더 이상 리필이 되지 않는다.
- 추가 주문이 안 되므로 처음에 한꺼번에 주문해야 한다.
- 오뎅김밥은 톡 쏘는 와사비의 강렬한 맛에 처음 먹어보는 사람은 혀가 얼얼할 수 있다. 하지만 한번 먹어본 사람은 반드시 두 번 찾을 만큼 중독성이 강하다.
- 주차는 국립현대미술관 주차장을 이용하면 된다.

주변 볼거리 · 먹거리

국립현대미술관
Ⓐ 서울시 종로구 삼청로 30(소격동) Ⓞ 화·목·금·일요일 10:00~18:00, 수·토요일 10:00~21:00 / 매주 월요일 및 1월 1일 휴관 Ⓒ 무료(전시관 관람료는 통합 입장권 4,000원) Ⓣ 02-3701-9500 Ⓗ www.mmca.go.kr 2월 7주 소개(80쪽 참고)

아띠인력거 젊은이들이 두 발로 페달을 밟아 운행하는 북촌의 명물 아띠인력거를 타고 북촌, 서촌, 광화문을 색다르게 여행해 보자.
Ⓞ 매일 10:00~19:00 / 매주 월요일 휴무 Ⓒ 1시간 투어, 인력거 1대(60,000원)에 성인 2명과 어린이 1명(7세 미만)이 탑승 가능하며 3명 이상일 경우 2대 예약 필수 Ⓣ 1666-1693 Ⓗ www.rideartee.com Ⓔ 대표 번호 혹은 홈페이지에서 사전 예약 후 이용하면 편하다. 우천 시 운행하지 않는다. 탑승을 원하는 장소가 어디든 신속하게 달려온다.

1
COURSE
🚶 서삼릉에서 마을버스 041 종점 방향으로 5분 직진
▶ 서삼릉

2
COURSE
🚇 신분당선 양재 시민의숲(매헌역) 2번 출구 ▶ 🚶 도보 10분
▶ 너른마당

3
COURSE
▶ 양재천 카페거리

주소	경기도 고양시 덕양구 서삼릉길 233-126(원당동 산 37-1)
운영시간	2월~5월·9월~10월 09:00~18:00(매표시간 09:00~17:00), 6월~8월 09:00~18:30(매표시간 09:00~17:30), 11월~1월09:00~17:30(매표시간 09:00~16:30) / 매주 월요일 휴관
입장료	어른 1,000원, 어린이 및 청소년 무료
전화번호	031-962-6009
etc	매달 마지막 주 수요일 무료 입장, 자전거, 인라인 등의 바퀴 기구와 음식물 반입 금지, 반려동물 출입금지, 문화 해설 시간 10:30, 1:30, 3:00, 입구에서 휠체어와 유모차 무료 대여
가는 법	3호선 삼송역 5번 출구 → 마을버스 041 → 서삼릉·종마목장 입구 하차 → 도보 10분

경기 서북부 최대의 조선왕릉군이자 세계문화유산인 서삼릉 내 각각의 왕릉과 원, 묘를 다 둘러보는 데 1시간가량 걸린다. 짙푸른 녹음과 왕가의 기품이 어우러져 고요히 사색을 즐기며 산책하기 좋다. 바로 옆에 담장 하나를 두고 원당종마공원이 있으니 함께 둘러보자.

주소	경기도 고양시 덕양구 서삼릉길 233-4
운영시간	11:00~22:00 / 연중무휴
전화번호	031-962-6655
홈페이지	www.nrmadang.co.kr
대표메뉴	통오리밀쌈 56,000원, 닭볶음 60,000원, 녹두지짐 14,000원, 우리밀칼국수 10,000원, 접시만두 15,000원

9월 38주 소개(326쪽 참고)

주소	양재천로 일대

양재동부터 도곡동으로 이어지는 양재천 일대 7백 미터 구간에 이국적인 커피숍, 와인바, 음식점이 즐비해 있다. 양재천 가로수길, 양재전 뚝방길, 양재천 카페 거리, 양재천 와인 거리 등 다양한 이름으로 불린다. 마주 오는 사람 하나 없는 시원한 하천길과 가로수길을 호젓하게 걷고 있노라면 마치 파리지엔이 된 것 같은 낭만적인 기분에 빠진다. 양재천 물길 따라 멋과 낭만이 흐르는 양재천 카페거리는 연인들의 거리다. 예쁜 노천 카페, 레스토랑, 독특한 테라스를 갖춘 와인바가 많이 몰려 있어 데이트하기에도 손색없다.

4월에는 72그루의 벚꽃나무가 양재천변 도로를 황홀하게 점령한다. 복잡한 강남권 데이트를 벗어나 한적하고 여유로운 데이트를 하고 싶은 사람들에게 적극 추천한다.

이곳의 와인바들은 주로 저녁 6시부터 새벽 2~3시까지 영업하며, 점심 시간을 전후해 문을 여는 곳들도 꽤 있다.

5월 둘째 주

사 진 찍 기 좋 은
그 림 같 은 자 연 경 관

20 week

SPOT **1**

제주도 유채꽃만큼이나
황홀한 황금빛 물결

구리
유채꽃 축제

주소 경기도 구리시 토평동 810 · **가는 법** 2호선 잠실역 5번 출구 →,롯데월드 맞은
편 정류장에서 직행버스 1115-6 →,토평정수장 앞에서 하차(1정거장, 약 15분 소
요) → 뒤돌아서 축제장까지 도보 약 10분 · **운영시간** 구리한강시민공원 연중 개방
· **입장료** 무료, 1일 주차료 3,000원(약 8백 대 주차 가능) · **전화번호** 031-550-2107
· **홈페이지** www.guri.go.kr/culture · **etc** 축제 기간 중에는 구리역에서 임시 마을버
스가 운행되어 행사장까지 편하게 이동할 수 있다.

    해마다 5월이면 구리한강시민공원의 40만 제곱미터(약 12만
평)에 달하는 드넓은 꽃밭에서 황홀한 황금빛으로 물결치는 유
채꽃 향연을 즐길 수 있다. 서울을 비롯한 수도권에서 이만큼 큰
규모의 꽃단지를 구경할 수 있는 곳으로 유일하다. 매년 10월에
는 한들한들 코스모스 축제를 진행하고 있는데, 유채꽃과는 또
다른 황홀경을 경험할 수 있다.

가을이면 거대한 코스모스밭으로 변한다.

주변 볼거리 · 먹거리

왕십리 엔터식스 CGV 와 각종 의류 매장, 커피숍, 음식점 등 쇼핑과 맛있는 음식을 한꺼번에 즐기는 유럽풍 문화공간.

Ⓐ 서울시 성동구 왕십리광장로 17 Ⓞ 평일 10:00~22:00, 주말 10:00~22:00 / 연중무휴 Ⓣ 02-2200-6000 Ⓗ store.enter6.co.kr

TIP

- 보통 행사 마지막 날 저녁에는 초대가수 무대와 불꽃축제가 열린다.
- 축제 기간 중에 대중교통은 선택이 아니라 필수! 자칫하면 꽃놀이 대신 주차장 여행만 하다가 돌아갈 수 있다. 주소는 '경기도 구리'지만 잠실역에서 버스로 20분 거리이므로 대중교통을 이용하는 것이 훨씬 편하다.
- 축제장까지 가는 도로 곳곳에 신호등이 있기는 하지만 워낙 허허벌판이라 차들이 거칠게 달리니 안전은 필수!
- 보통 유채꽃 축제는 5월 초에 3~4일 일정으로 짧게 진행되는데, 너무 이르거나 늦어도 유채꽃을 구경하지 못할 수 있으니 만개 시기를 잘 맞춰 가야 한다. 하지만 축제일이 끝나도 한동안은 유채꽃이 만개한 모습을 볼 수 있으니 축제가 끝나고 조금 한산할 때 둘러보는 것이 좋다. 날씨에 따라 다르지만 보통 4월 넷째 주쯤 개화한다.
- 유채꽃밭 사이로 조성된 산책로는 놓치면 안 되는 포토존으로 유명하다.
- 유채꽃 축제인지 먹거리 축제인지 헷갈릴 정도로 먹거리들이 풍성하다.
- 한강변을 따라 자전거길이 잘 조성되어 있으므로 자전거를 타고 둘러보는 코스도 좋다.

SPOT **2**

**보랏빛 프로방스에서
로맨틱한 반나절**

연천허브빌리지
라벤더 축제

TIP
- 라벤더가 절정에 달하는 시기를 잘 맞춰 가야 만개한 보랏빛 물결을 감상할 수 있다.

주소 경기도 연천군 왕징면 북삼리 222 · **가는 법** 1호선 동두천역 하차 → 시외버스 3300번 탑승 → 전곡터미널 하차(택시를 타면 허브빌리지까지 약 20분 소요) → 일반버스 55-6 탑승 → 북삼리다리 · 허브빌리지 정류장 하차(약 1시간 10분 소요) · **운영시간** 09:00~18:00(4월 20일부터 10월 31일까지 주말은 09:00~20:00) · **입장료** 성인 7,000원, 어린이(36개월 이상~초등학생) 4,000원 / 웨딩촬영 50,000원(입장료 별도) · **전화번호** 031-833-5100 · **홈페이지** www.herbvillage.co.kr · **etc** 음식물 일체 반입 금지 / 반려동물 출입 금지

다른 허브 농원에 비해 규모가 그리 크지는 않지만 라벤더, 안젤로니아 등 계절마다 다른 꽃을 구경할 수 있다. 대형 허브 유리 온실, 올리브홀, 주상절리, 잔디광장, 거북바위, 천년 삼층석탑, 화이트 가든 등 볼거리가 다양해서 눈으로 즐기며 산책하는 것만으로 나들이 기분이 난다. 꽃과 초록 식물들이 가득한 산책로와 흙길을 걷다 보면 다양한 꽃들이 어우러진 멋진 풍경이 펼쳐져 지루할 틈이 없다. 보랏빛 라벤더가 선사하는 동화 같은 풍경 속으로 풍덩 빠져보자.

임진강 뷰가 한눈에 내려다보이는 화이트 가든은
두 번째 필수 포토존이다.

이토록 아름다운 매표소를 보았나!

초대형 허브 유리 온실.
상큼한 허브 향과 여유로운 공간에서 식사와 차를 즐길 수 있다.

허브빌리지 내에 있는 이탈리안 레스토랑 파머스테이블. 허브비빔밥
과 라벤더 돈가스, 차 한잔을 가볍게 즐기기에 손색없지만 질 좋은 식
사를 기대하기는 어렵다. 근처에서 맛있게 든든히 먹고 갈 것을 추천
한다.

운영시간 성수기 10:00~20:00, 비수기 10:00~19:00

매력적인 보랏빛으로 뒤덮인 라벤더밭

망리단길 뒷골목에서 만난
진한 수제커리의 맛
도마뱀 식당

주소 서울시 마포구 희우정로20길 75 · **가는 법** 6호선 망원역 2번 출구 -> 도보 9분 · **운영시간** 12:00~21:00 / 매주 월, 화요일 휴무 / 브레이크타임 없음 · **전화번호** 02-6498-3317 · **대표메뉴** 버터 먹은 몸통 오징어와 수제커리 13,000원 / 갈릭버터 쉬림프구이와 수제커리 12,000원 / 소고기구이와 수제커리 12,000원 · **홈페이지** www.instagram.com/gecko_table · etc 기본 커리를 베이스로 입맛에 맞게 다양한 토핑을 주문할 수 있다. / 공영 주차장 이용 / 포장 가능 / 1인 1식사 주문

주변 볼거리·먹거리

수바코 아기자기하고 오래된 문방구처럼 유니크한 물건들이 가득한 빈티지 토이숍.

Ⓐ 서울시 마포구 망원동 410-8(1호점) ◎ 14:00~19:00 / 매주 월요일 휴무 Ⓣ 010-2900-2881 Ⓗ www.subaco.kr
1월 5주 소개(65쪽 참고)

요즘 한 번도 안 가본 사람 없다는 망원동 뒷골목, 일명 '망리단길' 초입에 위치한 도마뱀 식당은 조용히 소문 자자한 독특하고 색다른 맛의 수제커리 집이다. 망리단길의 인기를 선두한 오랜 터줏대감이기도 하다. 테이블이 몇 안 되는 작은 식당이지만 직접 만든 통오징어를 통째로 올린 수제커리, 탱글탱글한 새우를 아낌없이 얹은 쉬림프 새우구이 그리고 소고기구이가 올려진 수제커리가 이곳의 시그니처다. 풍미 깊고 정성이 가득한 도마뱀 식당의 수제커리는 한 번 맛본 사람은 집에 와서도 두고두고 생각나는 매력이 있다. 테이블 바로 뒤가 오픈키친이라 가정식 집밥을 먹고 있는 느낌이다. 간단한 안주류, 맥주 및 와인 등의 주류도 판매하고 있어 식사와 함께 간단히 반주도 곁들일 수 있다.

TIP
• 현재 코로나로 인해 예약만 가능하다.

1 COURSE
🚗 자동차로 30분

▶ 연천허브빌리지 라벤더 축제

2 COURSE
🚗 자동차로 30분

▶ 망향비빔국수 본점

3 COURSE

➡ 호로고루

주소 경기도 연천군 왕징면 북삼리 222

운영시간 09:00~18:00(4월 20일부터 10월 31일까지 주말은 09:00~20:00)

입장료 성인 7,000원, 어린이(36개월 이상~초등학생) 4,000원 / 웨딩촬영 50,000원(입장료 별도)

전화번호 031-833-5100

홈페이지 www.herbvillage.co.kr

etc 라벤더가 절정에 달하는 시기를 잘 맞춰 가야 만개한 보랏빛 물결을 감상할 수 있다. / 음식물 일체 반입 금지 / 반려동물 출입 금지

가는 법 1호선 동두천역 하차 → 시외버스 3300번 탑승 → 전곡터미널 하차(택시를 타면 허브빌리지까지 약 20분 소요) → 일반버스 55-6 탑승→북삼리다리·허브빌리지 정류장 하차(약 1시간 10분 소요)

5월 20주 소개(184쪽 참고)

주소 경기도 연천군 청산면 궁평로 5

운영시간 10:00~20:30 / 연중무휴

전화번호 031-835-3575

대표메뉴 비빔국수 및 잔치국수 6,000원, 아기국수 2,000원, 만두 3,000원

etc 주차 가능 / 포장 가능

이미 유명할 대로 유명해 체인점을 어렵지 않게 찾을 수 있는 망향비빔국수 본점이 연천에 있다. 50년이 넘은 원조 손맛은 역시 먹어본 사람만이 안다. 5사단 열쇠부대 바로 앞에 위치해 있다.

주소 경기도 연천군 장남면 원당리 1258

운영시간 상시 개방

입장료 무료

전화번호 031-839-2144

etc 주차 가능

고구려시대에 지어진 삼각형 모양의 성 호로고루는 온통 확 트인 초록빛이 가득한 곳이다. 특히 하늘로 향하는 천국의 계단과 흡사한 S 자형 계단은 최고의 포토존이라는 사실을 아는 사람이 아직은 많지 않다. 덕분에 마음껏 인생 사진을 찍을 수 있다. 노을 질 무렵 온통 개망초 가득한 푸른 배경의 계단에서 사진을 찍으면 그림 그 자체다. 매년 8~9월이면 거대한 노란 물결이 출렁이는 통일바라기(해바라기) 축제가 열리니 놓치지 말자.

21 week

SPOT 1

바람과 평화 속에 가만히 머물다

임진각
평화누리공원

주소 경기도 파주시 문산읍 임진각로 148-53(사목리 480-1) · **가는 법** 서울역에서 경의선 타고 문산역(종점) 하차(약 1시간 소요) → 1번 출구로 나와 대로를 건너 버스 58(30~40분 간격) → 임진각 하차(종점) · **운영시간** 09:00~18:00 / 연중무휴 · **전화번호** 031-953-4744 · **홈페이지** peace.ggtour.or.kr · **etc** 지리상 서울에서 그리 멀지 않으나 위치가 애매해 대중교통보다 자가용 추천(주차 요금은 경차 2,000원, 소형·중형 3,000원, 유모차 대여 가능)

임진각 평화누리공원은 단순한 공원이 아니다. 세계 유일의 분단국가인 대한민국의 상징적인 장소이자 2만 5천 명을 수용할 수 있는 대형 야외공연장 '음악의 언덕', 수상 카페 '카페안녕', 3천여 개의 바람개비가 있는 '바람의 언덕' 등으로 구성된 복합 문화공간이다. 암울하고 어둡던 냉전과 분단의 장소 임진각 일대가 평화누리공원 덕분에 밝고 흥겨운 분위기로 바뀌었다. 지금은 평화와 통일, 화해와 상생의 공간으로 젊은이들과 가족들이 즐겨 찾는 서울 근교의 대표 주말 나들이로 자리 잡았다. 공연, 전시, 영화 등 다양한 문화예술 프로그램과 행사가 연중 운영되고 있어서 언제나 일상 속의 평화로운 쉼터와 즐길 거리를 제공한다. 게다가 임진각의 모아이 돌상이 이국적인 풍광을 자아내는 3만 평의 드넓은 잔디 언덕을 거닐고 있노라면 향기로운 바람이 몸과 마음을 평화롭게 어루만져 준다.

주변 볼거리·먹거리

갈릴리농원
Ⓐ 경기도 파주시 탄현면 낙하리 4-1 ⓞ 월~금요일 11:00 ~22:00 / 토~일요일 10:30~22:00 ⓒ 장어 1kg 68,000원(포장 49,000원) ⓣ 031-942-8400 ⓗ www.gllfarm.co.kr
5월 21주 소개(192쪽 참고)

오두산통일전망대
천지 사방이 탁 트인 오두산 정상에 세워진 통일전망대. 한강과 임진강이 교차해 서해로 흘러 들어가는 절경과 황해도의 산천, 주거, 사람들의 모습까지 볼 수 있다. 강 하나만 넘으면 이토록 손에 닿을 듯 가까이 있는 북한 땅에 갈 수 없다니 감회가 새롭다.
Ⓐ 경기도 파주시 탄현면 필승로 369 ⓞ 1월~2월, 11~12월 09:00~16:30, 3월~10월 09:00~17:00 / 매주 월요일 휴관 ⓒ 3,000원 ⓣ 031-956-9600 ⓗ www.jmd.co.kr

TIP
- 임진각 평화누리공원을 갈 때 문산역에서 600미터쯤 걸어야 버스정류장이 있으므로 택시를 타고 바로 평화누리공원까지 이동할 것을 추천한다(택시 요금 편도 약 6,000원).
- 공원 건너편 놀이공원은 아이와 함께 즐기기 좋다.
- 임진각 평화누리공원에서 즐기는 놀이의 묘미 중 하나는 전통놀이체험장에서 연을 구입해 탁 트인 하늘 높이 날려보는 것이다.
- 임진각 평화누리공원은 제법 규모가 크므로 사전에 홈페이지나 지도를 보며 동선을 미리 정하고 돌아보는 것이 효율적이다.
- 날이 어두워지기 전에 가야 예쁜 풍경을 놓치지 않는다.
- 평화누리공원에는 그늘이 별로 없으니 선글라스와 그늘막 등을 챙겨 가자.
- 잔디를 걸어야 하므로 힐보다 운동화나 편한 단화를 추천한다.
- 바람의 언덕 : 가장 인기 있는 장소는 단연 3천여 개의 바람개비가 일제히 돌아가는 풍경이 일품인 '바람의 언덕'이다.

- '카페안녕' : 임진각 평화누리공원의 연못 어울못에 떠 있는 수상 카페. 평화누리공원을 걷다가 지치면 이곳에 들러 시원한 바람을 맞으며 차 한잔의 휴식을 취해 보자. 카페에서 3천 개의 바람개비가 일제히 돌아가는 진풍경을 감상할 수 있다.

- 공원 내에서 그늘막 텐트를 치고 피크닉 기분을 마음껏 즐길 수 있다.
- 임진각 전망대 : 평화누리 내에 있는 임진각 전망대에 오르면 평화누리공원 일대와 북녘 땅이 한눈에 보인다.

**365일 24시간 개방,
50만 권의 책**

파주출판도시
지혜의숲

주소 경기도 파주시 회동길 145(파주출판단지 내) · **가는 법** 합정역 1번 출구 앞 정류장에서 직행버스 2200 · 200 → 파주출판도시 하차 · **운영시간** 1구역 10:00~17:00, 2구역 10:00~20:00, 3구역 24시간 / 연중무휴 · **전화번호** 031-955-0082 · **홈페이지** www.pajubookcity.org · **etc** 책 기증을 원하는 사람은 출판문화재단이나 지혜의숲 안내 데스크에 문의하면 된다. 어린이책 코너가 별도로 마련되어 유 · 아동들도 자유롭게 책을 볼 수 있다.

학자, 지식인, 전문가, 출판사들이 기증한 도서 50만 권이 소장되어 있으며, 국내 최초로 24시간 개방되는 도서관이다. 270평 공간에 높이 8미터의 서가가 3킬로미터 넘게 이어진 모습이 장관을 이루는 '지혜의숲'은 365일 24시간 누구에게나 무료로 개방되는 신개념 도서관이다. 다양한 인문학 도서를 만날 수 있는 1관, 우리나라를 대표하는 출판사들의 책들이 소장되어 있는 2 · 3관으로 나뉘어 있다. 단순히 책을 열람하는 곳이 아니라 여러 문화가 공존하는 지혜의 장소로서 이용객끼리 책을 읽고 내용에 대해 자유롭게 토론하는 문화공간을 지향한다.

주변 볼거리·먹거리

헌책방 보물섬 지혜의숲 건물 2층에 아름다운가게가 운영하는 헌책방이다.

Ⓐ 경기도 파주시 회동길 145(문발동) Ⓞ 11:00~18:00, 토요일 11:00~18:00, 일요일 13:00~18:00 / 법정 공휴일 휴무 Ⓒ 무료(전시회 제외) Ⓣ 031-955-0077 Ⓗ www.beautifulstore.org

피노지움 지혜의숲 맞은편에 있다. 피노키오 책방, 목각 인형 색칠하기와 피노키오 종이 관절 인형 만들기를 해볼 수 있는 체험 공간, 1,200점이 넘는 피노키오 컬렉션 전시 공간이 있다.

Ⓐ 경기도 파주시 회동길 152(문발동) Ⓞ 금요일 13:30~18:30, 주말 및 공휴일 10:30~18:30 / 월~목요일 및 명절 당일 휴관, 하절기 및 동절기 수~일요일 10:30~18:30 Ⓒ 상설전 입장권 8,000원, 목각 인형 체험권 9,000원, 종이 관절인형 체험권 9,000원 Ⓣ 031-8035-6773 Ⓗ www.pinoseum.com

TIP

- 지혜의숲은 여느 도서관처럼 엄숙한 분위기에서 책을 읽어야 하는 중압감이 없다. 서서 읽어도 되고, 계단에 앉거나 곳곳에 비치된 테이블 의자에 앉아도 된다. 아이에게 소리 내어 책을 읽어줘도 될 만큼 자유로운 분위기다. 하지만 많은 사람들이 함께 이용하는 곳이니 큰 소리로 떠들거나 뛰어다니는 등 기본적인 예의에 벗어나는 행동으로 다른 사람에게 피해를 주지 않도록 주의하자.
- 서가 위치를 모르거나 필요한 책에 대해 궁금할 때, 자신에게 맞는 책을 추천받고 싶을 때 권독사 데스크에 문의하면 된다.
- 늦은 저녁에 찾으면 고요 속에서 심야 독서를 할 수 있다.
- 외부 음식물 반입 금지! 하지만 예외로 지혜의숲 2관에서 음식물을 먹을 수 있다.
- 센터 간 도서 이동을 금하며, 지혜의숲 건물 외부로 책을 가지고 나가면 안 된다.
- 1관(10:00~17:00)과 2관(10:00~20:00)을 제외한 3관만 연중무휴로 24시간 개방된다.
- 책방거리를 한 바퀴 순회하는 무료 셔틀버스를 이용해 둘러보자. 원하는 정류장 어디서나 승하차가 가능하다. 금·토·일요일 30분 간격으로 운행하며(첫차 10:30, 막차 17:00) 아시아문화정보센터(지혜의숲)에서 출발한다.

무항생제 토종 장어를
푸짐하게 먹을 수 있는 곳
갈릴리농원

주소 경기도 파주시 탄현면 낙하리 4-1 · **가는 법** 2호선 합정역 1번 출구 → 직행버스 2200 → 성동사거리 하차 → 마을버스 038 환승 → 낙하리 입구 하차 → 도보 3분 · **운영시간** 11:00~22:00(마지막 주문 21:00까지), 토~일요일 10:30~22:00 · **전화번호** 031-942-8400 · **홈페이지** www.gllfarm.co.kr · **대표메뉴** 장어 1kg 68,000원(포장 49,000원)

　　자체 양식장에서 직접 길러낸 100퍼센트 토종 장어를 중간 유통 과정 없이 바로 소비자에게 공급하는 시스템이라 신선한 장어구이를 부담 없는 가격에 배불리 맛볼 수 있다. 무항생제, 무소독으로 키운 산천 장어를 1등급 참나무 숯불에 구워낸다. 가족 단위의 건강한 외식에 안성맞춤인 곳이다. 도로를 사이에 두고 신관과 구관이 있다. 갈릴리농원의 대표 메뉴인 장어구이 외에 황복회, 복지리, 황복매운탕, 장어양념구이 등도 일품이다.

TIP
- 장어가 워낙 커서 1인분만 주문해도 웬만한 성인 2인이 충분히 먹는다.
- 장어 외에 채소, 쌈장, 소스, 생강, 마늘, 고추 등의 기본 찬이 제공되나 밥과 반찬 등 식사류는 제공되지 않는다. 하지만 김치, 소시지 등의 반찬은 손님들이 외부에서 가져와 먹을 수 있다. 단, 육류 반입은 금지다.
- 주말에는 오픈 30분 전에 미리 도착해야 줄을 서지 않고 바로 먹을 수 있다.

주변 볼거리·먹거리

일산호수공원 동양 최대의 인공호수가 있고, 5킬로미터에 이르는 산책로와 자전거 전용도로가 공존하는 시민들의 체육공원이자 주말이면 각종 공연과 행사가 열리는 문화공간이다. 3년마다 세계꽃박람회와 매년 고양꽃전시회가 열린다.

Ⓐ 경기도 고양시 일산동구 호수로 595(장항동) ⓞ 4월~10월 05:00~22:00, 11월~3월 06:00~20:00 / 연중무휴 ⓒ 무료 ⓣ 031-8075-4347 ⓗ www.goyang.go.kr/park Ⓔ 자전거를 대여하는 곳이 공원 밖에 있으므로 미리 빌려서 들어가자.

벽초지문화수목원
Ⓐ 경기도 파주시 광탄면 부흥로 242 ⓞ 3월~10월 09:00~19:00(날씨 및 일몰에 따라 시간 변경), 11월~2월 10:00~22:00(빛축제 점등은 일몰 시부터) ⓒ 어른 7,000원(주말과 공휴일에는 8,000원), 중고생 6,000원, 어린이 5,000원 ⓣ 031-957-2004 ⓗ www.bcj.co.kr 11월 45주 소개(372쪽 참고)

1 COURSE

🚕 택시 기본요금(약 2분 소요) / 🚶 도보 12분 / 헤이리 예술마을로 들어가는 사거리 초입에 통일동산두부마을 위치

▶ 헤이리 예술마을

2 COURSE

🚌 헤이리 예술마을 앞 정류장에서 버스 2200 ▶ 출판단지 하차 (약 20분 소요)

▶ 통일동산두부마을

3 COURSE

➡ 파주출판도시

주소	경기도 파주시 탄현면 헤이리마을길 70-21
운영시간	월요일은 대체로 휴무인 곳이 많지만 각 공간별로 휴무일이 다르므로 홈페이지 참고
전화번호	070-7704-1665(헤이리종합안내소)
홈페이지	www.heyri.net
가는 법	합정역 1번 출구 → 직행버스 2200 → 파주영어마을 하차

6월 25주 소개(216쪽 참고)

주소	경기도 파주시 탄현면 필승로 480
운영시간	월~목요일 및 일요일 06:00 ~24:30 / 금~토요일 상시 개방
전화번호	031-945-2114
대표메뉴	청국장·된장정식 13,000원 / 두부보쌈 33,000원

11월 45주 소개(374쪽 참고)

주소	경기도 파주시 회동길 145 아시아출판문화정보센터
전화번호	031-955-0050
홈페이지	www.pajubookcity.org

임진강을 따라 쭉 뻗은 자유로를 들어서면 맨 먼저 만나게 되는 파주출판도시는 1977년 국가산업단지로 조성되었다. 책이라는 테마를 중심으로 한 다양한 공연과 전시를 볼 수 있으며 모든 건물들이 예술적인 외관을 자랑한다. 심학산과 갈대샛강을 품은 고즈넉한 출판도시에서 특별한 문화체험도 풍성하게 즐길 수 있다. 아시아출판문화정보센터와 지혜의숲에서 주제별 심도 깊은 인문학 강연과 분야별 작가와의 만남이 1년 내내 열려 지적 유희가 가능하다. 국내의 대형 출판사들은 거의 파주에 몰려 있다고 보면 된다(약 2백여 곳).

걷고 싶은 서울의 공원

22 week

SPOT 1

도심의 황금빛 보리밭

반포한강공원 서래섬 청보리밭

주소 서울시 서초구 반포동 서래섬 · **가는 법** 9호선 구반포역 2번 출구 → 올림픽 대로 진입로 방향으로 도보 약 10분 / 9호선 신반포역 1번 출구 → 반포중학교 방향 · **운영시간** 상시 개방 · **전화번호** 02-3780-0541~3(반포안내센터) · **홈페이지** hangang.seoul.go.kr

　서래섬은 1980년대 한강르네상스 사업으로 조성된 인공섬으로 세 개의 다리가 연결돼 있다. 물길을 따라 수양버들이 드리워 있고 철새도래지, 화훼단지, 수상스키장 등이 조성된 서울 시민들의 대표적인 휴식 공간이다. 해마다 5월 초가 되면 서래섬 끝자락에서 청보리들이 일제히 피어난다. 봄에는 유채꽃 축제가, 가을에는 메밀꽃 축제가 성황을 이룬다. 서래섬 강바람이 유채꽃 내음을 실어 나르면 빽빽한 청보리들이 일제히 몸을 흔들어 대는 풍경은 동화 속이 따로 없다. 봄에는 유채꽃과 청보리밭이

주변 볼거리·먹거리

세빛섬 서래섬 바로 옆에 영화 〈어벤저스〉의 무대가 되었던 세빛섬의 반짝반짝한 야경과 한강의 해넘이를 가장 잘 볼 수 있는 동작대교 방향의 일몰을 담는 것도 잊지 말자.

Ⓐ 서울시 서초구 올림픽대로 683(반포동) ⓞ 세빛섬 내 시설은 영업장마다 이용시간이 각기 다르므로 가빛 1층에 있는 안내 데스크(02-3477-1004, 월~금요일 12:00~20:00, 토~일요일 10:0~22:00)에 문의할 것 ⓣ 1566-3433 ⓗ www.somesevit.co.kr

동작대교 남단 전망대(노을카페, 구름카페) 야외 전망대에서 하류 쪽 여의도와 상류 쪽 한강 조망이 한눈에 들어오고, 일몰 때는 저녁노을이 장관이다.

Ⓐ 서울시 동작구 동작대로 335 ⓣ 02-3481-4111 ⓞ 10:00~00:00 Ⓜ 아메리카노 6,000원

달빛무지개분수 반포한강공원에서 반포대교 교량 양쪽에 설치된(7호선 고속터미널, 3호선 잠원역 인근) 달빛무지개분수는 총 길이 1140미터(상·하류 각 570미터)이고, 2008년 세계에서 가장 긴 교량분수로 세계 기네스협회에 등재되었다. 물을 뿜을 때마다 200여 개의 조명이 만들어내는 일곱 빛깔 무지개가 아름다운 풍경을 연출한다. 매년 4월부터 10월까지 매일 3~7회(회당 20분씩) 가동된다.

ⓞ 분수 가동 시간 : 4월~6월·9월~10월 (평일) 12:00, 20:00, 20:30, 21:00 (휴일) 12:00, 19:30, 20:00, 20:30, 21:00 / 7월~8월 (평일) 12:00, 19:30, 20:00, 20:30, 21:00 (휴일) 12:00, 19:30, 20:00, 20:30, 21:00, 21:30(매회 20분 가동) ⓣ 02-3780-0578(무지개분수 사무실)

제주도를 떠올리게 하고, 가을에는 봉평 메밀밭을 연상하게 하는 하얀 메밀꽃이 흐드러진다.

TIP
- 축제 기간에는 엄청난 교통체증이 발생하니 대중교통을 이용하자.
- 서래섬 산책길은 흙길이라 흙먼지도 많고 풀벌레도 많으니 편한 신발을 착용하자.
- 교통편이 조금 불편한데, 9호선 구반포역 2번 출구로 나와 올림픽대로 진입로 방향으로 10분쯤 걸어가는 것이 가장 편하다.

온 가족이 나들이하기 좋은
양재
시민의숲

주소 서울시 서초구 매헌로 99(양재동 236) · **가는 법** 신분당선 양재시민의숲역 5번 출구로 나와 도보 1분→도로 건너편 / 1번 출구 쪽은 주차장 입구까지 50미터 · **운영시간** 상시 개방 · **전화번호** 02-575-3895 · **홈페이지** parks.seoul.go.kr/citizen · **etc** 승용차 이용 시 매헌 윤봉길의사 기념관 앞 또는 강남대로변 시민의숲 공영주차장을 유료로 이용할 수 있다.

　9만 4,800그루의 소나무, 느티나무, 당단풍, 칠엽수, 잣나무 등 도심에서는 보기 드문 울창한 수림대가 온통 초록을 이루고 있어 삼림욕을 즐길 수 있는 양재 시민의숲. 나무가 울창하고 아름다워 연인들과 가족들의 피크닉 장소로 사랑받고 있으며 특히 가을에는 감, 모과 등이 열려 풍성한 가을을 만끽할 수 있다. 피톤치드가 풍부한 삼림욕 코스, 발 지압을 하면서 걷는 맨발공원, 숲 속 산책로 등 걷기 좋은 길이 곳곳에 조성되어 있다. 한산하게 걷다 보면 온통 눈부신 햇살과 나뭇가지 사이로 살랑대는 바람에 지친 마음이 살랑살랑 춤춘다.

TIP
- 애완동물 목줄 없이 입장 불가.
- 음식물 반입 금지.
- 인터넷 예매에 한해 공원 내 바비큐장을 테이블당 3시간씩 무료로 사용할 수 있다. 서울의공원(parks.seoul.go.kr)에서 예약(그릴 1개당 10명 정도 이용 가능, 9:00~12:00, 12:00~15:00, 15:00~18:00).
- 음용수 외 물 사용 불가(설거지, 세탁 등). 숯, 석쇠, 쓰레기봉투 등은 이용자가 준비(공원매점 판매). 음식물 찌꺼기 등은 다시 가져가기. 숯(차콜)재는 따로 모아 지정된 장소에 버리기.

주변 볼거리 · 먹거리

매헌 윤봉길의사 기념관 양재 시민의숲 입구에 있다. 매헌 윤봉길 의사(1908~1932)의 유물과 독립운동 자료뿐 아니라 조국을 되찾기 위한 애국지사들의 투쟁 모습을 전시하고 있다.

Ⓞ 하절기(4월~10월) 10:00~18:00, 동절기(11월~3월) 10:00~17:00 / 매주 월요일 휴관
Ⓒ 무료

양재 화훼공판장 1991년 문을 연 국내 최대 규모 수도권 유일의 화훼 도매시장이다. 절화, 분화, 화환 등은 물론 요즘 인테리어 필수품 스투키나 선인장 그리고 갖가지 화분이나 비료 같은 화훼 자재까지 편리하고 저렴하게 원스톱 쇼핑이 가능하다.

Ⓐ 서울시 서초구 강남대로 27 Ⓞ 생화도매(1, 2층) 월~토요일 00:00~13:00(주중 법정 공휴일은 12:00까지) / 부자재점(2층) 01:00~15:00 / 매주 일요일 휴무, 분화온실(난, 허브, 선인장 등) 월~일요일 07:00~19:00 / 가나동 2동 중 일요일은 1동만 운영 Ⓣ 02-579-3414(생화 도매시장 및 부자재점), 02-573-8108(분화온실) Ⓗ yfmc.at.or.kr

양재천 카페거리 Ⓐ 양재천로 일대 Ⓔ 양재역에서 분당 방향으로 직진하다 양재천과 만나는 영동1교 초입에서 곧장 좌측을 바라보면 카페와 와인바가 옹기종기 모여 있는 아담한 유럽풍 카페 골목이 보인다. 택시를 타고 이동할 경우 '양재천 뚝방길'이라고 말하면 된다.

5월 19주 소개(181쪽 참고)

SPOT **3**

소소한 동네 골목에서 만난
알찬 퓨전 가정식

소소한 풍경

주소 서울시 종로구 부암동 239-13 · **가는 법** 3호선 경복궁역 3번 출구 → 지선버스
7022·7212·1020 → 부암동주민센터 하차 → 도보 2분 · **운영시간** 12:00~22:00 /
명절 휴무 · **전화번호** 02-395-5035 · **etc** 주차 가능(2대 정도)

주변 볼거리 · 먹거리

윤동주문학관

Ⓐ 서울시 종로구 창
의문로 119 ◎ 10:00
~18:00 / 매주 월요
일, 1월 1일, 구정·추석 연휴 휴관 ⓒ 무료 ⓣ
02-2148-4175 ⓔ 제3전시관은 매시 정각, 15
분, 30분, 45분 상영(상영 시간 약 11분)
3월 12주 소개(122쪽 참고)

백사실계곡

Ⓐ 서울시 종로구 부
암동 115 ◎ 상시 개
방 ⓒ 무료 ⓣ 02-
731-0395
3월 12주 소개(124쪽 참고)

　　부암동 골목길 초입에 위치한 퓨전 한식 레스토랑이다. 정원
딸린 주택을 개조한 곳으로 하나하나 정성스런 주인의 손길이
닿은 아늑하면서도 편안하고 단정한 인테리어가 친근한 가정집
을 연상시킨다. 단품 요리도 많지만 죽, 샐러드, 주메뉴와 식사,
후식 등이 포함된 코스 요리와 합리적이고 다양한 가격대의 런
치 코스 및 디너 코스가 인기 메뉴. 코스에는 가지찜, 소프트 셸
크랩, 훈제 한방오리구이 등 이색적인 퓨전 요리가 포함되어 있
다. 부암동 골목이 한눈에 내려다보이는 큰 창문이 있는 2층에
는 별도의 룸이 마련되어 있어 조용한 분위기에서 친구들이나
가족 모임, 특별한 날 특별한 사람을 대접하고 싶을 때 결코 소
소하지 않은 추억과 맛을 선물하기에 좋은 곳이다. 또한 선선한
날에는 정성스럽게 꾸며진 정원에서 만찬을 즐길 수 있는데, 연
인과의 운치 있는 데이트 장소로도 추천할 만하다.

TIP
• 주차장이 있긴 하지만 굉장히 협소하므로 근처 부암동주민센터 주차장을 이용하
자.
• 식사 시간에 맞춰 가면 대기 시간이 길어지므로 런치타임(12:00~15:00)이 끝날
무렵 가는 것도 좋은 방법이다. 런치타임이 디너타임보다 가격도 저렴하다.

1
COURSE

🚇 지하철 구반포역 2번 출구 ▶
🚶 도보 10분

선유도공원

2
COURSE

🚇 지하철 3·7·9호선 고속터미널
8-1번 출구 ▶ 🚶 도보 약 15분
(택시 요금 약 6,000원)

서래섬 청보리밭

3
COURSE

세빛섬

주소	서울시 영등포구 선유로 343
운영시간	06:00~24:00 / 연중무휴
입장료	무료
전화번호	02-2631-9368(선유도공원 관리사무소)
홈페이지	parks.seoul.go.kr/seonyudo
가는 법	9호선 선유도역 2번 출구 → 도보 약 7분 / 2·6호선 합정역 9번 출구 → 도보 약 15분

118종의 수목과 풀, 꽃 등으로 조성된 정원은 사계절을 고스란히 느낄 수 있다. 특히 평일에는 그야말로 여유로운 풍경 속을 걸으며 사색의 시간을 가질 수 있다. 곳곳에 평화로이 휴식을 취하는 사람들뿐. 오로지 강렬한 태양을 포옹하는 넓은 창문과 그 창문을 통과하는 햇빛 그리고 고요만이 존재하는 선유도의 또 다른 비밀스런 공간, 사색의 공간으로도 불리는 선유도 이야기관은 햇빛과 드넓은 창이 만들어내는 신비스런 분위기가 연인끼리 스냅 사진 혹은 친구끼리 우정 사진을 찍기 좋은 곳이다(개방시간 09:00~18:00, 동절기 09:00~17:00, 매주 월요일 휴관, 음식물 반입 금지).

주소	서울시 서초구 반포동 서래섬
운영시간	성수기(4월~10월) 09:00~, 비성수기(11월~3월)09:00~21:00
입장료	공휴일 및 일요일 무료 개방
전화번호	02-3780-0541~3(반포안내센터)
홈페이지	hangang.seoul.go.kr

5월 22주 소개(194쪽 참고)

주소	서울시 서초구 올림픽대로 683
운영시간	세빛섬 내 시설은 영업장마다 이용시간이 각기 다르므로 가빛 1층에 있는 안내 데스크(02-3477-1004, 월~금요일 12:00~20:00, 토~일요일 10:00~22:00)에 문의할 것
전화번호	1566-3433
홈페이지	www.somesevit.co.kr

세빛섬은 색다른 수변 문화를 즐길 수 있는 한강의 랜드마크로 조성된 복합문화공간으로 세계 최초로 물 위에 떠 있는 부체 위에 건물을 짓는 플로팅 형태의 건축물이다. 영화 〈어벤저스〉의 무대로도 잘 알려져 있다. 세빛섬의 'some'이란 'awesome, something' 등을 함축하는 단어로서 한글의 '섬'과 발음이 유사하며, 세 가지 빛이라는 '세빛(sevit)'에 '경탄할 만한, 환상적인, 아주 멋진' 등의 의미를 가진 'awesome'을 결합하여 지어진 이름이다. 한강을 아름답게 밝혀주는 세 개의 빛나는 섬과 다양한 영상 및 콘텐츠가 상영되는 예빛으로 이루어져 있다.

어느새 날이 조금씩 더워지기 시작하고, 봄꽃들도 사그라지는 여름의 문턱 6월. 하지만 여전히 곳곳에는 아름답고 싱그러운 풍경들이 넘쳐난다. 이 짧은 신록의 계절 6월을 느리게 여행하는 방법은 간단하다. 차를 두고 두 다리로 충실하게 걷는 것. 느릿느릿 걸어야만 볼 수 있는 것들이 있다. 나무를 흔드는 바람 소리, 높고 청명한 파란 하늘, 풀잎 사이에서 울리는 곤충 소리. 더 더워지기 전에 이 사랑스러운 계절을 열심히 누려보자. 두 다리는 그저 거들 뿐.

느리게 걸어야
볼 수 있는 것들

서울에서 가장 매력적인 길

23 week

SPOT **1**

서울 안에 이보다 더
낭만적인 출사지는 없다

항동철길

주소 주소는 따로 없으며 푸른수목원(서울시 구로구 항동 연동로 240) 바로 옆이니 수목원 주소를 참고해 찾아가면 된다 · **가는 법** 7호선 천왕역 2번 출구 도보 3분(사거리에서 좌측) / 1호선 오류동역 2번 출구 도보 3분 / 1·7호선 온수역 3번 출구 → 마을버스 07 → 푸른수목원 후문 하차 · **운영시간** 상시 개방 · **etc** 항동철길 옆 담장을 끼고 있는 푸른수목원 주차장을 이용하면 된다.

　구로구 오류동역에서 부천시 옥길동까지 이어지는 철길로 원래 이름은 '오류동선'이다. 사색과 공감의 항동철길은 봄, 여름, 가을, 겨울 언제 어떻게 사진을 찍어도 화보가 된다. 이미 알 만한 사람들 사이에는 굉장히 유명한 출사지이자 숨은 데이트 명소. 친구들과 우정 사진, 연인과 커플 스냅 사진을 찍기에 안성맞춤이다. 끝이 보이지 않는 철길을 따라 한적하고 여유로운 낭만 산책을 즐길 수 있다. 걸으면서 마주치는 풍경들이 굉장히 다양해서 눈이 즐겁다. 아기자기한 조형물과 선로에 새겨진 문구

를 확인하며 걸으면 전혀 지루하지 않다. 저녁 어스름이 질 때면 이곳은 항동 사람들의 산책길이 된다. 하루쯤 항동 사람이 되어 해가 중천일 때부터 해 질 녘까지 친구 혹은 연인과 함께 걸어보자.

TIP

• 1959년 경기화학공업 주식회사가 물자를 운반하기 위해 부설한 '구로구 오류동-부천 옥길동' 간 4.5킬로미터의 항동철길은 현재까지도 부정기적으로 군수물자를 운반하고 있다. 지금은 기차보다 사람들이 더 많이 다닌다. 일주일에 두 번은 실제로 기차가 지나가므로 꼭 선로 현황을 확인하자.

주변 볼거리 · 먹거리

푸른수목원

Ⓐ 서울시 구로구 항동 연동로 240 Ⓞ 05: 00~22:00 / 연중무휴 Ⓒ 무료 Ⓣ 02-2686-3200 Ⓗ parks. seoul.go.kr/template/default.jsp?park_id=pureun Ⓔ 입장료는 무료지만 주차비는 유료. 30인 이상 단체 관람은 푸른수목원 관리사무실에 전화 예약 필수. 간단한 도시락은 반입 가능하나, 반드시 지정된 장소에서만(푸른뜨락) 먹어야 한다.
6월 23주 소개(239쪽 참고)

항동저수지 저녁보다는 물안개가 피어오르는 아침에 최고로 멋진 풍경을 감상할 수 있다. 겨울에 항동저수지가 꽁꽁 얼면 눈썰매를 타기도 한다. 푸른수목원과 항동철길, 항동저수지가 바로 연결되어 있어서 같이 둘러보면 좋은 코스다.

Ⓐ 서울시 구로구 항동(푸른수목원 내)

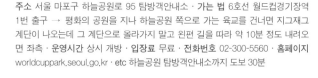

SPOT **2**

은밀하게 호젓한 숲

하늘공원 메타세쿼이아 숲길

주소 서울 마포구 하늘공원로 95 탐방객안내소 · **가는 법** 6호선 월드컵경기장역 1번 출구 → 평화의 공원을 지나 하늘공원 쪽으로 가는 육교를 건너면 지그재그 계단이 나오는데 그 계단으로 올라가지 말고 왼편 길을 따라 약 10분 정도 내려오면 좌측 · **운영시간** 상시 개방 · **입장료** 무료 · **전화번호** 02-300-5560 · **홈페이지** worldcuppark.seoul.go.kr · **etc** 하늘공원 탐방객안내소까지 도보 30분

하늘공원의 억새밭은 알아도 서울 상암동에 이렇게 자연적인 메타세쿼이아 숲길이 있다는 사실을 모르는 사람들이 의외로 많다. 다른 명소에 비해 많이 알려지지 않아 한적한 분위기에서 산책할 수 있다. 굳이 먼 담양이나 남이섬까지 가지 않아도 얼마 든지 사방에서 뿜어 나오는 피톤치드에 가슴이 청량해지는 메 타세쿼이아 숲을 만날 수 있다.

TIP
- 담양의 빽빽하고 무성한 메타세쿼이아 길을 기대하고 가면 의외로 실망이 클 수 있다. 하지만 하늘공원 안에 비밀스럽게 숨어 있는 이 호젓한 길을 만나는 순간 감탄이 절로 나올 것이다.
- 싱그러운 녹색빛의 메타세쿼이아 숲을 만끽하고 싶다면 6월에, 가을빛 만추를 경험하고 싶다면 11월에 찾으면 좋다.

주변 볼거리·먹거리

하늘공원 억새축제
ⓐ 서울시 마포구 하늘공원로 95 탐방객안내소 ⓞ 상시 개방
ⓒ 무료 ⓣ 02-300-5560 ⓗ worldcuppark. seoul.go.kr/parkinfo/parkinfo3_1.html ⓔ 하늘공원 탐방객안내소까지는 도보 30분
10월 40주 소개(336쪽 참고)

노을광장&노을공원
ⓐ 서울시 마포구 상암동 481-6 ⓞ 공원통제 시간까지(보통 20:00이지만 달에 따라 개방 시간을 연장 혹은 축소하기도 하므로 홈페이지 확인) ⓒ 무료 ⓣ 02-300-5529 ⓗ worldcuppark.seoul. go.kr
9월 36주 소개(310쪽 참고)

상암동 MBC광장
ⓐ 서울시 마포구 상암로 255 ⓞ 상시 개방 ⓣ 02-780-0011
ⓗ www.imbc.com ⓔ MBC몰에는 다양한 맛집이 입점해 있으며 1층에서는 〈무한도전〉 사진전이 열리고 관련 용품들을 판매한다.
6월 24주 소개(210쪽 참고)

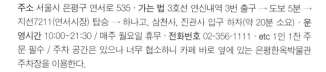

SPOT 3

전망 좋은 카페

1인1잔

주소 서울시 은평구 연서로 535 · **가는 법** 3호선 연신내역 3번 출구 → 도보 5분 → 지선7211(연서시장) 탑승 → 하나고, 삼천사, 진관사 입구 하차(약 20분 소요) · **운영시간** 10:00~21:30 / 매주 월요일 휴무 · **전화번호** 02-356-1111 · etc 1인 1잔 주문 필수 / 주차 공간은 있으나 너무 협소하니 카페 바로 옆에 있는 은평한옥박물관 주차장을 이용한다.

주변 볼거리 · 먹거리

은평한옥박물관 이곳의 옥상 전망대에 오르면 은평한옥마을과 북한산이 파란 하늘과 하나 되는 수려한 모습을 한눈에 감상할 수 있다.

Ⓐ 서울시 은평구 진관동 135-5 Ⓗ 09:00~18:00 / 매주 월요일, 1월 1일, 설날, 추석 휴관 Ⓣ 02-351-8524 Ⓗ www.museum.ep.go.kr

진관사 느긋한 산책을 즐기고 싶다면 은평한옥마을에서 도보 10분 거리(차로 2분)에 있는 삼각산 진관사에 들러보자. 서울 근교의 4대 명찰 중 하나로 꼽힐 만큼 유서 깊은 곳으로 북한산의 수려한 풍광과 계곡에 둘러싸인 고요한 천년 사찰이다.

Ⓐ 서울시 은평구 진관길루73 Ⓞ 상시 개방 Ⓒ 3,000원 Ⓣ 02-359-8410 Ⓗ www.jinkwansa.org Ⓒ 여유롭게 주차 가능

1인 1상 콘셉트로 소반에 정갈하게 차려주는 곳. 맛있는 커피를 마시며, 북한산과 은평한옥마을이 한눈에 바라보이는 멋진 풍경을 만날 수 있다. 단언컨대 이곳만큼 통창 너머로 보이는 뷰가 멋진 카페는 서울 경기권 내에 없을 것이다. 북한산둘레길 9구간을 끼고 있는 데다 북한산 품에 안겨 있는 은평한옥마을이 파란 하늘과 어우러져 감탄스러운 풍경을 자아낸다. 지하 1층은 갤러리, 1~2층은 카페 1인잔, 3층은 라이프스타일 브랜드 가리모쿠의 쇼룸, 4층은 이탈리안 레스토랑 1인1상, 5층은 카페 1인1잔+한옥 별채(1인1상), 루프톱은 카페 1인1잔으로 구성되어 있다. 이곳의 디저트는 모두 떡, 절편, 경단으로 준비돼 있다. 실제로 주민들이 거주하는 한옥마을이라 박물관, 카페, 식당, 공방 등이 가득해 구석구석 마을을 구경하는 재미도 쏠쏠하다.

모든 메뉴는 양병용 작가가 만든 아름다운 소반에 1인1상으로 정성껏 차려 나온다. 더욱이 이곳의 모든 커피잔과 그릇들은 프랑스 장인이 화산재를 섞어 만든 작품이라 귀한 손님 대접을 받는 듯한 기분이다.

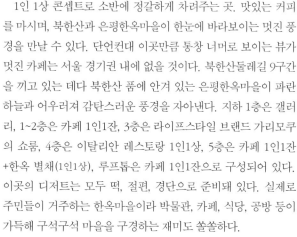

5층 야외 테라스에서 바라본 풍경. 루프톱에서 바라보는 북한산 풍경도 놓치지 말자. 한여름과 한겨울을 제외하고 늘 이런 풍경을 감상할 수 있다.

1 COURSE
🚶 도보 1분

▶ 푸른수목원

2 COURSE
🚌 마을버스 구로 04(천왕역) 승차 ▶ 🚌 연지마을에서 일반버스 2 환승 ▶ 이케아 광명점 하차

▶ 항동철길

3 COURSE

▶ 광명 이케아

주소	서울 구로구 항동 연동로 240
운영시간	05:00~22:00 / 연중무휴
입장료	무료
전화번호	02-2686-3200
홈페이지	parks.seoul.go.kr/template/default.jsp?park_id=pureun
etc	입장료는 무료지만 주차비는 유료. 30인 이상 단체 관람은 푸른수목원 관리사무실에 전화 예약 필수. 간단한 도시락은 반입 가능하나, 반드시 지정된 장소에서만(푸른뜨락) 먹어야 한다.
가는 법	1·7호선 온수역 3번 출구 → 마을버스 07 → 푸른수목원 후문 하차

2013년 6월에 개원한 푸른수목원은 산업화에 떠밀려 푸른 숲을 찾아보기 힘든 구로에 자연의 숨결을 불어넣는다. 서울시 최초의 시립수목원으로 서울광장의 8배 크기다. 항동철길 바로 옆에 있어서 철길을 걸은 후 둘러보기에 좋다. 푸른수목원과 항동철길, 항동저수지가 바로 연결되어 있어서 같이 둘러보면 좋은 코스다.

주소	항동철길 주소는 따로 없으며 푸른수목원(서울 구로구 항동 연동로 240) 바로 옆이니 수목원 주소를 참고해 찾아가면 된다.
운영시간	상시 개방

6월 23주 소개(202쪽 참고)

주소	경기도 광명시 일직로 17(14352)
운영시간	10:00~22:00, 레스토랑&카페 09:30~21:30 / 추석·구정 당일 휴무
전화번호	1670-4532
홈페이지	www.ikea.com/kr/ko/store/gwangmyeong

12월 52주 소개(422쪽 참고)

도시 여행자가 도시 위의
길을 여행하는 방법

24 week

SPOT **1**

농부와 요리사가 함께하는
도시형 농부장터

마르쉐@혜화

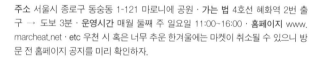

주소 서울시 종로구 동숭동 1-121 마로니에 공원 · **가는 법** 4호선 혜화역 2번 출구 → 도보 3분 · **운영시간** 매월 둘째 주 일요일 11:00~16:00 · **홈페이지** www.marcheat.net · **etc** 우천 시 혹은 너무 추운 한겨울에는 마켓이 취소될 수 있으니 방문 전 홈페이지 공지를 미리 확인하자.

    농부와 요리사, 수공예사들이 여는 도시형 농부시장 '마르쉐@'에서는 다양하고 건강한 로컬푸드를 만날 수 있다. 생산자와 소비자가 직접 만나 대화를 나누며 조금 더 안심할 수 있는 먹거리를 구입할 수 있는 것이 최대 장점이다. 전국 각지에서 올라온 농부들의 채소와 꿀, 도시에서 귀촌한 농부들이 직접 재배한 개성 넘치는 다품종 소량 생산의 농산물과 제철 토종 식자재, 그리고 요리사들이 그 재료로 만든 먹거리들이 가득하다. 모든 식자재와 채소 등은 유기농 무농약 로컬푸드로 울퉁불퉁한 데다 볼품없지만 우리 몸에는 더할 나위 없이 좋다.

주변 볼거리·먹거리

낙산성곽길

Ⓐ 서울시 종로구 낙
산길 41 Ⓞ 상시 개방
Ⓒ 무료 Ⓣ 02-743-
7985

12월 50주 소개(409쪽 참고)

이화동 벽화마을

Ⓐ 서울시 종로구 이
화동

12월 50주 소개(409쪽 참고)

TIP

- '마르쉐'는 프랑스어로 '시장'이라는 뜻이며, 2012년 10월에 처음 열렸다.
- 마켓에 참여하는 셀러들을 홈페이지에서 미리 확인할 수 있다.
- 인기 많은 제품은 12시 전에 품절되므로 오전에 방문하는 것이 좋다.
- 온갖 먹거리를 풍성히 맛보려면 배 속을 가볍게 하고 가자.
- 장바구니와 텀블러, 수저 등 개인 용기를 가져가자. 소액의 보증금을 내면 수저
  와 음식 용기를 대여해 주지만 개인 용기를 가져온 사람들에게는 덤으로 후하게
  퍼주니 참고하자.
- 마르쉐@는 혜화, 성수, 합정, 서울국립대미술관 네 곳에서 정기적으로 열린다(마
  로니에공원 앞, 성수연방, 무대륙, 서울국립현대미술관 마당). 각각 일정이 다르
  므로 방문 전 홈페이지에서 시간을 확인하자.

SPOT **2**

거리의 미술관

상암동
MBC광장

주소 서울시 마포구 성암로 255 · **가는 법** 6호선 디지털미디어시티역 2번 출구 →
맞은편 정류소(14-296)에서 지선버스 7737·7711·7730·6715 → MBC 정류장 하
차 / 경의중앙선&공항철도 디지털미디어시티역 9번 출구에서 도보 10분 · **운영시
간** 상시 개방 · **전화번호** 02-780-0011 · **홈페이지** www.imbc.com · **etc** mbc몰 안
에 다양한 맛집이 입점해 있으며 1층에 〈무한도전〉 사진전과 관련 용품들을 판매
한다.

DMC라는 약칭으로 불리는 디지털미디어시티는 현재 으리
으리한 규모로 시선을 압도하는 MBC 신사옥을 중심으로 SBS,
YTN, JTBC, CJ E&M 등 국내 주요 방송사들이 입주해 있다. 이
곳 건물이 자리한 광장 앞을 상암동 MBC광장이라 부른다. 할리
우드 블록버스터 영화 〈어벤저스〉의 촬영팀이 MBC 신사옥광
장의 거대 조형물에 반해 촬영지로 결정했다는 이야기가 있다.
그만큼 압도적인 규모와 화려한 외관을 자랑하는 MBC광장은
단번에 상암동을 대표하는 랜드마크로 자리 잡았다. 너른 광장
에 서서 신사옥과 더불어 주변을 둘러싼 고층빌딩 숲을 둘러보
면 미래도시에 와 있는 듯한 착각이 든다.

TIP
- 해마다 12월부터 2월 중순까지 MBC 신사옥 광장이 야외 스케이트장으로 변신한다. 이용 및 예약 안내는 'www.mbcskate.com'에서 가능하다(이용시간 10:0~21:00, 요금 3,000원).

주변 볼거리 · 먹거리

스퀘어-M, 커뮤니케이션 미디어를 통한 소통과 만남을 테마로 한 작품. 사각의 틀을 중심에 둔 두 사람의 손가락이 마주치는 순간을 형상화했다.

Ⓐ 서울시 마포구 상암로 MBC 신사옥 광장

그들 마주 선 두 사람. 여자는 하늘을 보고 남자는 땅을 본다. 늘 함께 있지만 각자 보고 싶은 것, 이해하고 싶은 것만을 생각하며 살아가는 현대인의 삶과 소통의 부재를 남녀의 조형물로 형상화했다.

Ⓐ 서울시 마포구 월드컵북로 366 DMC 홍보관 앞

한국영상자료원과 한국영화박물관 MBC 신사옥과 마주한 한국영상자료원은 다채로운 영화 상영, 감독과의 대화 프로그램으로 많은 영화 애호가들의 사랑을 받는 공간이다. 무엇보다 한국영화의 발전 과정을 재미있게 살펴볼 수 있는 한국영화박물관이 이곳 1층에 있다.

Ⓐ 서울시 마포구 월드컵북로 400 ⓣ 매일 10:00~19:00(한국영화박물관) / 월요일, 1월 1일, 구정·추석 연휴 휴무 ⓣ 02-3153-2001 Ⓗ www.koreafilm.or.kr

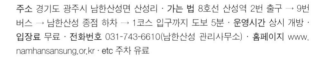

SPOT **3**

만리장성 부럽지 않은
완벽한 경관

남한산성
성곽길 1코스

주소 경기도 광주시 남한산성면 산성리 · **가는 법** 8호선 산성역 2번 출구 → 9번 버스 → 남한산성 종점 하차 → 1코스 입구까지 도보 5분 · **운영시간** 상시 개방 · **입장료** 무료 · **전화번호** 031-743-6610(남한산성 관리사무소) · **홈페이지** www. namhansansung.or.kr · etc 주차 유료

유네스코 선정 세계문화유산인 남한산성 5코스 중 1코스는 산책하듯 걷기 좋은 둘레길이다. 우선 서울 근교에 위치해 접근성이 매우 좋다. 산림이 잘 보존되어 빼어난 자연을 품고 있으면서 산세가 험하지 않고 어느 둘레길보다 길이 넓고 평탄해서 아이와 함께 느릿느릿 여유롭게 걷기 좋다. 슬렁슬렁 걸어도 1시간 20분 정도면 완주할 수 있다. 꼭 1코스가 아니어도 좋으니 총 5코스 중 마음 가는 둘레길을 하나 골라 가족 또는 연인과 함께 걸어보자.

1코스 입구에서 5분 정도 올라가면 보이는 북문. 북문을 시작으로 남한산성 둘레길 1코스가 시작된다.

병자호란 당시 대패하여 삼전도로 항복하러 나갈 때 인조가 굴욕과 치욕을 안고 걸어 나간 서문.

꽤 오랜 수령을 자랑하는 소나무들이 즐비한 평지길 외에도 성벽을 따라 걷는 성곽길도 있어 지루하지 않게 골라 걷는 재미가 있다. 성곽길은 탁 트인 전망이 일품이다.

TIP

- 조선시대 한양 도성을 지키는 외곽 4대 요새가 동쪽은 경기도 광주, 서쪽은 강화, 남쪽은 수원, 북쪽은 개성이었다. 교통이 좋은 편이라 크게 번거롭지 않으니 교통체증 심한 주말에는 대중교통 이용을 추천한다.
- 가을 경치는 더욱 장관이다.

주변 볼거리 · 먹거리

수어장대 성곽을 따라 멀리 내다보며 감시하고 주변을 경계할 목적으로 지었으며 남한산성에서 낮이 가장 길다는 일장산 정상에 자리 잡고 있다. 멀리 시야가 탁 트여 성 안뿐 아니라 성 밖까지 살펴볼 수 있는 데다 해가 늦게까지 비추니 적을 감시하기에 최적의 장소였을 것이다.

Ⓐ 경기도 광주시 남한산성면 산성리 815-1

부모님과 함께 가면 좋은
첩첩산중 효도 한 끼

낙선재

주소 경기도 광주시 남한산성면 불당길 101 · **가는 법** 남한산성 내에 위치하여 대중교통을 이용하기는 어려우니 자가용 이용 추천 · **운영시간** 11:00~21:30 / 연중무휴 · **전화번호** 031-746-3800 · **대표메뉴** 토종닭볶음탕 66,000원, 한방토종닭백숙 66,000원, 감자전 15,000원, 해물파전 20,000원 · **etc** 주차 가능 / 예약은 8인 이상만 가능

꼬불꼬불 미로 같은 빽빽한 숲속을 달려 첩첩산중 끝자락에 위치한 낙선재는 초록빛 산과 꽃 그리고 한옥이 있는 곳이다. 마치 조선시대로 거슬러 온 듯 엄청난 위용을 자랑하는 한옥과 장독대가 압도적인 풍경을 만든다. 직접 키운 닭으로 만든 닭볶음탕이 굉장히 담백하고 건강한 맛이다. 조금 비싸다고 생각되지만 남한산성의 대표 건강 맛집이자 멋집이라 할 수 있을 만큼 경치가 굉장히 수려하다. 〈수요미식회〉에 방영된 만큼 맛도 보증된다. 음식을 먹으러 왔다기보다 분위기를 먹으러 왔다 싶을 만한 자연 속 휴식처다. 자연경관과 정원이 워낙 수려해서 구석구석 둘러보며 눈과 카메라에 담다 보면 대기 시간이 훌쩍 지나간다. 날만 좋으면 어디를 찍어도 포토존이다. 사람들이 많은 것에 비해 음식 나오는 속도가 굉장히 빠른 편이니 이 또한 큰 위안이 된다.

쫄깃쫄깃한 식감이 예술인 감자전

소규모 가족 모임을 하기에 안성맞춤인 자연 속 독채. 뒤쪽에 작은 개울이 있어서 여름에 간단한 물놀이도 즐길 수 있다.

정성 들여 꾸민 멋진 정원과 한옥이 계절마다 다른 분위기를 선물한다.

1 COURSE

🚗 자동차로 13분

▶ **남한산성**

2 COURSE

🚗 자동차로 8분

➡ **낙선재**

3 COURSE

➡ **카페 산**

주소	경기도 광주시 남한산성면 산 성리
운영시간	상시 개방
입장료	무료
전화번호	031-743-6610(남한산성 관리 사무소)
홈페이지	www.namhansansung.or.kr
가는 법	8호선 산성역 2번 출구 → 9번 버스 → 남한산성 종점 하차 → 1코스 입구까지 도보 5분

주소	경기도 광주시 남한산성면 불 당길 101
운영시간	11:00~21:30 / 연중무휴
전화번호	031-746-3800
대표메뉴	토종닭볶음탕 66,000원, 한방 토종닭백숙 66,000원, 감자전 15,000원, 해물파전 20,000원
etc	주차 가능 / 예약은 8인 이상만 가능

6월 24주 소개(214쪽 참고)

주소	경기도 광주시 남한산성면 검 복길 82
운영시간	월~금요일 10:00~21:00, 토~ 일요일 10:00~22:00, 공휴일 10:00~22:00
전화번호	031-732-1630
대표메뉴	아메리카노 6,000원, 아이스 바닐라빈라테 7,500원, 와플아 이스크림 11,000원, 하겐다즈 바닐라 아이스크림 8,000원
etc	진입로가 외길에 가까워 마주 오는 차와 마주치면 난감할 수 있으니 주의한다. / 식사는 판 매하지 않고, 1인 1메뉴 주문 필수

7월 28주 소개(244쪽 참고)

파주부터 일산까지
먹고, 보고, 걷고, 쉬다

25 week

SPOT 1

예술가의 마을에서 보낸 한나절

헤이리
예술마을

주소 경기도 파주시 탄현면 헤이리마을길 70-2 · **가는 법** 합정역 1번 출구 → 직행버스 2200(약 40분 소요) → 파주영어마을 하차 · **운영시간** 월요일은 대체로 휴무인 곳이 많지만 각 공간별로 상이하므로 홈페이지 참고 · **전화번호** 헤이리종합안내소 070-7704-1665 · **홈페이지** www.heyri.net · **etc** 월요일에 문을 여는 공간은 홈페이지 확인

　건축기행 1번지로 통하는 헤이리 예술마을의 모든 건축물이 국내외 유명 건축가들의 작품이다. 빼어난 건축물들이 산과 연못 등의 자연환경과 조화롭게 어우러져 건축기행의 명소로도 유명하다. 국내 최대 규모의 예술인 마을이기도 한 헤이리 예술마을은 미술가와 음악가, 작가, 건축가 등 380여 명의 예술·문화인들이 참여해 조성된 공동체 마을로서, 각종 갤러리와 박물관, 전시관, 공연장, 카페, 레스토랑, 서점, 게스트하우스, 아트숍 등 예술인들의 창작과 거주 공간이 어우러져 있다. 모든 건물은 페

인트를 사용하지 않고 3층 높이 이상 짓지 않는다는 기본 원칙에 따라 자연과 어울리도록 설계했다.

TIP
- 마을 이름은 경기도 파주 지역에서 전해 내려오는 전래농요인 '헤이리 소리'에서 따왔다.
- 주차 요금은 무료.
- 애완동물 동반 불가.

주변 볼거리·먹거리

파주 프리미엄 아울렛 오두산통일전망대, 헤이리 프로방스, 헤이리 예술마을과 함께 파주 여행의 핵심 관광지. 국내외 명품 브랜드를 저렴하게 구입할 수 있다.

Ⓐ 경기도 파주시 탄현면 필승로 200 ⓞ 월~목요일 10:30~20:30, 금~일요일 10:30~21:00, 전문식당가 11:00~21:00 ⓣ 1644-4001 ⓗ www.premiumoutlets.co.kr/paju

갈릴리농원 Ⓐ 경기도 파주시 탄현면 낙하리 4-1 ⓞ 11:00~22:00(마지막 주문 21:00까지), 토~일요일 10:30~22:00 ⓜ 장어 1kg 68,000원(포장 시 49,000원) ⓣ 031-942-8400 ⓗ www.gllfarm.co.kr 5월 21주 소개(192쪽 참고)

파주 호메오 Ⓐ 경기도 파주시 탄현면 헤이리마을길 59 ⓞ 10:00~21:00 ⓣ 031-946-1727 ⓗ www.homeo.kr 8월 32주 소개(276쪽 참고)

SPOT **2**

사계절 내내 걷기 좋은
자연, 공연, 행사가 있는

일산호수공원

주소 경기도 고양시 일산동구 호수로 595(장항동) · **운영시간** 4~10월 05:00~ 22:00, 11~3월 06:00~20:00, 연중무휴 · **전화번호** 031-909-9000 · **입장료** 무료 · **홈페이지** goyang.go.kr/park, www.lake-park.com

　동양 최대의 인공호수를 간직한 일산호수공원은 5㎞에 이르는 산책로와 자전거 전용도로가 사이좋게 공존하는 시민들의 체육공원이자 주말이면 각종 공연과 행사가 이어지는 문화의 공간이다. 아시아 최대의 인공호수로 다양한 종류의 꽃과 나무가 사계절 내내 아름다운 자연경관을 연출한다. 특히 대형 파노라마를 연상시키는 물줄기가 노래에 따라 색상과 모양을 달리해 가며 워트 스크린처럼 펼쳐지는 장관을 연출하는 '노래하는 분수'가 명물이다.

일산 망향비빔국수 커다란 스테인리스 대접에 넘치도록 담아내는 망향비빔국수는 다른 국수 집에서는 절대 맛볼 수 없는 탱탱하고 쫄깃한 면발이 특징이다. 연천 궁평리의 망향비빔국수가 본점으로 40년 전통의 손맛 그대로, 10여 가지의 신선한 야채와 청정수로 맛을 낸 육수가 일품이다.

HACCP 기능을 갖춘 망향식품공장에서 엄격한 위생처리 연구 과정을 거쳐 생산된다. 쫄깃한 면발의 비결은 조리할 때 냉각수를 사용하기 때문이다. 먹을수록 매워지는데 매운 양념 위에 얹어진 백김치와 오이채를 면발에 비벼서 만두와 함께 먹으면 찰떡궁합이다. 배를 채운 후에는 차로 5분 거리에 있는 킨텍스에도 들러보자.

Ⓐ 경기 고양시 일산서구 대화로 22
Ⓞ 10:00~21:00 / 연중무휴 Ⓜ 비빔국수 6,000원 / 만두 3,000원 Ⓣ 031-912-8284
Ⓗ www.manghyang.com

이마트 트레이더스 킨텍스점 축구장 13개 크기만한 거대한 이마트 타운 안에 위치한 창고형 마켓. 반려동물의 의식주는 물론 피트니스까지 책임져주는 몰리스 펫숍, 세상의 모든 기계를 모아놓은 듯한 일렉트로 마트 등 기존의 이마트에서는 볼 수 없었던 트렌디한 제품들이 총집합되어 있다. 일렉트로 마트의 마스코트인 '일렉트로 맨'이 사방에서 반기고, 벽마다 건담과 피규어가 도배되어 있다. 이 모든 제품을 직접 조작하고 시연해볼 수 있어서 어른아이 할 것 없이 모두가 즐거운 신세계다.

Ⓐ 경기도 고양시 일산서구 킨텍스로 171
Ⓞ 10:00~24:00 / 매월 둘째, 넷째주 수요일 휴무 Ⓣ 031-936-1123

TIP
- 자전거를 대여하는 곳이 공원 밖에 있으므로 미리 빌려서 들어가자. 자전거를 대여해서 호수공원 주변만 한 바퀴 돌아도 일주일 운동양이 충분할 정도로 방대한 규모다.
- 3년마다 세계꽃박람회와 매년 고양꽃전시회가 열린다.

SPOT 3

짜릿한 물 위의 산책

마장호수
출렁다리

주소 경기도 파주시 광탄면 기산로 365 · **가는 법** 3호선 구파발역 4번 출구 → 일반버스333번 탑승 → 기산리 하차 → 도보 20분 · **운영시간** 09:00~18:00 / 연중무휴 · **입장료** 무료 · **전화번호** 031-943-3928 · **홈페이지** www.majanghosu.com · **etc** 주차장이 무려 여덟 곳이나 있지만 주말에는 오전 10시 전에 도착해야 여유 있게 주차할 수 있다. 근처 매점이나 카페에서 1만 원 이상 구입하면 주차비가 무료이니 참고하자.(제2주차장이 다리와 제일 가깝다.)

산정호수가 너무 멀다면 반나절 코스로 부담 없는 파주 마장호수를 추천한다. 2000년 농업용 그리고 카페까지 다양한 시설들이 생겨나면서 파주에서 새롭게 핫한 장소로 각광받고 있다. 마장호수 출렁다리는 예당호 출렁다리가 개장되기 전까지 220미터로 국내에서 가장 긴 출렁다리였다. 어느 곳보다 보고 즐길 거리들이 많은 파주에서도 가장 자연 친화적인 볼거리가 많은 곳이다.

주변 볼거리·먹거리

아티장베이커스 20년 세월을 품은 전통 한옥을 고스란히 살린 베이커리 카페. 멋스러운 소나무와 우물 그리고 정자가 있는 넓디넓은 정원에서 건강한 빵과 차를 즐길 수 있다.

Ⓐ 경기도 파주시 광탄면 소령원길 92 Ⓞ 10:00~20:00 / 매주 월요일 휴무 Ⓣ 031-947-1239 Ⓔ 주차 가능

TIP
- 주말에는 사람들이 많아 흔들림이 특히 심하니 유아나 어지럼증이 있는 노약자는 피하는 것이 좋다.
- 매주 토~일요일, 공휴일에 감악산 출렁다리로 가는 2층 버스가 운행된다.
- 아기와 함께 가고 싶다면 유모차보다는 아기띠를 추천한다.

킨포크 감성 원테이블
양지미식당

주소 경기도 고양시 일산동구 일산로 372번길 8 · **가는 법** 경의중앙선 풍산역 1번 출구 → 도보 10분 · **운영시간** 12:00~15:30 / 17:30~21:00 / 매주 월~화요일 휴무 · **전화번호** 010-4983-1123 · **대표메뉴** 통오징어 먹물리소토 24,000원(시그니처), 봉골레 & 명란 스파게티 20,000원 · **etc** 주차 불가 / 자가용을 이용한다면 최대한 빨리 가서 주변 공원 근처 공터에 주차해야 한다.

주인장의 이름이 '양지미'다. 메뉴판도 없고 간판도 없으며, 처음 보는 사람들과 8인 식탁에 같이 앉아 '킨포크 스타일'로 밥을 먹는 곳이다. 전문 식자재 업체를 이용하는 것이 아니라 어머니가 가족을 위해 장 보듯이 음식 재료를 사고 요리하는 부엌이다. 오픈키친에서 지글지글 실시간으로 만들어진 요리를 구경하고, 낯선 이들과 한 테이블에 앉아 이런저런 이야기를 나누며 음식을 먹으면, 자그마한 가정집에서 맛있는 요리를 대접받는 기분이다. 그야말로 가정식 음식을 킨포크 감성 테이블에서 즐길 수 있는 곳이다.

`TIP`
- 네이버 포털사이트나 문자로 예약 필수.
- 음식이 나오기까지 시간이 걸리니 예약 시 메뉴도 미리 주문해두자.
- 식사 시간은 예약 시간으로부터 1시간.
- 주인장이 2016년에 오픈한 양식당 '필모어'가 도보 3분 거리에 있다.

1 COURSE 파주출판도시

⊙ 직행버스 2200(다산교 앞) ▶ 법흥3리·헤이리 8번 게이트 하차

2 COURSE 앤조이터키

⊙ 법흥 3리에서 일반버스 900 승차 ▶ 급촌역 정류장 앞에서 일반버스 92 환승 ▶ 일산노인종합복지관 하차 ▶ ⊙ 도보 5분

3 COURSE 일산호수공원

주소 경기도 파주시 회동길 145 아시아출판문화정보센터
전화번호 031-955-0050
홈페이지 www.pajubookcity.org
etc 생각보다 훨씬 거대한 이곳에서 길을 잃지 않으려면 지도는 필수다. '자유로휴게소'나 '지혜의숲'에서 안내지도를 무료로 구할 수 있다.
가는 법 합정역 1번 출구 → 직행버스 2200 → 파주출판도시 하차

책이라는 테마를 중심으로 한 다양한 공연과 전시를 볼 수 있으며 모든 건물들이 예술적인 외관을 자랑한다. 국내 200여 개의 대형 출판사들이 자리해 있다. 근처에 롯데 프리미엄 아울렛, 파주 프리미엄 아울렛, 오두산 통일전망대, 영어마을, 프로방스 등이 있어서 함께 둘러보기 좋다. 매년 5월 초에는 출판도시 전역에서 어린이책잔치가 열린다. 365일 24시간 누구에게나 열려 있는 도서관 지혜의숲도 놓치지 말자.

주소 경기도 파주시 탄현면 헤이리마을길 82-91 8번 게이트 앞
운영시간 11:00~19:00 / 주말 브레이크타임 15:00~17:00 / 매주 월요일 휴무(월요일이 공휴일인 경우 정상 영업)
전화번호 031-945-3537
홈페이지 blog.naver.com/aramiss72
대표메뉴 앤조이터키 2인 세트 22,000원, 주인장이 직접 구운 터키빵 시미트 2,500원, 터키 커피 및 터키 홍차(무한 리필) 각 5,000원, 지중해 샐러드 14,000원 / 터키 만두 '만트'는 3일 전 예약 필수

9월 35주 소개(280쪽 참고)

주소 경기도 고양시 일산동구 호수로 595(장항동)
운영시간 4월~10월 05:00~22:00, 11월~3월 06:00~20:00 / 연중무휴
입장료 무료
전화번호 031-8075-4347
홈페이지 www.goyang.go.kr/park

아시아 최대의 인공호수로 다양한 종류의 꽃과 나무가 사계절 내내 아름다운 자연경관을 연출한다. 특히 대형 파노라마를 연상시키는 물줄기가 노래에 따라 색상과 모양을 달리해가며 워터 스크린처럼 펼쳐지는 장관을 연출하는 '노래하는 분수'가 명물이다. 자전거를 대여해서 호수공원 주변만 한 바퀴 돌아도 일주일 운동량을 충족하고도 남을 만큼 방대한 규모다.

5월 21주 소개(192쪽 참고)

과 거 로 의   타 임 머 신
인 천   여 행

26 week

SPOT **1**

사라져가는 것들에 대한 애수

배다리
헌책방 골목

주소 인천시 동구 금곡로 18-10 · **가는 법** 1호선 동인천역 1번 출구 → 도원역 방향으로 도보 10분 → 국민은행 앞 지하보도를 건너면 나오는 배다리 안내소에서 도보 1분 · **운영시간** 월~토요일 10:00~19:00, 일요일 12:00~19:00 / 매주 목요일 휴무 · **전화번호** 032-766-9523

　　40년째 한자리를 지켜오고 있는 헌책방 아벨서점은 그야말로 감동적인 곳이다. 사장님 말씀에 의하면 40년째 이 동네의 터줏대감으로 배다리를 지켜오고 있다 보니 아벨서점과 함께 청춘을 보낸 오랜 단골 손님들이 전국 각지에서 찾아오곤 한단다.

　　미국으로 이민 간 사람도 가끔 한국에 들어올 때면 반드시 아벨서점에 들러 책을 사 간단다. 인터넷으로 클릭 몇 번만 하면 새 책이 집까지 배달되는 시대에 이 먼 곳까지, 이 쇠락한 곳까지 귀한 시간을 빼서 군이 찾아오는 이유는 추억을 사기 위함이리라. 바쁜 삶에 지쳐 잠시 쉼표가 필요할 때 묵직한 책 향기와 낡은 책장을 넘기며 추억이 충만한 책들 속으로 여행을 떠나보자. 또한

60년째 같은 자리에서 노부부와 함께 늙어가는 집현전은 배다리 헌책방 골목에서 가장 오래된 곳이다. 이젠 쇠락한 동네라 찾는 손님 하나 없지만 집에 있기 답답해서 이렇게 할아버지와 함께 나와 계신다고 한다.

TIP
• 헌책방 골목 근처에 인천 차이나타운, 신포국제시장, 송월동 동화마을이 있어서 당일치기 여행으로 아주 효율적인 동선이다.

주변 볼거리·먹거리

인천 차이나타운
Ⓐ 인천시 중구 차이나타운로 59번길 12(선린동) Ⓞ 영업시간은 각 상점마다 다르므로 홈페이지에서 확인 / 연중무휴인 곳들이 대다수 Ⓣ 032-810-2851 Ⓗ www.ichinatown.or.kr Ⓔ 속이 텅 빈 공갈빵, 양꼬치구이, 월병 등 그들만의 상징적인 먹거리를 맛보자. 단, 끝없는 줄을 기다리는 인내심은 필수!
6월 26주 소개(230쪽 참고)

송월동 동화마을
Ⓐ 인천시 중구 자유공원서로 45번길 52(송월동3가) 어린이 체험교실 토리스토리 Ⓞ 주민이 거주하는 마을로 관람시간이 정해져 있지 않다. Ⓒ 무료 Ⓣ 032-764-7494 Ⓗ www.fairtalevillage.co.kr Ⓔ 애견 입장 금지, 마을 내 주차 금지
6월 26주 소개(228쪽 참고)

60년째 집현전을 지켜온 노부부

배다리역사
문화마을

'배다리'라는 이름

'배다리'는 '배가 닿던 곳'이라는 의미다. 개항 이후 몰려든 일본인들의 요구로 제물포 해안에 개항장이 조성되면서 떠밀려 온 조선인들이 이곳에 모여 살았다.

배다리 헌책방 거리

배다리의 최고 명물은 단연 마을 초입에 위치한 헌책방 거리다. 전쟁 이후 궁핍했던 시절 값비싼 새 책 대신 싼 헌책을 구하기 위해 학생과 지식인들이 여기로 몰려들었다. 하지만 한때 40여 개에 달하던 헌책방은 현재 아벨서점, 집현전, 대창서림, 한미서점, 삼성서림 등 다섯 곳만 명맥을 잇고 있다. 1953년 문을 연 가장 오래된 '집현전'은 전공서적 전문이고, 1973년에 문을 연 '아벨서점'은 시와 소설을 가장 많이 보유하고 있다.

배다리 여행의 시작, 배다리 안내소
주소 인천시 동구 금곡동 11-9
홈페이지 cafe.naver.com/fullmoonh

배다리 헌책방 골목 입구에 자리한 배다리 안내소를 기점으로 배다리마을 여행이 시작된다. 안내소에서 배다리역사문화마을의 지도도 얻고 시원한 차 한잔 마시며 잠시 쉬어 갈 수도 있다. 지도에는 배다리에서 열리는 크고 작은 문화행사도 알려준다. 찻값은 500원이라고 적혀 있지만 기부금 형태로 자유롭게 내면 된다.

나비 날다 책방 배다리 안내소 주인이 운영하는 작은 헌책방. 2층은 마을 주민들에게 기증받은 옛 생활용품과 의류, 오래된 가구, 낡은 헌책들이 어우러진 전시 공간이며, 무료로 공개되고 있다.

배다리마을의 사랑방, 스페이스빔

1927년부터 1996년까지 운영된 양조장을 그대로 사용했다. 1층에서는 배다리를 주제로 한 다양한 전시와 미술 프로젝트를 열고 있으며, 과거 마을 어르신들이 마작을 두던 공간을 고스란히 살린 2층은 사진 공간 '배다리'가 있어서 볼거리가 가득하다.

SPOT **2**

이곳에 가면 행복해진다

송월동
동화마을

주소 인천시 중구 자유공원서로 45번길 52(송월동3가) 어린이 체험교실 토리스 토리 · 가는 법 1호선 인천역 1번 출구 · 운영시간 주민이 거주하는 마을로 관람시간이 정해져 있지 않다 · 입장료 무료 · 전화번호 032-764-7494 · 홈페이지 www. fairtalevillage.co.kr · etc 애견 입장 금지, 마을 내 주차 금지

　　전국 지천에 깔린 것이 벽화마을이지만 '동화마을'은 이곳이 유일하다. 알록달록한 파스텔 톤의 온갖 동화들이 꼬불꼬불 미로처럼 꼬여 있는 골목골목 전체가 포토존이다. 아이들은 물론 어른들의 시선을 한눈에 사로잡는 귀여운 집들이 옹기종기 모여 있다. 중간 중간 그리기 플로리스트 체험, 예술작가 체험, 트릭아트 미술관 등 아이와 함께 즐기기 좋은 체험 프로그램이 많고, 동화마을 우측으로 가면 삼국지 벽화거리, 좌측으로는 인천 차이나타운이 있어서 가족의 주말 나들이로 안성맞춤이다.

주변 볼거리 · 먹거리

인천개항박물관 르네상스 양식의 인상적인 석조건물은 옛 일본제1은행 인천 지점이 있던 곳이다. 현재는 인천개항박물관으로 사용되고 있다. 우리나라 최초의 우표를 볼 수 있는 곳으로도 유명하다.

Ⓐ 인천시 중구 신포로 23번길 89(인천 차이나타운 내) ⓞ 09:00~18:00 / 연중무휴 ⓣ 032-760-7508 ⓗ www.icjgss.or.kr/open_port!

자유공원 1888년 인천항이 개항된 후 조성된 우리나라 최초의 서구식 공원으로, 지대가 높고 숲이 울창해 산책 코스로도 각광 받고 있으며, 해 질 무렵 노을과 인천항의 야경이 아름답다. 인천상륙작전의 맥아더 장군 동상도 여기에 있다.

Ⓐ 인천시 중구 송학동 1가 11 ⓣ 032-761-4774

TIP
- 동화마을에는 실제로 주민들이 살고 있으니 소음, 경관 훼손, 쓰레기 버리기를 삼가자!
- 도보 10분 거리에 신포국제시장이 있다.
- 동화마을은 제법 규모가 큰 데다(약 2시간 소요) 마을 내에 햇빛을 피할 수 있는 곳이 거의 없다. 마을 구석구석 카페와 쉼터가 있지만 그리 자주 눈에 띄지는 않으니 편한 신발을 착용하고 선글라스와 물을 챙겨 가자.

SPOT **3**

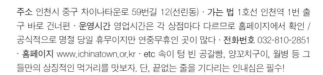

하루 종일 먹방 여행

인천
차이나타운

주소 인천시 중구 차이나타운로 59번길 12(선린동) · **가는 법** 1호선 인천역 1번 출구 바로 건너편 · **운영시간** 영업시간은 각 상점마다 다르므로 홈페이지에서 확인 / 공식적으로 명절 당일 휴무이지만 연중무휴인 곳이 많다 · **전화번호** 032-810-2851 · **홈페이지** www.ichinatown.or.kr · **etc** 속이 텅 빈 공갈빵, 양꼬치구이, 월병 등 그들만의 상징적인 먹거리를 맛보자. 단, 끝없는 줄을 기다리는 인내심은 필수!

1호선 인천역 바로 맞은편에 위치한 차이나타운, 여기를 둘러봐도 저기를 둘러봐도 온통 빨갛다. 편한 교통편이 한몫해 주말이면 발 디딜 틈 없이 사람들이 몰리는 이곳은 분명 한국이지만 분위기는 중국에 가깝다. 개항기 이래 모여든 중국인들이 최초로 집단을 이룬 곳으로 역사적 의미가 깊다. 특히 인천 차이나타운에 왜 가냐고 묻는다면 망설임 없이 먹으러 간다고 대답할 만큼 인천 먹거리의 보고다. 그리고 차이나타운에서 도보 10분 거리에 송월동 동화마을, 삼국지 벽화거리, 근대개항거리, 신포국제시장까지 있으니 꼭 들러보자. 1883년 일본이 지금의 중구청 일대를 중심으로 7천 평을 조차지로 설정하자 다음 해 청국도 일본 조계지를 경계로 하여 지금의 차이나타운 일대를 조계지로 설정했다. 길 양쪽으로 설치된 석등까지 중국식과 일본식으로 구별된다. 계단이 끝나는 곳에 공자상이 세워져 있다.

주변 볼거리 · 먹거리

삼국지 벽화거리 차이나타운 내에서 가장 유명한 볼거리. 《삼국지》 내용을 주제로 한 80여 개의 그림이 양쪽 벽에 길게 이어진다.

Ⓐ 인천시 중구 선린동 인천 차이나타운 내 Ⓗ www.icjgss.or.kr/

짜장면 박물관 우리나라 최초로 자장면을 만들었던 옛 '공화춘' 건물이 지금은 자장면의 역사를 한눈에 볼 수 있는 박물관으로 탈바꿈했다.

Ⓐ 인천시 중구 차이나타운로 56-14(인천 차이나타운 내) ⓞ 09:00~18:00 / 연중무휴 ⓣ 032-773-9812 Ⓗ www.icjgss.or.kr/jajangmyeon

TIP
- 주말에는 그야말로 주차 전쟁이니 반드시 대중교통을 이용하자.
- 무슨 일이 있어도 차를 가져가겠다면 차이나타운 밖의 골목이나 공용주차장, 신포국제시장 공용주차장에 주차하고 걸어갈 것을 추천한다(도보 10분).
- 자장면은 물론 월병과 공갈빵은 꼭 먹어봐야 할 별미다.
- 차이나타운에서 군이 유명한 식당을 찾아보려 애쓰지 않아도 주말이면 길게 줄이 늘어선 곳으로 들어가면 된다.

느릿느릿 배다리 여행

1
COURSE

👣 도보 14분 ▶ 🚕 택시로 기본요금

▶ 신포국제시장

2
COURSE

👣 도보 7분

➡ 스페이스빔

3
COURSE

➡ 카페 싸리재

주소	인천시 중구 신포동 1-12
운영시간	11:00~15:00 / 매주 월요일 휴무
전화번호	032-772-5812
홈페이지	sinpomarket.com
etc	명성이 자자한 신포닭강정과 신포만두 외에도 개당 1,000원짜리 오색찐빵과 만두도 꼭 먹어보자.
가는 법	차이나타운 → 답동사거리에서 오른쪽 방향으로 도보 2분

인천 최초의 상설시장인 신포국제시장은 19세기 말에 형성되어 100년의 역사를 간직한 유서 깊은 시장이다. 미식 천국 신포국제시장을 좀더 맛있게 여행하려면 시장 전체를 돌면서 소량씩 최대한 많이 먹어보자. 시장 끝자락에 있는 등대공원과 공연 및 문화공간 등 볼거리도 풍성하다.

주소	인천시 동구 창영동 7번지
운영시간	비영리 공간과 활동을 지향하는 곳이어서 정해진 운영시간은 따로 없지만 보통 오전 10시에 문을 열고 오후 6시면 문을 닫는다.
입장료	무료
전화번호	032-422-8630
홈페이지	www.spacebeam.net
etc	다양한 전시와 프로그램 상시 관람 가능, 배다리문화마을을 책자와 지도 리플릿까지 모두 무료

배다리역사문화마을로 접어든 여행자를 위한 필수 길잡이 스페이스빔은 인천의 근현대 역사와 문화가 서린 배다리마을을 보존하는 데 앞장서고 있다. 이곳 대표는 2007년 배다리를 방문했다가 재개발로 사라질 위기에 처한 것이 안타까워 아예 눌러앉았다. 다양한 문화예술 교육 프로그램을 연구·개발·진행·보급함으로써 쇠락한 마을에 생기를 불어넣고 여행자들을 불러 모으는 데 큰 역할을 하고 있다.

주소	인천시 중구 개항로 89-1
운영시간	10:00~22:00 / 매주 월요일 휴무
전화번호	032-772-0470
대표메뉴	카페봉봉 5,000원, 에스프레소 3,500원, 아메리카노 4,000원

10월 41주 소개(346쪽 참고)

본격적인 한여름의 더위가 성큼 다가오니 책이라도 한 권
들고 숲으로 호수로 떠나야 할 것 같다. 7월의 숲을 걸어본
적이 언제쯤인가? 가만히 숲 속을 걸으며 바람 소리, 새소
리, 파란 하늘, 푸른 녹음을 느껴보자. 더불어 몸과 마음까지
시원한 호숫가를 걷거나 여름 꽃 해바라기와 연꽃을 보며
걷는 것도 좋다.

물, 바람, 나무가 있는
숲으로 숲으로

피톤치드 가득한 포천의
숲 에 서 보 낸 시 간

27 week

S P O T **1**

유네스코에 등재된
한국 최대 수목원

광릉
국립수목원

주소 경기도 포천시 소흘읍 광릉수목원로 415 · **가는 법** 1호선 의정부역 5번 출구
→ 일반버스 21(약 50분 소요) / 2호선 강남역에서 직행버스 7007 → 진접읍사무소
하차 → 광릉 내 순환버스 21 환승 → 국립수목원 하차 · **운영시간** 하절기(4월~10
월) 09:00~18:00, 동절기(1월~3월, 11월~12월) 09:00~17:00 / 매주 일 · 월요일 휴
무 · **입장료** 어른 1,000원, 청소년 700원, 어린이 500원 · **전화번호** 031-540-2000
· **홈페이지** www.kna.go.kr · **etc** 숲 보존을 위해 1일 입장객 수를 제한하고 있으므
로 인터넷 사전 예약을 해야만 들어갈 수 있다.

　　광릉수목원으로 잘 알려진 국립수목원은 자연 상태를 그대
로 유지하고 있는 생태계의 보고다. 생태관찰로를 걸으며 삼림
욕을 즐기기에 더할 나위 없이 좋은 곳이다. 국립수목원의 전나
무숲은 오대산 월정사의 전나무 종자를 증식하여 1927년에 조
성한 것으로 우리나라 3대 전나무 숲길 중 하나이며, 백합원에
서는 5백여 종의 백합과 붓꽃과를 볼 수 있다. 새들이 가장 왕성
하게 활동하는 5월~7월에는 녹음과 더불어 새들의 지저귐을 가
장 가까이에서 들을 수 있다. 3,344종의 식물, 15개의 전문 수목

숲생태관찰로

원으로 이루어진 인조림, 8킬로미터에 이르는 삼림욕장, 백두산 호랑이 등 15종의 희귀 야생동물원까지 보유하고 있다. 이처럼 국립수목원에 가면 도심에서는 결코 경험할 수 없는 큰 자연의 즐거움을 느낄 수 있다.

수생식물원

난대식물 온실

주변 볼거리 · 먹거리

포천아트밸리

Ⓐ 경기도 포천시 신북면 아트밸리로 234 Ⓞ 하절기(3월~10월) 09:00~22:00, 동절기(11월~2월) 09:00~21:00, 매주 월요일 19:00까지 Ⓒ 어른 5,000원, 청소년 3,000원, 어린이 1,500원 Ⓣ 031-538-3483 Ⓗ www.pocheonartvalley.or.kr

7월 27주 소개(236쪽 참고)

광릉불고기 남양주에서 간판 없는 맛집으로 유명하다. 양념 국물 없이 전통 방식을 이용해 직화로 구운 돼지숯불고기와 소숯불고기가 주 메뉴다. 양념을 최소량만 넣어 고기 맛을 최대한 살린 것이 특징이다. 놋쇠 접시에 먹음직스럽게 담겨 나오는 숯맛 나는 고기는 물론, 여느 한정식 못지않은 10가지가 넘는 정갈한 반찬이 식욕을 돋운다.

Ⓐ 경기도 남양주시 진접읍 팔야리 778-9 Ⓞ 12:00~20:30 / 매주 월요일 휴무 Ⓣ 031-527-6663 Ⓜ (1인분)돼지숯불고기 9,000원, 소숯불고기 13,000원 Ⓔ 예약 불가 / 첫 주문한 고기 외에 추가 주문 불가 / 주차 가능 / 주말과 공휴일에는 대기가 무한정 길어질 수 있다.

TIP
- 수목원 내 방문자센터에서 숲 해설 프로그램을 무료로 신청할 수 있다(하절기 09:00~18:00, 동절기 09:00~17:00 운영).
- 국립수목원은 꼬박 하루를 예상하고 천천히 봐야 제대로 느낄 수 있지만, 숲 해설가가 추천하는 생태관찰로, 수생식물원 등을 한두 시간 코스로 보는 것도 좋다.
- 수목원이 워낙 넓어서 그늘이 없는 구간이 많으므로 햇빛을 피할 수 있는 도구를 챙겨 가자.
- 수목원 내에 카페나 매점 등이 없으므로 물을 미리 챙겨 가자.
- 전나무 숲길 끝에서 산림동물원으로 올라가는 길은 경사가 급하고 미끄러운 흙길이므로 편한 신발을 착용하자(산림동물원 관람시간 5월 15일~11월 15일 10:00~16:00, 무료)

**폐석장에서
복합문화예술공원으로**

포천아트밸리

주소 경기도 포천시 신북면 아트밸리로 234 · **가는 법** 1호선 의정부역 → 시내버스 138 · 138-1·2·5·6·72·72-3 → 신북면사무소 하차 → 관내 공영버스 67 환승 → 포천아트밸리 하차 · **운영시간** 하절기(3월~10월) 09:00~22:00, 동절기(11월~2월) 09:00~21:00, 매주 월요일 19:00까지 · **입장료** 어른 5,000원, 청소년 3,000원, 어린이 1,500원 · **전화번호** 031-538-3483 · **홈페이지** www.pocheonartvalley.or.kr · etc 모노레일(왕복) 어른 4,500원, 청소년 3,500원, 어린이 2,500원

　　포천아트밸리는 버려진 채석장을 복원해 자연과 어우러진 멋진 테마공원으로 재탄생시킨 복합문화예술공원이다. 돌문화 야외공연장, 천문과학관, 홍보전시관, 조각공원 등 아름다운 자연경관과 어우러진 다양한 문화 콘텐츠를 만날 수 있다. 특히 해금강 못지않은 에메랄드 빛 절벽 호수 천주호는 가장 큰 볼거리. 또한 국내의 그 어떤 천문대보다 최신 시설을 갖춘 천문과학관에 들러 별자리를 관측해 보자. 관람객이 한 명이어도 무료로 관측 가능하다.

주변 볼거리 · 먹거리

평강랜드 각종 인기 드라마 촬영 장소로 유명한 평강식물원은 아시아 최대 규모를 자랑하며 암석원을 비롯해 50여 개의 수련들을 모아놓은 연못정원과 사철 푸른 잔디광장 등 12개의 테마로 조성되어 다채로운 볼거리를 선사한다. 인근에 명성산, 산정호수 등 포천의 주요 관광 명소가 위치해 포천 당일 여행 코스로도 좋다.

Ⓐ 경기도 포천시 영북면 우물목길 171-18 Ⓞ 09:00~17:00(폐장 1시간 전 입장) / 연중무휴 Ⓒ 어른 7,000원, 어린이(36개월~고등학생) 5,000원 Ⓣ 031-532-1779 Ⓗ www.peacelandkorea.com

TIP

• 조금 경사진 길이니 올라갈 때는 모노레일을 이용하고, 밤에는 산책 겸 걸어내려오면서 야경을 감상하면 좋다.
• 꽤 높은 산중에 위치해 있으니 운동화 필수!
• 매년 4월부터 10월까지 소공연장에서 주말 공연이 열리니 참고하자.
• 포천아트밸리 입장권 소지 시 전시관 및 천문과학관에 무료 입장할 수 있다.

전망대에서 바라본 조각공원

버려진 채석장의 화강암을 이용해 만든 조각품

SPOT **3**

빨강머리 앤이 살 것 같은
이국적인 목장카페

드림아트
스페이스

주소 경기도 화성시 매송면 어사로279 · **가는 법** 외진 곳에 위치해 있어서 대중교통
보다는 자차로 갈 것을 추천! · **운영시간** 11:00~21:00 · **전화번호** 031-293-5679 ·
대표메뉴 아메리카노 8,000원 / 카페라떼 9,000원 / 미니크로와상(4개) 7,000원 ·
etc 초록잔디가 우거지는 계절에 방문하면 '빨강머리 앤'의 집에 놀러간 듯한 무드를
더 물씬 느낄 수 있다. / 야외 테이블이 몇 개 없고 외부 음식 섭취 가능하니 피크닉
매트와 간단한 먹거리도 챙겨가자.

   빨강머리 앤이 살고 있을 것만 같은 이국적이고 자연친화적
인 목장카페. 초록지붕 건물을 배경으로 포니가 노닐고 있는, 유
럽 농가 같은 풍경이 워낙 이국적이기 때문에 연인이나 아이들
의 스냅사진을 찍기에도 그만이다. 너무 친절해서 감동적이기
까지 한 노부부 사장님 내외가 말을 키우며 살고 계신 곳이라고.
음료 가격이 다소 비싸서 놀랄 수 있으나 먹이 체험비 겸 음료
비용이 포함된 값이라 생각하면 하면 그리 비싼 건 아니다. 게다
가 커피 한 잔만 주문해도 인심 후한 주인장 부부가 먹이체험 당
근 스틱과 과자, 직접 기른 허브 잎으로 우린 차까지 내준다.

메뉴를 주문하면 포니에게 먹일 당근스
틱이 기본으로 제공된다.

TIP
• 카페이기 전에 닭, 조랑말이 자유롭게 뛰노는 목장인지라 어느 정도의 가축냄새
가 날 수는 있으니 이에 예민한 사람은 미리 숙지하고 가는 것이 좋다.
• 조랑말에게 너무 가까이 다가가면 말굽에 치일 수 있으니 조심! 그리고 아무 풀이
나 뜯어서 주지 말기! 당근스틱 꼬치도 다 쓰고 나서 반납하는 매너를 준수하자.
• 주차장이 협소한 편인 데다가 최근 입소문이 나면서 유명세가 더해지고 있으니
눈마저 편안해지는 목장 풍경을 보며 조용히 힐링하고 싶다면 평일 방문을 추천
한다.

이곳은 갤러리도 겸하고 있는데 카페
내에 전시된 모든 작품들은 미술을 전
공하신 노부부 사장님 내외가 만드신
것들이다.

1 COURSE

🚌 일반버스 21 (국립수목원) ▶ 광릉초등학교 후문 하차 ▶ 🚶도보 2분(택시비 약 9,500원)

➡️ **광릉 국립수목원**

2 COURSE

🚌 일반버스 23 (광릉내 종점) ▶ 시외버스 3000(내1리) 환승 ▶ 운천터미널 하차 ▶ 일반버스 5(영북면사무소) 환승 ▶ 산정호수 상동 주차장 하차

➡️ **광릉불고기**

3 COURSE

➡️ **산정호수**

주소 경기도 남양주시 진접읍 팔야리 778-9
운영시간 12:00~20:30 / 매주 월요일 휴무
전화번호 031-527-6631
대표메뉴 (1인분)돼지숯불고기 9,000원, 소숯불고기 13,000원
etc 예약 불가 / 첫 주문한 고기 외에 추가 주문 불가 / 주차 가능 / 주말과 공휴일에는 대기가 무한정 길어질 수 있다.

7월 27주 소재(235쪽 참고)

주소 경기도 포천시 신북면 아트밸리로 234
운영시간 하절기(3월~10월) 09:00~22:00, 동절기(11월~2월) 09:00~21:00, 매주 월요일 19:00까지
입장료 어른 5,000원, 청소년 3,000원, 어린이 1,500원
전화번호 031-538-3483
홈페이지 www.pocheonartvalley.or.kr
etc 모노레일(왕복) 어른 4,500원, 청소년 3,500원, 어린이 2,500원
가는 법 1호선 의정부역 5번 출구 → 일반버스 21(약 50분 소요) / 2호선 강남역에서 직행버스 7007 → 진접읍사무소 하차 → 광릉 내 순환버스 21 환승 → 국립수목원 하차

7월 27주 소개(234쪽 참고)

주소 경기도 포천시 영북면 산정호수로 411번길 89
운영시간 상시 개방
입장료 무료
전화번호 031-532-6135
홈페이지 www.sjlake.co.kr

7월 28주 소개(242쪽 참고)

자연 속으로 떠나는 힐링여행

28 week

창포원 입구에 만발한 리아트리스

SPOT **1**

붓꽃이 수놓인 친환경생태공원
서울창포원

주소 서울시 도봉구 마들로 916 · **가는 법** 1·7호선 도봉산역 2번 출구 → 도보 1분 · **운영시간** 05:00~22:00 / 연중무휴 · **입장료** 무료 · **전화번호** 02-954-0031 · **홈페이지** parks.seoul.go.kr/irisgarden

　서울창포원은 온갖 다양한 붓꽃이 가득한 특수 식물원이다. 도봉산과 수락산으로 둘러싸여 어디를 둘러봐도 탁 트인 산세가 수려하며 보고만 있어도 가슴이 시원하게 뚫린다. 붓꽃원에는 130여 종의 꽃봉오리 30만 본이 1만 6천여 평 녹지에 식재되어 있어 '창포원'이라 이름 붙여졌다. 약용식물원에서는 우리나라에서 생산되는 대부분의 약용식물을 만날 수 있다. 습지원에는 각종 수생식물과 습지생물들을 관찰할 수 있는 관찰 데크가 설치되어 있으며, 초화원에서는 꽃나리, 튤립 등 화려한 꽃들이 계절별로 피어난다. 무엇보다도 창포원은 지리적 이점이 좋은 곳이다. 앞으로는 장엄한 도봉산을 끼고, 뒤로는 수려한 수락산을 병풍처럼 두르고 있기 때문이다. 도봉산과 수락산의 경치를 한껏 더해 주는 분수도 볼거리다. 도심 가까이에서 이만큼 확 트인 풍광을 보기도 쉽지 않다.

TIP

- 별도의 주차장이 없으므로 도봉산역 건너편 환승주차장(유료)을 이용해야 한다.
- 약재 및 식물 채취 절대 금지!
- 붓꽃이 일제히 꽃망울을 터뜨리는 황홀한 풍경을 보고 싶다면 5월 말에서 6월 초에 방문하는 것이 좋다.
- 매주 화요일 창포원 내 다양한 수목과 수생식물을 알기 쉽게 설명해 주는 창포원 투어를 진행한다.
- 음식물 반입 및 애완동물 출입 금지.

주변 볼거리 · 먹거리

체험 프로그램 붓꽃 외에도 아이들과 함께 숲 탐험대, 자연관찰 창작교실, 숲 유치원 등 생태 프로그램도 체험할 수 있다. 참여를 원하면 서울창포원 홈페이지를 통해 예약하면 된다.

서울 둘레길 코스 도봉산과 수락산 기점지가 창포원이므로 관리사무실에 들러 둘레길 지도도 받고 스탬프도 찍어보자.

SPOT 2

산속의 우물

산정호수

주소 경기도 포천시 영북면 산정호수로 411번길 89 · **가는 법** 동서울터미널에서 시외버스 3000 → 영북면사무소 정류장에서 좌석버스 138-6 → 일반버스 5 환승 → 산정호수 · 상동 주차장 하차 · **운영시간** 상시 개방 · **입장료** 무료 · **전화번호** 031-532-6135 · **홈페이지** www.sjlake.co.kr

'산속의 우물'이라 불리는 산정호수는 '한국관광 100선'에 선정될 만큼 아름다운 비경을 자랑하며 돌, 물, 숲의 도시 포천의 축소판이라 할 수 있다. 봄부터 가을까지 다양한 수상 레포츠를 즐기고, 겨울에는 얼음썰매장으로 여행객들의 사랑을 받고 있다. 과거 김일성 별장이 위치했던 곳이기도 한 이곳은 38선 위쪽에 속해 있어서 북한의 소유지이기도 했다. 전국 5대 억새 군락지도 손꼽히는 명성산과 맞닿아 있으며, 물길과 숲길을 동시에 즐길 수 있는 산정호수 둔치를 걷는 1시간짜리 둘레길 코스가 일품이다.

주변 볼거리·먹거리

산정호수 둘레길 산책 산정호수와 바로 연결돼 있는 명성산 등산이 부담스럽다면 산정호수의 수변 데크길을 따라 산책할 것을 추천한다. 1시간 남짓 그늘이 우거진 산책길을 느릿느릿 걸으며 7월의 싱그러운 풍경을 시원하게 만끽할 수 있다. 특히 산정호수의 수변 데크 산책길은 죽기 전에 꼭 가봐야 할 한국의 여행지에 선정되기도 했다.

TIP
- 12월 말부터 2월 초까지 산정호수 위에서 눈썰매축제가 열린다.
- 너무 어두우면 위험하니 일몰 후에는 입장을 자제하는 것이 좋다.

SPOT 3

전망 좋은 산속 카페에서
누리는 계절의 미

카페 산

주소 경기도 광주시 남한산성면 검복길 82 · 운영시간 월~금요일 10:00~21:00, 토~일요일 10:00~22:00, 공휴일 10:00~22:00 · 전화번호 031-732-1630 · 대표메뉴 아메리카노 6,000원, 아이스 바닐라빈라테 7,500원, 와플아이스크림 11,000원, 하겐다즈 바닐라 아이스크림 8,000원 · etc 진입로가 외길에 가까워 마주 오는 차와 마주치면 난감할 수 있으니 주의한다. / 식사 메뉴는 없고, 1인 1메뉴 주문 필수

  남한산성 내의 조용한 산속에 위치해 사계절 공기 좋고 전망 좋은 카페. 사방을 에워싸고 있는 푸른 숲의 초록 풍경과 청량한 새소리만으로 '휴식'과 '힐링'을 선물한다. 서울에서 멀리 떠나지 않고 빌딩숲을 살짝만 벗어나 자연을 만끽하며 차 한잔하고 싶을 때 가면 좋다. 1층부터 3층까지 각 층마다 다르게 보이는 마운틴뷰를 감상하는 재미도 쏠쏠하다. 남한산성까지 둘러볼 수 있는 탁월한 접근성도 이곳의 강점이다.

통창 너머 사계절이 만들어내는 액자 같은 풍경

굽이굽이 산길을 5분 정도 달리다 보면 나오는 카페 산은 사계절 자연의 미를 느낄 수 있는 곳이다. 특히 초록이 무성한 초여름과 단풍이 완연한 가을이 좋다.

주변 볼거리 · 먹거리

남한산성 성곽길

Ⓐ 경기도 광주시 남한산성면 산성리 Ⓞ 상시 개방 Ⓒ 무료
Ⓣ 031-743-6610(남한산성 관리사무소) Ⓗ www.namhansansung.or.kr
6월 24주 소개(212쪽 소개)

SPOT 4

초여름의 보양식 주점
이파리

주소 서울시 서대문구 연희동 193-16 다송빌딩 2층 · **가는 법** 2호선 신촌역 2번 출구 → 마을버스 04 → 연희동 사러가 쇼핑센터 앞 하차 → 사러가 쇼핑센터 건너편 · **운영시간** 17:00~00:00 / 매주 일요일 휴무 · **전화번호** 010-5188-7766 · **홈페이지** blog.naver.com/mpasdf · **대표메뉴** 여름별미 한상차림 코스(1인) 77,000원(민어회 제외 시 55,000원)

TIP
- 간판 없는 허름한 건물이라 헤맬 수 있는데, 연희동 사러가 쇼핑센터 바로 건너편에 있는 '엉터리 생고기' 건물 2층이다.
- 코스 요리는 4인 이상 주문 가능하다.
- 룸 예약도 가능하다.

자그마하고 조용하며 심야식당 같은 분위기의 주점이다. 코스 음식을 하나씩 내올 때마다 사장님의 친절한 메뉴 설명이 곁들여진다. 전국 방방곡곡에서 최고의 국내산 식자재만을 가져와 전문점보다 더 전문점다운 한식을 만들어내며, 깔끔하고 정갈한 제철 한식 메뉴와 전통주가 기본 메뉴다. 모든 메뉴에는 각 식자재의 원산지가 충실하게 기재돼 있다. 간판이 없지만 굉장한 퀄리티의 한식 맛집으로 소문이 자자하니 예약하고 가는 것이 좋다.

주변 볼거리 · 먹거리

사러가 쇼핑센터 연희동의 랜드마크로 친환경 유기농 채소와 동물복지 축산물 등을 산지 직거래로 저렴하게 살 수 있으며, 일반 마트에서는 보기 힘든 다양한 수입 식자재는 물론 생필품부터 가전제품까지 판매한다.

Ⓐ 서울시 서대문구 연희맛로 23 ◎ 1층 10:00 ~22:00, 2층 10:00~21:30 ⓣ 02-334-2428 ⓒ 주차 가능

- **첫 번째 코스** 전복 보양죽. 무려 20마리의 완도 전복살과 내장을 듬뿍 얹어 6년 묵은 조선간장으로 맛을 냈다.
- **두 번째 코스** 세 가지 전. 육전 + 민어전 + 해물부추전.
- **세 번째 코스** 민어회. 민어회를 빼고 주문하면 1인 55,000원.
- **네 번째 코스** 성게 냉국. 구운 광천김을 부숴 넣고 구룡포산 해수 성게알을 곁들여 시원하다.
- **다섯 번째 코스** 아나고 직화구이. 장어보다 훨씬 더 고소하고 쫄깃하다.
- **여섯 번째 코스** 병어조림. 삼천포 병어를 매콤하고 칼칼한 양념에 조렸다.
- **일곱 번째 코스** 오리백숙 찹쌀죽. 향이 진한 능이버섯과 직접 채취한 약재들로 장시간 진하게 우려냈다.

1 COURSE
🚇2호선 홍대역 3번 출구 ▶ 🚶도보 7분

➔ 연남동 경의선 숲길

2 COURSE
🚌백련시장 앞에서 지선버스 7612 ▶ 연희교차로 하차 ▶ 🚶도보 3분

➔ 락희안

3 COURSE

➔ 피터팬

주소	서울시 마포구 연남동
주의점	애완견은 반드시 목줄 착용 후 산책이 가능하다.
가는 법	2호선 홍대역 3번 출구 → 도보 5분

평일에도 복작거리는 홍대 거리에서 조금만 걸어 나가면 푸릇푸릇한 잔디밭과 시원하게 쭉 뻗은 산책로, 맑은 인공호수를 간직한 숲길이 나온다. 일명 연트럴파크. 연남동 경의선 숲길을 센트럴파크에 빗대 부르는 이름이다. 경의선이 지하로 개통되면서 지상의 공간을 자연친화적인 공원으로 만들었다. 공원 전체가 금연구역이어서 바닥에 담배꽁초 하나 없는 것은 물론 숲길 양옆으로 톡톡 튀는 맛집과 카페가 많아서 먹는 즐거움도 한몫한다.

주소	서울시 서대문구 가재울로4길 53
운영시간	11:30~21:30(브레이크타임 월~금요일 15:00~17:00) / 명절 연휴 휴무
홈페이지	lexian1.modoo.at
전화번호	02-375-7576
대표메뉴	우리 밀 춘장을 사용하고 시금치와 부추를 함께 반죽해 숙성한 생면으로 만든 이가짜장 6,000원, 옛날탕수육 23,000원

4월 13주 소개(154쪽 참고)

주소	서울시 서대문구 연희동 90-5
운영시간	08:00~21:00 / 연중무휴
전화번호	02-336-4775
etc	주차 불가

1978년부터 약 40년 동안 연희동을 굳건히 지켜오고 있는 빵집으로 매일 200여 종의 빵을 만든다. 유기농 밀가루와 통호밀로 만든 천연 발효빵이 유명하고, 특히 각종 견과류가 들어간 '장발장이 훔친 빵'이 인기. 2층은 빵을 차와 함께 먹을 수 있는 카페테리아. 본점에서 5분 거리에 있는 연희동 사러가 쇼핑센터 내에 분점이 있다.

7월 셋째 주

꽃 따라 즐기는 여름

29 week

SPOT **1**

한여름의 노란 수채화

무왕리
해바라기
마을

주소 경기도 양평군 지평리 무왕1리(무왕1리 마을회관) · **가는 법** 중앙선 용문역 →
택시 이동(약 20분 소요, 택시비 약 12,000원) · **운영시간** 축제 기간인 매년 7월 초
~8월 중순 · **전화번호** 031-770-3284

    강렬한 태양 아래 피어나는 거대한 해바라기 군락지를 보기
위해 태백 구와우마을이나 고창의 학원농장을 큰마음 먹고 나
설 필요 없다. 서울에서 1시간 남짓한 거리로 부담 없이 다녀올
수 있는 경기도 양평의 무왕리 해바라기 축제가 있기 때문이다.
무왕리 마을은 양평에서도 차를 타고 한참을 더 가야 하는 산골
오지 마을이다. 80여 가구가 살고 있고, 하루에 버스가 단 두 번
밖에 들어오지 않는 무왕리 마을 주민들이 농가 소득을 올리기
위해 자신들의 밭에 해바라기 씨를 심은 것에서 시작되어 매년
7월 초부터 8월 중순까지 축제가 열린다.
    무왕리 해바라기밭의 첫 풍경은 마을 주민들의 모습을 담은 사진

들이다. 무왕리 마을을 찾아준 객들을 일일이 마중하고 싶지만 현실적으로 그러지 못하기 때문에 마을 큰길에 나와서 환영한다는 의미로 이렇게 마을 사람들을 찍은 사진들을 걸어두었다고 한다.

양평의 무왕리 해바라기 축제장은 구리 유채꽃밭처럼 어마어마한 대단지 군락지가 아니다. 작은 산골동네 무왕리를 살리고자 주민들이 자체적으로 심었기에 3만 5천 평의 해바라기 밭이 군데군데 조성돼 있다. 작은 마을이라 벽화가 그리 많은 것은 아니지만 해바라기 군락지마다 자리를 옮겨 가면서 슬렁슬렁 걸어가며 구경하는 재미가 있다. 그리고 주민이 방부제 없이 무농약으로 직접 수확하여 볶은 친환경 해바라기 씨앗을 마을회관에서 판매하는데, 너무너무 고소하고 바삭하다(볶지 않은 것은 한 통에 8천 원, 볶은 것은 1만 원).

주변 볼거리 · 먹거리

두물머리
Ⓐ 경기도 양평군 양서면 양수리 Ⓞ 상시 개방 / 연중무휴 Ⓣ
031-770-2068
1월 3주 소개(53쪽 참고)

터갈비
Ⓐ 경기도 양평군 강하면 강남로 295 Ⓞ 11:30~22:00/매주 월요일 휴무 Ⓣ 031-774-9958 Ⓗ blog.naver.com/kdu4444 Ⓜ 양념돼지갈비, 돼지생갈비 각 13,000원, 소양념갈비 28,000원
10월 43주 소개(360쪽 참고)

TIP
- 자동차로 갈 경우 오지 마을이라 그냥 지나치기 쉬우니 내비게이션에 '무왕리 마을회관' 혹은 '무왕교회'를 목적지로 설정한다.
- 대중교통이 조금 불편한 지역이므로 중앙선 용문역에서 하차해 택시로 이동하는 것이 수월하다.
- 마을회관에서 농산물을 팔고 식당도 운영하고 있다.
- 거대한 해바라기 군락지가 아니라 소규모 해바라기밭이 여기저기 흩어져 있으므로 마음의 여유를 가지고 마을 입구부터 천천히 발걸음을 옮겨볼 것을 추천한다. 참고로 약 천 평에 이르는 마을 입구의 해바라기밭이 가장 일품이다.
- 무리 지어 만개한 가장 예쁜 해바라기꽃을 보고 싶다면 7월 15일에서 20일경이 좋다.

SPOT **2**

**갖가지 연꽃이
만개하는 테마파크**

관곡지

주소 경기도 시흥시 하중동 · **가는 법** 1호선 소사역 1번 출구 → 일반버스 63 → 성원 · 동아아파트 하차 → 횡단보도 건너서 도보 10분 · **운영시간** 상시 개방 · **입장료** 무료 · **전화번호** 031-310-6221 · **홈페이지** lotus.siheung.go.kr/index.do · **etc** 별도의 주차장이 없으니 갓길에 주차해야 한다.

관곡지는 서울에서 1시간 내외면 갈 수 있는 시흥의 연꽃 테마파크다. 인공적으로 꾸며진 상업적인 관광지가 아니다 보니 조금은 투박한 느낌이지만 그만큼 자연스러운 연꽃의 아름다움을 느낄 수 있다. 500년 전(1463) 조선 전기의 관료이자 학자였던 강희맹이 사신으로 중국 남경을 다녀오면서 연꽃씨를 가지고 들어와 처음 재배했던 곳이기도 하다. 연꽃도 예쁘지만 하늘을 가득 이고 있는 나팔 같은 연잎이 바람에 흔들리는 모습도 아름답다. 관곡지 주변에 자전거 도로가 조성돼 있는데 갯골생태공원에서 시작해 이곳 연꽃 테마파크 주변을 거쳐 물왕저수지까지 이어진다.

주변 볼거리·먹거리

오이도
ⓐ 경기도 시흥시 정왕동 ⓞ 상시 개방 ⓣ 031-310-6743
11월 46주 소개(381쪽 참고)

시화호 갈대습지공원
ⓐ 경기도 안산시 상록구 해안로 820-116 ⓞ 3월~10월(하절기) 10:00~17:30, 11월~2월(동절기) 10:00~16:30 / 매주 월요일 휴무 ⓒ 무료 ⓣ 031-481-2105 ⓗ www.shihwaho.kr
11월 46주 소개(381쪽 참고)

TIP

- 보통 연꽃은 6월 하순에 피기 시작해 7월 중순부터 8월 하순까지 절정을 이룬다.
- 관곡지 바로 옆에 물왕저수지와 안산 시화호가 있으니 함께 둘러보기 좋다.
- 연꽃은 오전에 활짝 꽃망울을 터뜨렸다가 오후가 되면 꽃잎을 모으니 오전에 가는 것이 좋다.
- 대부분 진흙길이니 하얀 옷을 입었을 때는 주의하자.
- 그늘이 전혀 없으니 햇볕을 피할 도구와 얼음물을 챙겨 가자.
- 연꽃 테마파크 주위로 산책로와 자전거 도로가 잘 조성되어 있다.

SPOT 3

그림보다 더 그림 같은 유럽 풍경을 품은 카페
더그림

주소 경기도 양평군 옥천면 사나사길 175 · **가는 법** 경의중앙선 양평역 → 일반버스 6-2(양평군청사거리) → 용천2리 사나사 입구 하차(약 30분 소요) · **운영시간** 월~ 금요일 10:00~일몰 시, 토~일요일 09:30~일몰 시 / 매주 수요일 휴무(전체 정원 관리) · **입장료** 어른 7,000원, 어린이 5,000원 · **전화번호** 070-4257-2210 · **홈페이지** www.thegreem.com

주변 볼거리 · 먹거리

두물머리
Ⓐ 경기도 양평군 양서면 양수리 ◎ 상시개방 ⓣ 031-770-2068
1월 3주 소개(53쪽 참고)

　　그림보다 더 그림 같은 풍경과 잔디가 일품인 '더그림(The Greem)'은 원래 이곳 사장님이(매표소에서 직접 표를 주시는 분이 사장님인데 엄청나게 친절하셔서 기분이 절로 좋아진다) 개인 별장으로 사용하려고 만들었다. 그런데 그림 같은 집과 정원 그리고 사나사 계곡에서 흘러내리는 맑은 물과 용문산 줄기가 감싸고 있는 풍광이 너무 예쁜 나머지 입소문이 나면서 각종 CF와 드라마로 유명해졌다. 많은 사람들에게 개방한 지는 불과 1년 남짓밖에 되지 않는다. 하지만 주인이 거주하고 있으므로 실내에 들어갈 수는 없다. 카페테리아에서 창밖의 정원과 소나무 산을 바라보며 여유롭게 차를 즐길 수 있고, 수입 생활용품 및 액세서리도 판매한다.

TIP
- 시골이라 버스가 잘 다니지 않으므로 양평역에서 택시로 이동할 것을 추천한다 (택시비 약 8,000원).
- 각종 야외 촬영과 단체 모임, 셀프 웨딩촬영 장소 대여 가능.
- 매표소에서 결제한 티켓으로 내부 카페에서 모든 음료를 무료로 교환할 수 있으니 입장권을 버리지 말고 챙겨두자.
- 사실 볼거리가 풍성하지는 않지만 그림보다 더 그림 같은 풍경과 정원 덕분에 눈이 맘껏 호사할 수 있다는 것만으로도 충분한 곳이다.
- 외부 음식물 반입 금지.
- 잔디 진입 금지.

추천 코스 로맨틱 양평 ──────────────

1
COURSE

🚍일반버스 2000-1(양서면사무소) ▶ 아세아연합신학대학 후문 하차(약 40분 소요)

▶ 세미원

2
COURSE

🚍일반버스 3-2(아세아연합신학 대학 후문) ▶ 일반버스 6-10(양평 터미널) 환승 ▶ 중미산 휴양림 정류장 하차(1시간 소요)

▶ 초가사랑

3
COURSE

➡ 중미산천문대

주소	경기도 양평군 양서면 양수로 63
운영시간	연꽃문화제기간 07:00~22:00 / 5월~10월 09:00~22:00 / 11월~4월 09:00~18:00 / 연중무휴
관람료	어른 5,000원, 어린이 3,000원
전화번호	031-775-1835
홈페이지	www.semiwon.or.kr
가는 법	경의중앙선 양수역 1번 출구 → 도보 10분

세미원은 물과 꽃의 정원이다. 다양한 연꽃과 수련을 사시사철 볼 수 있으며, 특히 해마다 7월 초~8월 초에 열리는 연꽃축제에서는 환상적인 연꽃정원을 관람할 수 있다.

주소	경기도 양평군 강하면 전수리 473
운영시간	10:00~21:30 / 매주 월요일 휴무
전화번호	031-774-1070
홈페이지	www.chogalove.co.kr
대표메뉴	초가정식 18,000원, 갈비찜 정식 24,000원, 시골밥상 13,000원

코스 한정식을 저렴한 가격에 즐길 수 있는 양평의 한정식 전문점. 우리나라 최초의 맛집 평가서로 불리는 블루리본 서베이에서 추천한 맛집이다. 모든 음식들이 깔끔하고 맛있으며 특히 코다리찜과 갈비찜이 인기 메뉴. 남한강을 바라보고 식사할 수 있어 분위기가 좋으며 각종 모임 장소로도 손색없다.

주소	경기도 양평군 옥천면 중미산로 1268
운영시간	19:00~23:00
프로그램	당일별자리여행 평일 22,000원, 주말 및 공휴일 25,000원 (1시간 기준)
전화번호	010-7244-3498
홈페이지	www.astrocafe.co.kr
etc	주차장 있음

1월 3주 소개(48쪽 참고)

7월 넷째 주

미세먼지 없는 초록초록한
온 실 카 페

30 week

SPOT **1**

깊은 산속 식물원 카페

비루개

주소 경기도 남양주시 별내면 용암비루개길 219-88 · 운영시간 목~월요일
12:30~22:00 / 매주 화~수요일 휴무(공휴일 제외) · 전화번호 031-841-7612 · 대
표메뉴 다방커피 5,000원, 아메리카노 5,000원 · etc 1인 1메뉴 주문 필수 / 메뉴가
다양하지 않다. / 주차 가능 / 보드게임 무료 대여

　　원래 온실 식물원이었던 비루개는 '별을 가까이할 수 있는 언
덕'이라는 뜻이다. 이름만큼 첩첩산중 꼭대기에 있는데 차 없이
는 올라가기 힘든 비포장도로 끝에 있다. 길이 험하기는 해도 막
상 도착해 눈앞에 펼쳐진 그림 같은 풍경을 보면 한순간에 힐링
이 된다. 이미 입소문이 자자한 곳이라 주말에는 인산인해. 식
물 속에서 느긋하게 휴식하려면 평일이 좋다. 평일에도 사람들
이 많으니 오픈 5분 전에 도착하면 느긋하고 조용하게 거대한

식물들과 자연의 피톤치드를 만끽할 수 있다. 사면으로 둘러싸인 공기 맑은 산속에서 산새 소리 들으며 해먹 자리 찜하고, 보드게임까지 즐기면 신선놀음이 따로 없다.

주변 볼거리·먹거리

목향원

Ⓐ 경기도 남양주시 별내동 2334 ⓞ 11:00~24:00 / 연중무휴(명절 포함) ⓣ 031-527-2255 Ⓜ 유기농 석쇠불고기 쌈밥정식 15,000원, 파전 15,000원 (추가 메뉴) Ⓔ 1인 1식 주문 필수 / 주차 가능

8월 31주 소개(274쪽 참고)

TIP
• 야외 테라스에서 마시멜로, 가래떡, 쥐포 등을 꼬치에 꽂아 모닥불에 구워 먹을 수 있다.
• 카페이기는 하나 기본적으로 식물원이다 보니 에어컨을 시원하게 켤 수 없어서 조금 후덥지근할 수 있다.

서울 최초의 도시형 식물원
서울식물원

주소 서울시 강서구 마곡동로 161 · **가는 법** 9호선 마곡나루역 3번 출구 →
도보 15분 · **운영시간** 3월~10월 09:30~18:00(입장 마감 17:00), 11월~2
월 09:30~17:00(입장 마감 16:00) / 매주 월요일 휴관 · **전화번호** 02-2104-
9752~4(온실) · **입장료** 어른 5,000원, 청소년 3,000원, 어린이 2,000원 · **홈페이지**
botanicpark.seoul.go.kr · etc 열린숲, 호수원, 습지원은 연중무휴 / 제로페이 결제 시
입장료 30% 할인

축구장 70개 크기에 달하는 공간에 3,000여 종이 넘는 식물을
보유하고 있는 서울식물원은 2019년 5월 1일에 정식 개장했다.
사계절 내내 다양한 축제와 특별 전시가 열리는 열린숲, 어린이
정원학교와 한국의 자생식물로 꾸며진 야외 정원, 열대관과 지
중해관 온실을 품고 있는 주제원, 광활한 인공호수를 둘러싸고
있어 산책하기 좋은 호수원, 습지식물과 텃새를 관찰하며 휴식
하기 좋은 공간이자 생태 교육장인 습지원 등 총 4개 구역으로
조성되어 있다. 열대부터 지중해까지 전 세계 12개 도시에서 들
여온 이국적인 식물이 가득한 온실은 곳곳이 포토존이다.

철저한 환경 관리를 통해 지중해와 열대기후 식물을 보호하고 있다.

수박보다 더 큰 지중해관의 선인장.

하늘과 맞닿은 숲 위를 걷는 듯한 스카이워크.
카페테리아 및 놀이방, 약 7천여 권에 달하는 식물 전문 서적이 구비된 도서관, 기획 전시관, 굿즈 판매숍 등이 있는 실내 2층과 연결된다.

정원사의 비밀의 방. 실제 정원사의 장갑, 전지가위, 모자, 말린 꽃과 씨앗, 식물과 곤충 카탈로그, 원예 서적들로 가득하다.

아마존에서 온 빅토리아 수련과 물병나무 등 국내에서 보기 힘든 식물들을 만날 수 있다.

주변 볼거리 · 먹거리

선유도공원

Ⓐ 서울시 영등포구 선유로 343 Ⓞ 06:00~24:00 / 연중 무휴 Ⓣ 02-2631-9368(선유도공원 관리사무소) Ⓗ parks.seoul.go.kr/seonyudo
5월 22주 소개(198쪽 참고)

TIP 주의할 점

• 현재 코로나로 인해 화~금요일만 운영하고 있으며 입장 시 마스크 착용 필수.
• 카메라 삼각대 및 셀카봉 반입 금지.
• 한여름에는 온기와 습도가 높은 열대관을 둘러보기 힘들 수 있다.
• 모든 식물과 열매는 꼭 눈으로만 볼 것!

자연의 냄새를 담은
초록 농장 정원 카페
파머스대디

주소 경기도 광주시 남종면 삼성리 380 · **운영시간** 11:00~18:00 / 연중무휴 · **입장료** 성인 8,000원(음료 포함), 어린이 6,000원 · **전화번호** 070-8154-7923 · **홈페이지** booking.naver.com/booking/5/bizes/57983?area=bns · **etc** 주차 가능 / 반려동물 출입 금지 / 금연 구역

꽃과 초록 식물들이 편안함을 듬뿍 전해주는 가든 카페 파머스대디. 디자이너 최시영이 직접 가꾼 자연 재배 농장 겸 온실 카페다. 도심 근교에 이런 정성스러운 곳이 있다는 것 자체가 감동이다. 초록의 싱그러움이 가득한 5월 초부터 6월 초·중순까지 가장 예쁜 시기다. 뛰어난 맛으로 소문난 알렉스 더 커피도 맛볼 수 있다.

주변 볼거리·먹거리

영은미술관

Ⓐ 경기도 광주시 청석로 300 Ⓞ 4월~9월 10:00~18:30, 10월~3월 10:00~18:00 /매주 월요일, 자체 행사 시 휴관 Ⓒ 무료, 실내 전시 관람료 성인 6,000원, 학생 4,000원, 유아(4~7세) 3,000원 Ⓣ 031-761-0137 Ⓗ www.youngeunmuseum.org Ⓔ 미술관 주차장 유료 / 반려동물 출입 금지 / 매월 마지막 주 수요일(문화가 있는 날) 전 관람료 50% 할인 / 11월 4일 개관기념일 전시 관람료 무료 12월 48주 소개(394쪽 참조)

음료를 주문하면 친절한 사장님이 직접 구운 정겨운 군고구마가 곁들여 나오는데 맛은 그야말로 엄지척!

수려한 자연을 벗 삼아 먹는 웰빙 도토리 음식

강마을다람쥐

주소 경기도 광주시 남종면 삼성리 299-14 · **가는 법** 대중교통으로 가기에 다소 어려우니 자가용 이용을 추천한다. · **운영시간** 11:00~21:00 / 연중무휴 · **전화번호** 031-762-5574 · **대표메뉴** 도토리전병 12,000원, 도토리비빔국수, 도토리새싹비빔밥, 도토리묵사발, 도토리물국수, 도토리묵밥(온) 각 10,000원

　도토리 가루로 만든 웰빙 음식 전문점. 경기도 하남과 광주 경계에 한강을 끼고 있어 자연경관이 아름다운 곳이라 데이트 코스 또는 가족 나들이 장소로 손색없다. 아주 맛있다기보다는 건강식을 빼어난 남한강을 바라보며 먹는 즐거움이 있다. 특히 도토리전병은 꼭 먹어보길 추천한다. 두께가 꽤 큼직해서 두세 개만 먹어도 속이 든든하다. 주변 풍광이 워낙 뛰어나 피크닉을 나온 듯한 기분으로 산책하는 사람들을 쉽게 볼 수 있다. 예약 순번이 되면 크게 방송해주니 마음껏 자연 속 산책을 누릴 수 있어서 좋다.

주변 볼거리·먹거리

파머스대디 강마을다람쥐에서 차로 3분 거리에 있다. 식사 후 가볍게 후식도 먹고 산책도 하기 좋은 코스다.

Ⓐ 경기도 광주시 남종면 삼성리 380 Ⓞ 10:00~18:00 / 연중무휴 ⓒ 성인 8,000원 (음료 포함), 어린이 6,000원 ⓣ 070-8154-7923 Ⓗ booking.naver.com/booking/5/bizes/57983?area=bns Ⓔ 주차 가능 / 반려동물 출입 금지 / 금연 구역
7월 30주 소개(258쪽 참고)

추천 코스 용인에서 보낸 슬로 주말 ——————————

1
COURSE
🚗 자동차로 3분
▶ 강마을다람쥐

2
COURSE
🚗 자동차로 15분
▶ 파머스대디

3
COURSE
▶ 영은미술관

주소	경기도 광주시 남종면 삼성리 299-14
운영시간	11:00~21:00 / 연중무휴
전화번호	031-762-5574
대표메뉴	도토리전병 12,000원, 도토리 비빔국수, 도토리새싹비빔밥, 도토리묵사발, 도토리물국수, 도토리묵밥(온) 각 10,000원
가는 법	대중교통으로 가기에 다소 어려우니 자가용 이용을 추천한다.

7월 30주 소개(250쪽 참고)

주소	경기도 광주시 남종면 삼성리 380
운영시간	11:00~18:00 / 연중무휴
입장료	성인 8,000원(음료 포함), 어린이 6,000원
전화번호	070-8154-7923
홈페이지	booking.naver.com/booking/5/bizes/57983?area=bns
etc	주차 가능 / 반려동물 출입 금지 / 금연 구역

7월 30주 소개(258쪽 참고)

주소	경기도 광주시 청석로 300
운영시간	4월~9월 10:00~18:30, 10월~3월 10:00~18:00 /매주 월요일, 자체 행사 시 휴관
입장료	무료
관람료	성인 6,000원, 학생 4,000원, 유아(4~7세) 3,000원
전화번호	031-761-0137
홈페이지	parks.seoul.go.kr/seoulforest
etc	미술관 주차장 유료 / 반려동물 출입 금지 / 매월 마지막 주 수요일(문화가 있는 날) 전 관람료 50% 할인 / 11월 4일 개관 기념일 전시 관람료 무료

7월 30주 소개(259쪽 참고)

기나긴 8월의 무더위, 밖으로 돌아다닐 엄두가 나지 않는가? 이런 삼복더위에는 시원한 실내 여행지가 제격이다. 북유럽 키친웨어, 폴란드 그릇 등을 파는 한남동의 이국적인 그릇 가게, 유럽 빈티지 느낌이 물씬 나는 가구 갤러리 카페, 보고만 있어도 안목이 절로 높아지는 라이프스타일 숍, 어른과 아이들의 동심과 추억이 방울방울 샘솟는 아날로그 빈티지 여행지. 무더운 일상에서 잠시 벗어나는 것만으로 기분 전환이 될 것이다.

뜨거운 햇빛 피해
안에서 놀자!

그 릇 이 좋 아 !

31 week

SPOT 1
코리안 레트로 감성
리리키친

주소 서울시 종로구 삼일대로443(경운동) 건국2호빌딩 302호 · **가는 법** 3호선 안 국역 5번 출구→낙원상가 방향으로 도보 2분 · **운영시간** 12:00~17:00 / 매주 일~ 월요일 휴무 · **전화번호** 070-8801-2277 · **홈페이지** www.22kitchen.com · **etc** 건 국주차장(낙원동) 30분 주차 무료

엄마가 쓰던 찻잔, 소쿠리, 튤립 문양 가득한 볼, 빈티지한 유 기 수저 세트. 할머니의 찬장에서 보았던 것과 같은 그릇들이 가득한 리리키친은 묘한 향수를 불러일으킨다. 리리키친은 한 국적인 패턴을 현대화하는 '코리안 레트로'를 지향한다. 이런 감 성이 어우러진 쇼룸이 있는 종로 낙원상가의 건물 터는 계몽운 동이 일어난 역사적인 장소다. 과거부터 이어져온 현재를 반영 하는 코리안 레트로가 더없이 잘 어울리는 것이 리리키친이다. 일러스트레이터 출신 주인장이 초반에는 직접 그릇에 그림을 그려 판매했지만 지금은 직접 디자인한 자체 제작 상품들과 바

주변 볼거리·먹거리

인사동 쌈지길

Ⓐ 서울시 종로구 인사동길 44 쌈지길 ⓒ 10:30~20:30 / 구정추석 당일 휴무 ⓣ 02-736-0088 ⓗ blog.naver.com/ssamzigil

2월 7주 소개(76쪽 참고)

경인미술관 전통다원

Ⓐ 서울시 종로구 인사동10길 11-4 경인미술관 ⓞ 10:00~ 18:00 ⓣ 02-733-4448 ⓗ www.kyunginart.co.kr Ⓔ 경인미술관 내의 아틀리에에서 열리는 다양한 전시들도 놓치지 말자.

2월 7주 소개(83쪽 참고)

잉 제품, 젊은 작가들과 콜라보로 만든 다양한 제품들을 판매한다. 리리키친의 시그니처인 수줍은 튤립 그릇 세트는 늘 인기 제품이다. '복(福)' 자가 찍혀 있던 옛 밥그릇과 국그릇을 재현한 '수복' 라인은 신혼부부에게 특히 인기다. 웬만한 그릇이며 소품들이 2만 원대를 넘지 않는 착한 가격에 판매되고 있다. 쇼룸 한 편에서는 거의 새것과 다름없는 B품들을 아주 저렴한 가격에 판매하고 있다.

TIP

- 리리키친 쇼룸이 위치한 건물이 워낙 오래되었다 보니 입간판이나 팻말이 없어서 그냥 지나치기 쉽다. 3호선 안국역 5번 출구에서 나와 낙원상가 방향으로 2분쯤 걸어가면 보이는 음식점 '대청마루' 바로 옆 벽돌색 건물 3층이다.
- 오전 11시쯤 가면 커다란 창문으로 빛이 가득 들어오는 장면을 볼 수 있다. 큼직한 창문으로 초록 나무들이 넘실대는 예쁜 풍경은 놓쳐서는 안 될 리리키친의 볼거리 중 하나!

SPOT **2**

북유럽 빈티지 키친웨어 편집숍

커먼키친

주소 서울시 광진구 자양동 58-14 1층 · **가는 법** 2호선 뚝섬역 1번 출구 · **운영시간**
월~금요일 13:00~18:00 / 토요일 13:00~17:00 / 매주 수·일요일 휴무 · **전화번호**
070-4212-7650 · **홈페이지** www.commonkitchen.co.kr · **etc** 임시 주차 가능

이국적인 북유럽풍 스칸디나비아 스타일 빈티지 그릇으로 유
명한 한남동 뒷골목의 커먼키친이 뚝섬유원지역 근처로 조용히
숍을 옮겼다. 신혼부부를 위한 주방 가구부터 이탈라 그릇, 아
라비아 핀란드 빈티지 컬렉션, 냄비, 티타월, 머그, 패브릭까지
여자들의 취향을 저격할 감각적인 빈티지 북유럽 키친웨어들이
가득하다. 자체 제작한 북유럽풍 패턴의 접시와 유리컵 그리고
주인장이 스웨덴과 덴마크에서 직접 수입한 식기들을 합리적인
가격대에 구입할 수 있다.

SPOT **3**

성북동의 작은 폴란드 그릇 가게
노바 NOBA

주소 서울시 성북구 창경궁로 43길 36 · **가는 법** 4호선 한성대입구역(삼선교) 5번
출구 → 도보 5분 · **운영시간** 12:30~20:00 / 매주 화요일 및 매달 마지막 주 월요일
휴무 · **전화번호** 010-8297-8696 · **홈페이지** www.polishpottery.co.kr

　　10여 년 동안 자리를 지켰던 이태원 경리단길에서 성북동의
소소한 골목으로 이전한 국내 최초의 폴란드 그릇 수입 매장. 예
쁜 그릇에 관심 있는 사람이라면 누구나 한 번쯤 봤을 법한 꽃과
열매 등의 경쾌하고 화려한 패턴으로 수놓인 폴란드 그릇을 판
매한다. 지금은 온·오프라인에서 구매할 수 있지만 10년 전만 해
도 국내에서 폴란드 핸드메이드 그릇을 유일하게 구매할 수 있는
곳이었다. 폴란드 '볼레스와비에츠' 지역에서 나는 흙을 사용해
오래된 전통 방식으로 그리고 일일이 수작업으로 만든 그릇들
이 가득하다. 가격도 부담스럽지 않아 한두 개씩 꼭 사게 된다.

주변 볼거리·먹거리

길상사

Ⓐ 서울시 성북구 선
잠로5길 ⓒ 04:00~
20:00 ⓣ 02-3672-
5945 Ⓗ www.gilsangsa.or.kr
10월 39주 소개(330쪽 참고)

TIP
• 미리 전화 예약을 하면 영업시간 외에도 매장을 방문할 수 있다.
• 온라인으로는 판매하지 않으며 오프라인 매장에서만 구매 가능하다.

SPOT **4**

이촌 사기막골도예촌의
30년 터줏대감

현대공예

주소 경기도 이천시 사음동 470-14 · 가는 법 동서울종합터미널에서 시외버스 8103 → 사음2동 도예촌 하차 → 도보 8분 · 운영시간 09:30~18:30 / 연중무휴 · 전화번호 031-635-2114 · etc 1층은 캐주얼하고 대중적인 그릇을 판매하며, 2층은 작품성이 뛰어난 작품을 보유하고 있다.

현대공예는 이천 사기막골도예촌 최고의 터줏대감답게 엄청난 규모를 자랑한다. 수많은 작가들이 손수 만든 작품 또한 도예촌 내에서 가장 많이 보유하고 있다. 1988년 사기막골 마을이 처음 생겨났을 때 둥지를 튼 세 곳 중 30년째 유일하게 이곳 도예촌을 지켜오고 있다. 요리 연구가 '빅마마 이혜정'과 '메이'의 단골 숍으로도 유명하다. 큼지막한 대형 접시부터 밑 뚝배기, 납작 접시 등의 생활 자기와 실용적이고 예쁜 그릇들을 그 어느 곳보다 훨씬 저렴한 도매가에 구입할 수 있다. 현재 현대공예 외에도 도예촌 마을 내에 50여 곳의 개인 공방이 자리 잡고 있다. 압도적인 풍경을 자랑하는 현대공예 앞의 거대한 옹기들이 인상적인데 국내에서 거의 유일하게 옛 옹기 기법(잿물 옹기법)을 그대로 재현해 만들고 있다.

TIP

- 해마다 4월이면 현대공예 뒤쪽 설봉공원에서 200여 곳의 공방 업체가 참여하는 대규모 이천도자기축제가 열린다.
- 사기막골도예촌 내의 무료 공영주차장과 골목골목이 굉장히 여유로워 쇼핑하기 편리하다.
- 그릇은 질감이며 색감을 직접 보고 사는 게 좋다는 것이 이곳 사장님의 신조여서 별도의 홈페이지가 없다.
- 구입한 물품은 택배로 보내주기도 한다.

주변 볼거리·먹거리

아침일찍 유니크한 인테리어 소품&그 릇&락꾸화분 숍.

ⓐ 경기도 이천시 경충대로 2993번길 43 ⓞ 08:00~18:00 ⓣ 010-5066-4522 ⓗ blog.naver.com/ morningearly 12월 51주 소개(413쪽 참고)

청목 한상 가득한 돌 솥한정식이 푸짐히 차려 나오는 이천 쌀 밥집.

ⓐ 경기도 이천시 사음동 626-1 ⓞ 10:00~ 21:00 / 명절 휴무 ⓣ 031-634-5414 ⓔ 정식 13,000원 12월 51주 소개(414쪽 참고)

SPOT **5**

정감 가는 우리 그릇

목련상점

주소 서울시 금천구 시흥대로 96길 4 · **가는 법** 2호선 구로디지털단지역 1번 출구 → 일반버스1 → 말미고개 하차(20분 소요) → 도보 5분 · 운영시간 목~금요일 10:00~20:00, 토요일 10:00~17:00 · **전화번호** 070-7633-2303 · **홈페이지** www.mokryunstore.co.kr / www.instagram.com/mokryunstore · etc 인근 공영주차장 이용

　　국내 도자기 작가들의 생활 그릇을 소개하는 그릇 편집숍. 인터넷 사이트와 쇼룸 형식의 상점을 함께 운영한다. 그릇만 있는 곳이 아니라 싸리 채반, 대나무 접시, 왕골 소품함 등 도자기 그릇과 잘 어울리는 공예품과 작은 생활소품들이 많아 구경하는 재미가 있다. 구석구석 예쁘지 않은 곳이 없다. 보통 비싸지 않을까 하는 생각에 조심스럽게 접시를 뒤집어 가격을 확인해보는데, 이곳의 그릇들은 굉장히 합리적인 가격이라 지름신이 강림할 수 있으니 정신 바짝 차리자.

주변 볼거리·먹거리

안양천 목련상점이
조용한 주택가에 위
치해 있어 마땅히 주
변에 함께 들러볼 만
한 곳이 없다. 차로 10분 거리(철산역)에 안양천
이 인접해 있으니 산책 코스로 좋다.

Ⓐ 경기도 광명시 철산동 철산교~서울시 금천
구 가산동 광명교 일대

TIP
· 비정기 휴무가 있을 수 있으니 방문 전 인스타그램 공지를 확인하자.
· 한 달에 한 번씩 열리는 가회동 북스쿠스 빵순이 장터와 연희동 다목적시장에
정기적으로 참여한다.

자연의 쌈밥
목향원

주소 경기도 남양주시 별내동 2334 · **가는 법** 4호선 당고개역 1번 출구 건너편 → 마을버스 85(당고개역) → 덕능마을(흥국사 입구) 하차(약 5분 소요) · **운영시간** 11:00~24:00 / 연중무휴(명절 포함) · **전화번호** 031-527-2255 · **대표메뉴** 유기농 석쇠불고기 쌈밥정식 15,000원, 파전 15,000원(추가 메뉴) · **etc** 1인 1식 주문 필수 / 주차 가능

물 좋고 공기 좋은 수락산이 내다보이는 한옥에서 먹는 직화 석쇠불고기 유기농 쌈밥. 남양주로 드라이브를 간다면 한 끼 정도는 이곳에서 꼭 먹어보길 추천한다. 〈수요미식회〉에도 소개된 20년 넘은 남양주 맛집으로 유기농 쌈채소와 국내산 재료로 만든 건강한 음식을 내놓는다. 메뉴는 매콤하고 달달하며 불향이 제대로 밴 석쇠불고기 단 한 가지. 대표 메뉴인 석쇠불고기 외에 각각 다른 맛의 3색 밥(쌀밥, 차조밥, 흑미밥)도 이색적이다. 전혀 거칠지 않고 쫄깃쫄깃해서 마치 차진 떡을 먹는 듯하다. 강된장과 함께 쌈을 싸서 먹으면 쫀득한 식감이 예술이다.

주변 볼거리·먹거리

비루개 목향원에서 차로 15분 거리에 있는 깊은 산속 식물원 카페.

Ⓐ 경기도 남양주시 별내면 용암비루개길 219-88 Ⓗ 목~월요일 13:00~23:00 / 매주 화~수요일 휴무(공휴일 제외) Ⓣ 031-841-7612 Ⓜ 다방커피 5,000원, 아메리카노 5,000원 Ⓔ 1인 1 메뉴 주문 필수 / 메뉴가 다양하지 않다. / 주차 가능 / 보드게임 무료 대여
7월 30주 소개(254쪽 참고)

TIP
- 브레이크타임 없이 연중무휴로 영업하니 언제든 부담 없이 들르기 좋다.
- 의자에 착석함과 동시에 석쇠불고기 쌈밥정식이 인원수대로 주문이 들어가니 당황하지 말자.
- 농장과 목향원이 정성 들여 공동으로 재배한 유기농 쌈채소가 무한 리필.

목향원까지 내려가는 자연 친화적인 흙길 풍경이 마음을 편하게 한다. 마치 타임슬립한 듯 주막 같은 초가지붕과 초록초록 파랑파랑한 전경이 맛을 더욱 돋운다. 목향원에서 쌈밥정식을 먹고 나서 별내 드라이브 코스를 추천한다.

주말에는 대기가 필수지만 워낙 넓고 단일 메뉴를 내놓으니 금세 자리가 난다. 알록달록한 꽃과 나무들로 정성 들여 꾸며진 정원과 수락산 풍광을 구경하다 보면 시간이 훌쩍 지나간다.

자연과 함께하는 남양주 여행 ──────────

1 COURSE
😊 자동차로 15분
▶ 목항원

2 COURSE
😊 자동차로 3분
▶ 별내림카페

3 COURSE
▶ 산들소리수목원

주소	경기도 남양주시 별내동 2334
운영시간	11:00~24:00 / 연중무휴(명절 포함)
전화번호	031-527-2255
대표메뉴	유기농 석쇠불고기 쌈밥정식 15,000원, 파전 15,000원(추가 메뉴)
etc	주차 가능
가는 법	4호선 당고개역 1번 출구 건너 편 → 마을버스 85(당고개역) →덕능마을(흥국사 입구) 하차 (약 5분 소요)

8월 31주 소개(274쪽 참고)

주소	경기도 남양주시 별내동 793-26 2층
운영시간	11:00~22:00 / 연중무휴
전화번호	031-572-7931
대표메뉴	망고치즈빙수 12,000원

목항원에서 차로 15분 거리에 별내카 페 거리가 있다. 그중 북악산 아래 위 치해 아름다운 풍광을 감상하며 조용 히 머물 수 있는 별내림카페를 추천 한다.

주소	경기도 남양주시 불암산로59번 길 48-31
운영시간	10:00~18:00 / 연중무휴
전화번호	031-574-3252
홈페이지	www.sandulsori.co.kr
입장료	어른 8,000원, 어린이 및 청소 년 7,000원

무농약 숲속에서 맑은 공기와 환경을 누릴 수 있는 곳이다. 습지원과 야생 화 정원, 허브 정원 등 15개 테마 정 원에 1,200종의 다양한 식물이 있다. 교육 프로그램, 자연 치유 프로그램 등 숲 해설사와 함께하는 다양한 프 로그램이 있어서 특히 아이들의 자연 체험 여행지로 더할 나위 없다.

가구 갤러리 카페 투어

32 week

SPOT **1**

빈티지 인더스트리얼
인테리어 카페

파주 호메오

주소 경기도 파주시 탄현면 헤이리마을길 59 · **가는 법** 2호선 합정역 2번 출구 →
직행버스 2200 → 헤이리 1번 게이트 하차(약 50분 소요) → 3번 게이트 앞에서
도보 2분 · **운영시간** 10:00~21:00 · **전화번호** 031-946-1727 · **홈페이지** www.
homeo.kr · etc 평일에는 1층만 카페로, 주말에는 1~2층 모두 카페로 운영된다.

    오래 두고 쓸수록 멋스러운 빈티지 수입 가구 매장과 카페가
결합된 멀티숍. 라틴어로 '변치 않는'이란 뜻을 지닌 호메오는
국내에서 유일하게 세계적인 영국 정통 빈티지 가구 브랜드 헤
일로(HALO)와 티모시 울튼 전문점이다. 호메오는 단순히 수입
가구를 취급하는 곳이 아니다. 매장 내부와 외부 인테리어, 가
구 및 소품 디스플레이, 조경 등 모든 판매 제품들을 직접 체험
해 볼 수 있다. 1층은 호메오에서 실제로 판매 중인 소파 및 가
구들을 배치해 누구나 자유롭게 체험해 볼 수 있는 카페, 2층과
3층은 가구를 전시하는 쇼룸이다. 주변에서 쉽게 볼 수 없는 혹
은 한 번도 본 적 없는 독특한 인더스트리얼 가구들로 빼곡해

주말이면 입소문을 듣고 찾아오는 사람들이 많은데 공간이 워낙 넓어서 북적거리는 느낌은 전혀 없다.

주변 볼거리·먹거리

헤이리 예술마을

Ⓐ 경기도 파주시 탄현면 헤이리마을길 70-21 Ⓞ 월요일은 대체로 휴무인 곳이 많지만 각 공간별로 휴무일이 다르므로 홈페이지 참고 Ⓣ 헤이리종합안내소 070-7704-1665 Ⓗ www.heyri.net 6월 25주 소개(216쪽 참고)

킨텍스 이마트 트레이더스 축구장 13개 크기만 한 거대한 이마트 타운 안에 위치한 창고형 마켓. 반려동물의 의식주는 물론 피트니스까지 책임지는 몰리스 펫숍, 세상의 모든 기계를 모아놓은 듯한 일렉트로 마트 등 기존의 이마트에서는 볼 수 없었던 트렌디한 제품들이 총집합되어 있다. 일렉트로 마트의 마스코트 '일렉트로맨'이 사방에서 반기고, 벽마다 건담과 피규어가 도배되어 있다. 이 모든 제품을 직접 조작하고 시연해 볼 수 있어서 어른 아이 할 것 없이 모두가 즐거운 신세계다. 창고형 할인점의 원조 격인 코스트코는 연회비가 있지만 이마트 트레이더스는 연회비 없이 이용 가능하다.

Ⓐ 경기도 고양시 일산서구 킨텍스로 171 Ⓞ 10:00~24:00 / 매월 둘째·넷째 주 수요일 휴무 Ⓣ 031-936-1123

TIP
- 파주 헤이리의 호메오가 본사이며 서울 명동 눈스퀘어와 삼성동에 카페&퍼니처 분점이 있다.
- 매월 둘째, 넷째 주말에는 호메오 카페 앞에서 플리마켓이 열리는데 브랜드 못지않은 고품질 핸드메이드 제품들을 다양하게 판매하고 있다.

SPOT 2
착한 목수의 가구공방 카페
ghgm 카페

주소 경기도 용인시 수지구 동천동 550-13 · 가는 법 분당선 죽전역 → 마을버스 17-1(죽전역. 신세계백화점) → 대성공정 하차(총 40분 소요) → 도보 7분 · 운영시간 11:00~21:00 / 매주 화요일 휴무 · 전화번호 010-5833-3007 · 홈페이지 www.ghgm.co.kr · 대표메뉴 아메리카노 5,000원, 카페라테 6,000원, 케이크 6,500~7,000원 · etc 주차 가능 / 음료 및 커피 주문 시 텀블러를 가져가면 1,000원 할인!

'good hand good mind'라는 뜻의 ghgm은 용인에 위치한 가구공방 카페다. 1층은 카페, 2층은 원목가구와 나무 소품을 판매하는 쇼룸이다. 손님이 사용하는 모든 가구들은 실제 판매하는 제품들이다. 테이블은 물론 책상, 의자, 장식장, 주방에서 쓰이는 나무 도마부터 트레이, 우드스푼, 컵받침에 이르기까지 모두 ghgm에서 직접 만들었다. 견고한 북미산 하드우드, 우리 땅에서 자란 양질의 나무, 독특한 무늬와 향을 가진 특수목 등 원목 본연의 나뭇결과 개성을 최대한 살려 가공하지 않고 만든 착한 원목가구와 소품들. 보고만 있어도 탐나고 눈이 즐거워지는 곳이다.

ghgm은 월넛, 호두나무, 느티나무, 물푸레나무 등 측면을 통으로 절단해 나무 고유의 결과 형태를 고스란히 살려서 인공적인 칠을 하지 않는 것을 지향한다. 곡선과 직선이 어우러진 통나무 상판의 형태미가 그 어떤 가구보다 예술적이고 압도적이다. 식물원 느낌이 나는 커다란 창으로 스미는 자연광이 가득한 2층 쇼룸은 누구나 편하게 둘러볼 수 있다.

카페에 들어서자마자 보이는 내부 모습

TIP
• 카페가 위치한 곳이 용인 수지구에서도 중심부가 아닌 외곽이라 주변에 역이 없어 대중교통으로 찾아가기 힘들다. 하지만 외딴곳인 만큼 붐비지 않고 조용히 즐길 수 있는 공간이다.

2층 쇼룸

주변 볼거리·먹거리

용인 하이드파크 도자예술을 바탕으로 갤러리, 레스토랑 및 카페, 가드닝, 리빙숍을 겸하는 곳. 특히 카페 옆에 위치한 '지앤숍'은 거대한 식물과 토분들의 정원을 연상케 한다. 이곳에서 식물과 토분을 직접 고르면 즉석에서 분갈이도 해준다.

Ⓐ 경기도 용인시 기흥구 상갈동 150-7 ⓞ 레스토랑&카페 11:30~22:00 ⓣ 031-286-8584 ⓗ www.hidepark.co.kr

백남준아트센터 비디오 아트 창시자 백남준의 예술혼을 기리기 위해 만든 미술관. 용인 하이드파크 바로 앞에 있다. 정기적으로 무료 도슨트가 진행되며 모든 작품은 촬영이 가능하다.

Ⓐ 경기도 용인시 기흥구 백남준로 10 ⓞ 10:00~18:00(관람 종료 1시간 전까지 입장 가능), 하절기(7월~8월) 10:00~19:00 / 매주 월요일 휴관 ⓒ 무료 ⓣ 031-201-8500 ⓗ njp.ggcf.kr

고기리막국수
Ⓐ 경기도 용인시 수지구 이종무로s 157 ⓞ 11:00~21:00 / 매주 화요일 휴무 ⓣ 031-263-1107 ⓜ 들기름막국수, 물막국수, 비빔막국수 각 8,000원, 수육 13,000원 ⓗ kuksoo.modoo.at 9월 36주 소개(314쪽 참고)

SPOT **3**

영화 〈뷰티인사이드〉의 그곳!
카페발로

주소 인천시 부평구 십정동 247 · **가는 법** 1호선 동암역 → 택시 5분(기본 요금) · **운영시간** 1호점(촬영지) 10:00~21:00, 2호점(카페) 10:00~21:30 / 매주 일요일 휴무 · **전화번호** 02-577-3214 · **홈페이지** www.valorbysg.com · **etc** 1호점은 음료 및 디저트 반입 금지 / 2호점에서 음료 주문 후 영수증 지참하고 1호점 입장 가능

　　이색적인 실내 공간에서 인생 사진 하나쯤 남겨보고 싶다면 이곳을 추천한다. 영화 〈뷰티인사이드〉 촬영지로 유명한 부평의 카페발로는 카페라기보다 대형 렌탈 전문 스튜디오 같다. 입이 딱 벌어질 정도로 넓은 규모에 빈티지 가구와 소품들로 가득 채워져 있다. 뿐만 아니라 작은 창문으로 쏟아지는 몽환적인 자연광이 환상적인 비주얼을 선사해, 더운 여름 실내에서 영화 같은 인물 사진을 찍기에 제격이다. 덕분에 주말이면 출사

나온 사람들로 북적인다. 이곳에서 몽환적인 느낌의 사진을 연출하는 관건은 빛과 스모그(안개)인데 스모그는 빛이 들어오는 오후에만 뿌려주니 시간대를 잘 맞춰 가야 한다. 카페발로에서 뿌려주는 스모그는 친환경 원료로 만든 안전한 커피향 스모그이니 안심해도 된다. 카페발로의 메인 촬영 장소는 중앙통로. 작은 창문 사이로 쏟아지는 자연광이 전문 모델 못지않은 환상적인 비주얼을 선사한다. 오후 4시부터는 급격하게 빛의 방향이 바뀌니 서두르는 것이 좋다.

주변 볼거리·먹거리

배다리 헌책방 골목

Ⓐ 인천 동구 금곡로 18-10 Ⓞ 월~토요일 10:00~19:00, 일요일 낮 12:00~19:00 / 매주 목요일 휴무 Ⓣ 032-766-9523
6월 26주 소개(224쪽 참고)

송도 센트럴파크

Ⓐ 인천시 연수구 송도동 24-5 Ⓞ 상시 Ⓣ 032-721-4415
Ⓗ www.insiseol.or.kr
9월 37주 소개(316쪽 참고)

TIP

• 카페 전체를 렌탈하여 광고나 CF를 촬영하는 날에는 입장 자체가 불가능하니 사전에 반드시 홈페이지 공지를 확인할 것!
• 이곳을 처음 방문하는 사람은 주변의 공방 지대 때문에 찾기 쉽지 않으며 영락없는 공장의 외형에 당혹스러울 수도 있다. 하지만 좁은 문을 열면 신세계가 펼쳐지니 걱정은 접어두자!
• 카페 문을 열고 들어가면 좌측 카운터에서 주문을 먼저 하고 입장해야 한다.
• 촬영이 자유로운 곳이지만 DSLR로 촬영할 경우에는 반드시 입구에서 패스카드를 구입해 목에 걸어야 한다(패스카드 비용 10,000원, 보증금 5,000원은 카드 반납 시 반환). 스마트폰 및 디지털카메라는 제외.
• 삼각대 등의 촬영 장비는 일체 사용 불가.
• 카페발로에 진열된 가구는 모두 판매되는 제품이므로 함부로 만지는 행위 금지!

1 COURSE

🚶 헤이리 예술마을 내

▶ 앤조이터키

2 COURSE

🚌 헤이리 예술마을 1번 게이트 앞에서 직행버스 900·2200 ▶ 파주 프리미엄 아울렛 후문 하차

▶ 헤이리 예술마을

3 COURSE

▶ 파주 프리미엄 아울렛

주소	경기도 파주시 탄현면 필승로 200
운영시간	월~목요일 10:30~20:30, 금~일요일 10:30~21:00, 전문식당가 11:00~21:00
전화번호	1644-4001
홈페이지	www.premiumoutlets.co.kr/paju

오두산통일전망대, 헤이리 프로방스, 헤이리 예술마을과 함께 파주 여행의 핵심 관광지인 파주 프리미엄 아울렛. 국내외 명품 브랜드를 저렴하게 구입할 수 있다.

주소	경기도 파주시 탄현면 헤이리마을길 82-91 8번 게이트 앞
운영시간	11:00~19:00 / 주말 브레이크타임 15:00~17:00 / 매주 월요일 휴무(월요일이 공휴일인 경우 정상 영업)
전화번호	031-945-3537
홈페이지	blog.naver.com/aramiss72
대표메뉴	앤조이터키 2인 세트 22,000원, 주인장이 직접 구운 터키빵 시미트 2,500원, 터키 커피 및 터키 홍차(무한 리필) 각 5,000원, 지중해 샐러드 14,000원
가는 법	2호선 합정역 2번 출구 → 직행버스 2200 → 법흥3리 하차

9월 35주 소개(280쪽 참고)

주소	경기도 파주시 탄현면 헤이리마을길 70-21
운영시간	월요일은 대체로 휴무인 곳이 많지만 각 공간별로 휴무일이 다르므로 홈페이지 참고
전화번호	헤이리종합안내소 070-7704-1665
홈페이지	www.heyri.net

6월 25주 소개(216쪽 참고)

생활에 플러스를 더하는
라이프스타일 숍 투어

33 week

SPOT **1**

**디자인&라이프스타일 숍&복합
문화공간**

마켓엠
플라스크

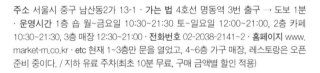

주소 서울시 중구 남산동2가 13-1 · **가는 법** 4호선 명동역 3번 출구 → 도보 1분 · **운영시간** 1층 숍 월~금요일 10:30~21:30 토~일요일 12:00~21:00, 2층 카페 10:30~21:30, 3층 매장 12:30~21:00 · **전화번호** 02-2038-2141~2 · **홈페이지** www.market-m.co.kr · **etc** 현재 1~3층만 문을 열었고, 4~6층 가구 매장, 레스토랑은 오픈 준비 중이다. / 지하 유료 주차(최초 10분 무료, 구매 금액별 할인 적용)

　경복궁 본점의 라이프디자인 숍 & 인테리어 숍 마켓엠이 복합문화공간으로 새단장해 명동에 자리 잡았다. 도시와 공간을 모티프로 엽서부터 에코백까지 실용적이고 실험적인 디자인 소품을 선보이는 세컨드 브랜드 플라스크(Flask)의 이름을 따왔으며, 총 6개 층으로 구성해 다양한 경험을 제공한다. 1층은 마켓엠이 자체 제작한 핸드메이드 라탄 바구니, 앞치마, 도자기 그릇 같은 라이프스타일 제품과 해외 및 국내 문구, 가드닝 제품과 식물들을 판매한다. 2층과 3층은 호주 바이런베이의 로스터리 카페 문샤인 커피와 멋스러운 공구를 디자인하는 브랜드 베이거 하드웨어가 입점돼 있다.

다른 곳에서 만나보기 어려운 호주의 '문샤인 커피'와 함께 베이커리를 즐길 수 있다. 문샤인 커피 이름이 들어간 텀블러, 에코백 등의 굿즈도 구입할 수 있다.

베이거 하드웨어의 인테리어 소품, 흥미로운 국내외 도서와 잡지를 판매한다. 더불어 다채로운 분야에서 활동하는 전문가와의 만남을 통해 지식과 경험을 공유하는 토크 강연과 대관 행사가 진행된다.

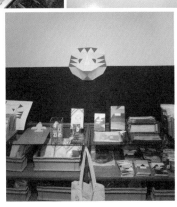
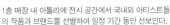

1층 매장 내 아틀리에 전시 공간에서 국내외 아티스트들의 작품과 브랜드를 선별하여 일정 기간 동안 선보인다.

주변 볼거리·먹거리

남산도서관 아름다운 새소리 가득한 녹색 정원을 지닌 100살 된 도서관. 커다란 정원 안에 야외 도서관이 있어서 책 한 권 들고 휴식하기 좋다. 남산도서관으로 향하는 남산공원길은 산책 코스로도 훌륭하다.

Ⓐ 서울시 용산구 소월로 109 Ⓣ 02-754-7338 Ⓗ nslib.sen.go.kr

아베크엘

Ⓐ 서울시 용산구 두텁바위로 69길 29 1층
Ⓖ 12:00~19:00
／ 매주 일요일 휴무 Ⓣ 070-8210-0425 Ⓗ www.avec-el.com
10월 40주 소개(340쪽 참고)

SPOT **2**
현명한 소비의 시작
오브젝트

주소 서울시 마포구 와우산로35길 13 · **가는 법** 2호선 홍대입구역 7번 출구 →
도보 4분 · **운영시간** 12:00~21:00 · **전화번호** 02-3144-7738 · **홈페이지** www.
objectlifelab.com · etc 반려동물 동반 가능

　젊은 작가들의 수공예 액세서리와 패브릭, 아기자기한 생활
소품, 베이직 스타일 의류, 독립출판물, 디자인 문구, 인테리어
소품 등 지름신을 불러일으키는 제품들을 한곳에서 만날 수 있
는 오브젝트 서교점. 1층 카페, 2층 액세서리 및 문구류, 프린
트, 패브릭, 3층 리빙과 핸드메이드 액세서리 매장으로 구성돼
있다.

　오브젝트는 유통 제약이 많았던 아마추어 브랜드와 신진 디
자이너를 위한 공간을 마련해주고, 그들이 만든 상품을 판매할
뿐 아니라 정기적으로 전시 및 팝업스토어를 운영하는 특별한
복합문화공간이다. 톡톡 튀는 젊은 작가들의 특별한 영감을 찾
고 싶을 때 들르면 좋다.

전시 굿즈도 판매한다.

B1층(지하)에서 젊은 작가들의 전시 및 팝업스토어가 정기적으로 운영된다.

소장 욕구를 자극하는 신진 디자이너들의 아기자기한 패브릭 제품, 리빙 용품, 문구, 핸드메이드 액세서리

주변 볼거리·먹거리

경의선책거리 홍대 입구역 6번 출구로 나와서 직진하다 보 면 경의선책거리가 나온다. 마포구가 경의선 홍대 복합역사에 조 성한 책 테마 거리. 출판문화예술 네트워크 공간일 뿐 아니라 시민들과 함께할 수 있는 다 양한 체험 프로그램, 작가와의 만남, 유명 인사 들의 강의 등을 요일별 특화된 프로그램으로 만날 수 있다.

Ⓐ 서울시 마포구 와우산로35길 50-4 Ⓞ 11:00~20:00 / 매주 월요일 및 공휴일 휴무 Ⓣ 02-324-6200 Ⓗ gbookst,or,kr

SPOT **3**

오리엔탈 레트로 패턴의 홈리빙
은혜직물

주소 서울시 마포구 희우정로 117-1 · **가는 법** 6호선 망원역 1번 출구 → 오렌지마트 앞에서 마을버스 마포09 탑승 → 한강유수지 입구 하차 → 도보 5분 · **운영시간** 화~토요일 14:00~19:00 / 매주 일~월요일 휴무 · **전화번호** 070-4001-4020 · **홈페이지** www.eunhyefabric.com / www.instagram.com/eunhyefabric

　　오리엔탈 레트로를 지향하는 은혜직물(恩惠織物)은 우리 고유의 아름다움을 소재로 한 쿠션, 침구, 생활 잡화 등의 리빙 용품을 비롯해 다양한 복고풍 파우치를 판매하는 직물 가게다. 평소 동묘시장을 즐겨 찾아 오래된 물건을 사는 것이 취미일 만큼 빈티지를 좋아하던 강정주 대표와 조은혜 대표는 본인들이 가장 좋아하고 솔직하게 보여줄 수 있는 것이 빈티지라고 한다. 두 사람은 동양적인 빈티지나 복고적인 패턴을 자신들만의 감성으로 재해석해 제품에 풀어내고 있다. 망원동 쇼룸은 부부가 전국을 돌아다니며 모은 빈티지 소품들로 공간을 풍성하게 만들어 다양한 볼거리를 제공한다.

주변 볼거리·먹거리

망원시장 마포구의 핫플레이스. 1인 가구를 위한 소규모 포장과 장보기 및 배송 서비스를 최초로 선보인 전통 재래시장. 개당 500원짜리 황인호 원당 수제 고로케, 갖은 양념을 버무린 큐스 닭강정, '맛있는 집'의 오징어 튀김 등은 놓칠 수 없는 개성 만점 별미.

Ⓐ 서울시 마포구 포은로8길 14 Ⓞ 연중무휴 Ⓣ 02-335-3591 Ⓗ www.facebook.com/MangWonsijang

키티버니포니 2008년 단조로운 국내 패브릭 시장에서 자유분방한 패턴과 선명한 컬러의 토끼, 사슴, 펭귄, 북극곰 등 동물 모양의 쿠션을 온라인에 처음 선보이면서 이름을 알렸다. 서울 합정동 오래된 단독주택을 리노베이션한 쇼룸에 침구, 쿠션, 커튼, 파우치, 에코백 등 다양한 제품들이 스타일링되어 있다. 다양한 분야의 브랜드 및 디자이너와 협업해서 만든 제품들도 인기다.

Ⓐ 서울시 마포구 월드컵로5길 33-16 Ⓞ 화~일요일 11:00~19:00 / 매주 월요일 및 공휴일 휴무 Ⓣ 02-322-0290 Ⓗ www.kittybunnypony.com

SPOT 4

소소한 살림 취향

띵굴스토어

주소 서울시 중구 을지로1가 87 지하 1층(시청점) · 가는 법 1호선 시청역 4번 출구 → 한국프레스센터 앞 횡단보도 건너서 도보 5분 · 운영시간 10:00~22:00 / 연중무휴 · 전화번호 070-7703-2555 · 홈페이지 www.thingoolmarket.com · etc 카페 및 베이커리 이용 시 2시간 무료 주차권 제공

　　플리마켓 띵굴시장으로 유명한 살림 인플루언서 띵굴마님이 제안하는 살림살이들을 오프라인 숍에서 만나볼 수 있다. 2018년 11월에 오픈한 띵굴스토어는 띵굴마님의 안목으로 선정된 다양한 브랜드의 생활 소품과 라이프스타일을 파는 편집숍이다. 여자들의 살림 로망을 실현한 공간답게 식기류를 포함해 편안하면서도 아기자기한 감성이 가득 담긴 그녀의 소소한 살림살이들을 모두 볼 수 있다. 띵굴마님이 고심하여 직접 고른 주옥같은 유아 도서, 소재가 좋은 유아 속옷, 양말 등 키즈 제품까지 구경하는 재미가 쏠쏠하다.

주변 볼거리·먹거리

아크앤북

Ⓐ 서울시 중구 을지
로 29 부영을지빌
딩 B1F(시청점) ⓞ
10:00~22:00 / 연중무휴 ⓣ 070-8822-4728
ⓗ www.instagram.com/arc,n,book_official
ⓔ 시청점 외에 성수점, 잠실 롯데월드몰 분점
이 있다. / 1만 원 이상 구매 시 2시간 무료 주
차권을 준다.
1월 1주 소개(34쪽 참고)

TIP
• 오프라인 쇼룸 형태로 선보이는 시청점 외에도 성수점, 롯데월드몰점이 있다.
• 최근 온라인 띵굴마켓을 오픈해 손쉽게 집 앞까지 새벽배송으로 받을 수 있다.

SPOT 5

박노해 시인의
생명, 평화, 나눔의 카페
라 카페 갤러리

주소 서울시 종로구 자하문로10길 28 · **가는 법** 3호선 경복궁역 3번 출구 → 지선버스 7022·7212·1020 · 부암동주민센터 하차 → 도보 4분 · **운영시간** 11:00~22:00 / 매주 월요일 휴무 · **전화번호** 02-379-1975 · **홈페이지** www.racafe.kr · etc 라 카페 1층 입구에 주차 가능

　박노해 시인이 설립한 비영리 사회단체 나눔문화가 운영하는 갤러리 카페. 산책하기 좋은 동네 부암동 초입에 자리하고 있다. 라(Ra) 갤러리, 라(Ra) 책방, 라(Ra) 카페 등 세 개의 공간으로 나뉘어 있으며, 박노해 시인의 사진전이 상시 전시되고 있다. 또한 카페 한편에는 '세상에서 가장 작은 책방'이라 불리는 선반이 있는데, 인생의 고전이 될 만한 책들을 진열 및 판매하고 있다. 카페의 작은 화단에 직접 기르는 천양금, 로즈마리, 페퍼민트, 바질 등으로 만드는 신선하고 맛 좋은 샌드위치와 샐러드도 맛볼 수 있다. 카페와 갤러리 수익금은 지구 마을 곳곳에서 고통받고 있는 어린이들을 위해 사용된다. 이곳 '라'를 찾는 것만으로도 세계 어린이들을 돕는 셈이다.

주변 볼거리·먹거리

윤동주 시인의 언덕 '청운공원' 윤동주문학관 위로 올라가면 인왕산 자락길의 한 코스이기도 한 '시인의 언덕'이 나온다. 이곳의 정식 명칭은 청운공원이지만 예전에 시인 윤동주가 이곳에 올라 서울 도심을 내려다보며 시를 썼기에 '시인의 언덕'으로 더 유명하다. '시인의 언덕'에서 시작되는 인왕산 자락길은 청운공원에서 사직공원에 이르는 산책로다.

Ⓐ 서울시 종로구 창의문로 119 ⓞ 상시 개방 Ⓣ 011-774-7171 Ⓗ cafe.daum.net/ilovedongju

소소한 풍경

Ⓐ 서울 종로구 부암동 239-13 ⓞ 12:00 ~22:00(브레이크타임 없음) / 명절 휴무 Ⓣ 02-395-5035 Ⓔ 주차 가능(2대 정도)
5월 22주 소개(198쪽 참고)

TIP
• 라 카페 갤러리에서 상시 전시 중인 박노해 사진전 관람은 무료다.

1
COURSE

🚶 도보 10분

➡️ **마켓엠플라스크**

2
COURSE

🚶 도보 10분

➡️ **남산산책길**

3
COURSE

➡️ **남산타워**

주소	서울시 중구 남산동2가 13-1
운영시간	1층 숍 월~금요일 10:30~21:30 토~일요일 12:00~21:00, 2층 카페 10:30~21:30, 3층 매장 12:30~21:00
전화번호	02-2038-2141~2
홈페이지	www.market-m.co.kr
etc	현재 1~3층만 문을 열었고, 4~6층 가구 매장, 레스토랑은 오픈 준비 중이다. / 지하 유료 주차(최초 10분 무료, 구매 금액별 할인 적용)
가는 법	4호선 명동역 3번 출구 → 도보 1분

8월 33주 소개(282쪽 참고)

주소	서울시 중구 회현동 1가

명동역에서 약 10분 거리에 있는 남산 케이블카를 타면 남산타워까지 쉽게 올라갈 수 있지만, 마켓엠 플라스크 윗길로 난 남산산책길을 따라 남산타워까지 걸어 올라가면 또 다른 풍광을 만날 수 있다. 단, 한여름 낮보다는 해 질 무렵이 걷기 좋다. 힘겨운 등산로이기보다는 계단 하나 없이 완만한 언덕을 오르는 느낌이다. 숲으로 둘러싸인 산책로는 차량이나 자전거 출입이 통제되어 커다란 초록 나무들이 제공하는 그늘을 따라 도심 속 고요를 경험할 수 있다.

주소	서울시 용산구 남산공원길 103
운영시간	10:00~23:00 / 연중무휴
입장료	전망대 어른 11,000원, 어린이 9,000원
홈페이지	www.seoultower.co.kr

명동에서 남산타워까지 이어지는 남산산책길은 서울 산책 코스로 제격이다. 운치 있게 쭉 뻗은 산책로를 따라 걷노라면 초록 나무와 이름 모를 꽃들이 함께해 지루할 새가 없다. 산책로를 따라 걷다 보면 어느덧 남산타워와 팔각정에 도착한다. 내려올 때는 남산 순환버스를 이용하면 편하다.

아날로그 감성 돋는
빈 티 지 여 행

34 week

SPOT 1

과거로 가는 어른들의 타임머신

국립민속박물관
추억의 거리

주소 서울시 종로구 삼청로 37 국립민속박물관 내 · **가는 법** 3호선 안국역 1번 출구 → 동십자각까지 약 5분 직진 → 안국동사거리 지나 오른쪽 삼청동길을 따라 도보 약 15분 · **운영시간** 09:00~18:00(동절기 17:00까지) / 매주 화요일 휴관 · **입장료** 무료 · **전화번호** 02-3704-3114 · **홈페이지** www.nfm.go.kr

서울의 대표 관광지 경복궁 집경당에서 오른쪽으로 이어진 길 끝에 '국립민속박물관 추억의 거리'가 있다는 사실을 모르는 사람들이 의외로 많다. 국립민속박물관 옆에 자리한 '추억의 거리'는 우리나라 1970~1980년대의 옛 거리를 고스란히 재현해 놓은 곳이다. 이 거리에는 다방, 식당, 만화방, 레코드점, 이발소, 양장점, 사진관 등이 들어서 있다. 규모는 그리 크지 않지만 거리의 모든 가게들의 간판부터 아기자기한 소품 하나하나까지 옛 느낌을 간직하고 있어서 영화 세트장을 둘러보는 듯하다. 아이들에게는 색다른 볼거리와 즐거움을, 어른들에게는 잠시나마 추억에 젖어볼 수 있는 시간을 선사한다.

주변 볼거리·먹거리

국립민속박물관 선사시대부터 현대까지 한국인의 생활문화를 보고, 듣고, 체험하는 우리나라 대표 생활사 박물관이다.

Ⓐ 서울시 종로구 삼청로 37 Ⓞ 09:00~18:00 (동절기 17:00까지) / 매주 화요일 휴관 Ⓣ 02-3704-3114 Ⓗ www.nfm.go.kr

어린이박물관 국립민속박물관 옆에 있으며, 어린이 눈높이에 맞는 다양한 체험형 전시가 상시 마련되어 있는 교육의 장. 과거 한국의 모습과 오래된 생활용품 등을 터치스크린과 영상 등 현대적인 시설로 보여주며 아이들의 호기심을 자극한다.

Ⓐ 서울시 종로구 삼청로 37 Ⓞ 3월~5월 09:00~18:00, 6월~8월 09:00~18:30, 9월~10월 09:00~18:00, 11월~2월 09:00~17:00, 5월~8월 09:00~19:00 / 매주 화·토·일요일, 공휴일 휴관 Ⓒ 무료 Ⓣ 02-3704-4540 Ⓗ www.kidsnfm.go.kr

담장 하나를 사이에 두고 경복궁과 이웃하고 있다.

TIP
· '추억의 거리'의 묘미는 바로 옛날 교복을 입고 사진을 찍어보는 것이다.
· 경복궁은 유료 관람.

고바우만화방은 추억의 만화들을 모아놓았으며, 은하사진관에서는 오래된 필름카메라를 볼 수 있다.

동심과 추억이
방울방울 솟는 상상마당

한국만화박물관

주소 경기도 부천시 원미구 길주로 1 · **가는 법** 7호선 삼산체육관 5번 출구 → 도보
4분 · **운영시간** 10:00~18:00(입장 마감 17:00) / 매주 월요일 휴관 · **입장료** 5,000
원(36개월 미만 무료) · **전화번호** 032-310-3090 · **홈페이지** www.komacon.kr/
museum · **etc** 주차 무료

희귀본 만화와 절판본까지 한국 만화의 역사를 한눈에 살펴
볼 수 있는 곳이다. 1층의 만화영화 디지털 극장에서는 애니메
이션, 영화, 공연을 감상할 수 있으며, 1년 내내 다양한 프로그
램을 선보여 아이들에게 인기다. 2층에 초등학교 4학년 이상이
면 누구나 열람 가능한 만화도서관이 있어 아이와 어른들에게
인기다. 3층에서는 만화체험전시관, 한국만화역사관 등 다양한
추억의 만화들을 전시하고 있다. 추억의 만화방과 구멍가게, 가
판대, 골목 등도 재현해 놓았으니 사진 촬영 또한 놓치지 말자.
한국만화박물관에서 사진이 가장 잘 나오는 포토존이다. 또한

4층에는 열혈강호 차림으로 사진을 찍을 수 있는 '무림의 세계', 직접 투수가 되어 야구를 체험할 수 있는 '외인구단과의 한판 승부' 등 만화를 콘셉트로 한 다양한 체험들을 직접 해볼 수 있는 체험존이 있다.

TIP
- 만화홍보관 내부의 포토존에서 사진 촬영 후 입장권을 제시하면 30퍼센트 할인해 준다.
- 만화도서관에서 도서 대출은 하지 않으며 자료 열람만 가능하다.
- 영상열람실은 당일 선착순 방문 예약제로만 운영되니 참고하자(10:00, 12:00, 14:00, 16:00).
- 매년 8월에 부천국제만화축제가 열린다.

웹툰의 시작과 현재 인기 작품을 전시 중인 4층의 웹툰 전시존

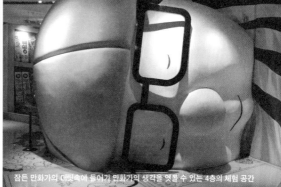
잠든 만화가의 머릿속에 들어가 만화가의 생각을 엿볼 수 있는 4층의 체험 공간

주변 볼거리·먹거리

부천한옥체험마을
한국만화박물관 바로 건너편에 있으며 설계에서 시공까지 우리나라 중요무형문화재 제75호 신응수 대목장이 직접 참여해 건축한 한국 전통가옥 체험마을이다. 전통혼례 등 우리나라의 민속문화를 전시, 체험, 시연하는 프로그램과 한옥숙박체험 및 체험학교를 운영하고 있다. 또한 이곳에 방문한 사람 누구나 전통차를 체험할 수 있도록 다례체험장을 상시 운영 중이다.

Ⓐ 경기도 부천시 원미구 길주로 1 Ⓞ 09:00~18:00 / 매주 화~수요일 휴관 Ⓒ 무료 Ⓣ 032-326-1542 Ⓗ www.bucheonculture. or.kr Ⓔ 한옥마을 내 전통 카페의 대표메뉴 전통차 시음 1잔 4,000원 / 전통음식체험 10,000~20,000원

인기 만화의 캐릭터를 색칠하는 1층의 체험 코너

SPOT 3

추억의 보물 창고

서울풍물시장
청춘1번가

주소 서울시 동대문구 천호대로4길 21 · **가는 법** 1호선 신설동역 9·10번 출구 → 도보 2분 · **운영시간** 10:00~19:00(식당가는 22:00까지) / 매월 둘째·넷째 주 화요일 휴무 · **전화번호** 02-2232-3367 · **홈페이지** pungmul.seoul.go.k · **etc** 상품 구입 시 서울풍물시장 앞 공영주차장 무료 주차권(1시간 30분) 지급

　서울풍물시장은 청계천을 복원하면서 '없는 것 빼고 다 있다'는 옛 황학동 벼룩시장을 이주시켜 새롭게 조성한 실내 장터다. 옛날 고유의 맛은 덜하지만 여전히 생활용품, 인테리어 소품 및 가구 등 세상에 존재하는 모든 물건이 이곳에 있다. 수백 년은 족히 되어 보이는 각종 골동품, 빈티지 의류, 희귀 레코드판과 앤티크 장식품 및 인테리어 소품까지 물건 보는 안목만 있다면 값나가는 골동품을 값싸게 구입하는 행운을 누릴 수 있다. 특히 2층에 자리한 '청춘1번가'를 놓치지 말자. 이발소, 만화방, 사진관, 전당포 등 서울의 1960년대 상점가 거리를 그대로 재현한 테마존이다. 핸드메이드 제품을 판매하는 젊은 작가들의 숍과 더불어 다양한 볼거리와 즐길 거리를 선사하여 가족과 연인들의 색다른 데이트 장소로 손색없다.

주변 볼거리·먹거리

익선동 낙원상가 뒤쪽에 위치한 익선동은 1930년대에 도시형 한옥마을로 개발됐던 곳으로, 10여 분이면 다 돌아볼 수 있는, 골목 서너 개로 이뤄진 아주 작은 동네다. 분주한 종로 한복판에서 홀로 시간이 멈춰버린 듯한 느낌이다. 이곳에 새롭게 흘러든 젊은 주인장들은 기존 한옥집들의 서까래, 벽, 지붕 등의 틀을 고스란히 남긴 채 최소한의 것들만 개조해서 사용 중이다. 덕분에 1920년대와 1930년대에나 존재했을 법한 예스런 모습을 고스란히 간직하고 있다.

Ⓐ 서울시 종로구 익선동(3호선 종로3가 4번 출구로 나와서 건너편 골목으로 도보 2분)
3월 11주 소개(128쪽 참고)

광장시장 먹자골목

Ⓐ 서울 종로구 창경궁로 88 ⓞ 광장시장 09:00~18:00(일요일 휴무), 구제상가 10:00~19:00(일요일 휴무), 먹자골목 09:00~23:00(연중무휴) ⓣ 02-2272-0091 ⓗ www.kwangjangmarket.co.kr
10월 41주 소개(347쪽 참고)

TIP

- 취급 물건에 따라 각 층마다 구역이 나눠져 있으며 고유의 색깔로 표시해 놓았다. 1층은 구제 의류, 생활잡화, 전통 생활용품, 공예 및 골동품, 전통문화체험관, 2층에도 생활잡화, 취미생활 용품, 의류 등 다양한 물건을 취급한다.
- 다양한 민속 먹거리를 맛볼 수 있는 1~2층의 식당가와 풍맛골이라는 야외 장터도 놓치지 말자.

커피 향기 가득한 북유럽 문화원
양평 테라로사

주소 경기도 양평군 서종면 북한강로 992 · **가는 법** 경의중앙선 양수역 2번 출구에서 택시 이용(약 20분 소요). 또는 카페 '7grm' 앞 정류장에서 버스 8-4 · 8-5 · 8-7을 타고 문호리 종점에서 하차 후 택시 이동(약 4,000원) · **운영시간** 09:00~21:00 / 연중무휴 · **전화번호** 031-773-6966 · **홈페이지** www.terarosa.com · **etc** 양수역에서 문호리행 버스를 타면 약 40분이 소요되므로 경의중앙선 양수역에서 테라로사까지 택시로 이동(약 20분 소요, 택시비 약 15,000원)할 것을 추천한다.

주변 볼거리·먹거리

문호리 리버마켓 차로 1분 거리에 문호리 리버마켓이 있다. 문호리 리버마켓에서 판매하는 다양한 건강 음식들로 식사할 것을 추천!

ⓐ 경기도 양평군 서종면 문호리 655-2 ⓞ 매월 셋째 주 토~일요일 10:00~19:00 ⓣ 010-5267-2768 ⓗ rivermarket.co.kr
9월 38주 소개(324쪽 참고)

　　다양한 산지별 커피를 비롯하여 매일매일 유기농 밀가루에 천연 발효종으로 자연발효해서 만든 빵으로 입소문이 자자한 테라로사 서종점. 베이커리와 커피 교육장 및 갤러리 외에도 문화예술 전문 서적으로 유명한 프랑스 '타셴' 출판사의 책들을 구입할 수 있는 테라로사의 첫 번째 북카페이기도 하다. 2층에 아담한 북유럽 문화원이 자리하고 있어 북유럽 관련 서적 및 전시, 스칸디나비안 가구 컬렉션도 둘러볼 수 있다.

TIP
· 주말에 가면 말 그대로 인산인해라 앉을 자리도 마땅치 않지만 탁 트인 야외 정원과 친환경 텃밭 그리고 이국적인 분위기 속에서 맛보는 커피와 빵, 디저트 덕분에 고생한 보람이 있는 곳이다.
· 온라인몰에서 테라로사의 갓 볶은 원두를 구입할 수 있다.

1 COURSE

⊙ 7호선 삼산체육관역 1번 출구
▶ 🚶 횡단보도 건너서 도보 3분

➡ 봉순게장

2 COURSE

⊙ 간선버스 87번 탑승 후 삼산
체육관역 하차 ▶ 🚶 도보 1분 ->
부천등불축제

➡ 부천상동호수공원

3 COURSE

➡ 부천등불축제

주소	경기도 부천시 오정구 작동 226
운영시간	10:30~당일 준비된 게장 소진 시까지
전화번호	032-682-0029
etc	간장게장 및 양념게장 포장 판매 1kg 40,000원
대표메뉴	봉순정식 19,000원, 간장게장 7,000원
가는 법	7호선 까치울역 5번 출구→도보 7분

4월 17주 소개(166쪽 참고)

주소	경기도 부천시 원미구 조마루로 15
전화번호	032-625-3496

부천 시민들의 대표 휴식처이자 명소로서 다양한 수목이 식재된 호수를 둘러싸고 조깅 코스 겸 산책 코스가 훌륭하게 정비되어 있다. 이 길을 따라 철마다 피어나는 유채꽃, 양귀비꽃, 청보리, 메밀꽃을 감상할 수 있다. 도보 10분 거리에 한국만화박물관과 부천 아인스월드, 웅진플레이도시가 있다.

주소	경기도 부천시 소향로 162 부천 중앙공원 일대
운영시간	18:00~23:00(정확한 일정과 점등시간은 홈페이지 참조)
입장료	무료
전화번호	032-320-3000

해마다 가을이 시작되는 계절부터 부천중앙공원에서 등불축제가 열린다. 정확한 명칭은 로봇문화등축제. 청계천 등불축제처럼 멀리서 일부러 찾아갈 정도로 큰 축제는 아니지만 부천여행 야간 산책 겸 소소하게 한번쯤 들러보기 좋다.

폭염이 사그라들고 가을 내음이 느껴지는 9월. 살랑살랑 불어오는 가을바람에 어디론가 무작정 떠나고 싶은 계절이다. 하지만 아직은 여름의 끝자락. 멀리 떠나고 싶지만 여의치 않을 때는 가을 분위기 물씬 풍기는 가까운 곳으로 떠나보자. 제주도 올레길 못지않게 탁 트인 해안길이 일품인 대부도 해솔길을 걸으며 여름 끝물의 더위를 날려버리고, 가을밤의 시원한 기운을 느껴보자. 쉽게 볼 수 없기에 더욱 이색적인 경복궁의 야간 경치, 화려하고 이국적인 밤의 도시 송도, 낮보다 밤이 더 끝내주는 동대문DDP, 북한강변 따라 펼쳐지는 문호리 리버마켓, 그리고 싱싱한 가을 대하의 맛을 부담 없이 만끽할 수 있는 강화도 해운정, 서울 근교에서 당일로 즐길 수 있는 9월의 스팟은 무궁무진하다.

서울·경기도
9월의

여름의 끝자락,
가을의 문턱

낭만적인 대부도
해안 올레길

35 week

SPOT **1**

제주도 올레길 못지않은

대부도 해솔길
1코스 트레킹

주소 경기도 안산시 단원구 대부북동 1870-47 · **가는 법** 4호선 안산역 1번 출구 → 길 건너 버스환승장에서 일반버스 123 → 대부도관광안내소 하차 · **운영시간** 상시(일몰 이전 권장) · **전화번호** 031-481-3408(안산시청 관광과) · **홈페이지** www. haesolgil.kr · **etc** 대부도 해솔길 1코스는 대부도관광안내소(방아머리공원)에서 시작해 동서가든(캠핑장) → 북망산 → 구봉약수터 → 구봉도 낙조전망대 → 구봉선돌 → 종현어촌체험마을 → 돈지섬안길이 종착지다.

    대부도 해솔길 중 가장 아름다운 해안길과 낙조를 볼 수 있는 1코스(총 7.5km, 약 2시간 소요). 시간적 여유가 없다면 종현어촌 체험마을에서 낙조전망대까지만 걸어도(왕복 1시간 소요) 제주도 올레길 못지않은 눈부신 해안길 절경을 즐길 수 있다. 해안 길을 가로지르는 소나무 숲이 우거진 가벼운 산책길로 구봉도와 낙조전망대를 연결한 아치교 '개미허리' 다리의 경치가 일품 이다. 아이들과 함께 걸어도 무리가 없다.

    대부도 해솔길 1코스의 백미는 코스 끝자락에서 만나는 개미

할매바위와 할아배바위

개미허리 다리와 낙조전망대

서해안의 노을과 석양을 표현한 낙조전망대의 조형물

허리와 낙조전망대. 만조 시 물에 잠겨 섬이 되는 개미허리 다리와 서해안의 아름다운 황금빛 석양이 걸린 낙조전망대의 풍경이 너무나 아름답다.

구봉도 낙조전망대로 가는 길에 할매바위와 할아배바위를 만나게 되는데 배 타고 고기잡이를 떠난 할아배를 기다리던 할매는 기다리다 지쳐 비스듬한 바위가 되었고, 몇 년 후 무사히 돌아온 할아배는 바위가 된 할매가 너무 가여워 함께 바위가 되었다는 전설이 있다. 해변을 따라 걷다가 야트막한 북망산에 오르면 저 멀리 인천대교, 송도신도시, 영종도, 시화호 등이 보인다.

주변 볼거리·먹거리

탄도항 차로 20분 거리에 탄도항과 전곡항이 있으니 아름다운 일몰도 보고 싱싱한 해산물도 맛보자.

Ⓐ 경기도 안산시 단원구 대부황금로 7(선감동) Ⓗ 4호선 안산역 1번 출구→길 건너 버스 환승장에서 일반버스 123→종점(탄도항)에서 하차 Ⓞ 상시 개방
9월 35주 소개(304쪽 참고)

TIP
- 낙조전망대로 갈 때 물때를 만나면 해안길이 막히니 사전에 홈페이지를 통해 밀물과 썰물을 확인하자.
- 해솔길은 어민들의 생계 터전이므로 갯벌을 보호하고, 혹시 모를 산속의 뱀 출몰에 주의하자.
- 종현어촌체험마을에서 구봉도 낙조전망대까지는 흙길이므로 비 오는 날은 미끄러우니 산행을 하지 않는 것이 좋다.
- 주황과 은색 리본(화살표)만 잘 따라가면 헤매지 않고 완주할 수 있다.
- 해안길을 따라 걷기 힘들다면 종현어촌체험마을에서 '코끼리열차'를 이용하면 된다. 종현어촌체험마을 주차장에서 개미허리 다리 구간(약 1.3km)까지 운행하며, 성인은 2,000원(편도), 아동은 1,000원(편도)이다.

SPOT **2**

화려한 낙조

탄도항

주소 경기도 안산시 단원구 대부황금로 7(선감동) · **가는 법** 4호선 안산역 1번 출구 → 일반버스 123 → 종점(탄도항)에서 하차

대부도 해솔길 6코스가 끝나는 지점이자 7코스가 시작되는 탄도항은 해 질 무렵 황금빛 낙조가 아름답기로 유명하다. 서해의 아름다운 일몰 명소로 '안산의 하와이'라고 불리며, 하루 두 번 모세의 기적이 일어나는 바닷길로 유명해, 누구나 여기서 사진을 찍으면 작품이 된다. 서울에서 멀지 않은 곳에서 탁 트인 바다를 볼 수 있으며, 주변에 싱싱한 해산물 식당들이 즐비해 당일 서울 근교 주말 나들이 코스로 최고다. 간조 때는 등대전망대가 있는 누에섬까지 걸어갈 수 있다.

주변 볼거리 · 먹거리

누에섬 등대전망대
얼핏 제주도 성산일
출봉을 닮은 누에섬.
간조 시부터 일몰 전
까지 걸어서 갈 수 있다. 바다에 난 길을 따라 걷
는 수많은 사람들의 모습이 모세의 홍해 못지않
게 장엄한 광경을 연출한다.

Ⓐ 경기도 안산시 단원구 대부황금로 17-156
Ⓞ 하절기(3월~10월) 09:00~18:00, 동절기
(11월 ~2월) 09:00~17:00 / 매주 월요일, 명절
당일 휴관 Ⓒ 무료 Ⓣ 032-886-0126(안산어
촌민속박물관) / 010-3038-2331(누에섬 등대
전망대) Ⓔ 일몰 후에는 출입 금지

**궁평항 수산물직판
장** 좀더 다양한 먹거
리를 위해서는 탄도
항에서 차로 20분 거
리에 있는 궁평항으로 가는 것이 낫다. 싱싱한
해산물을 저렴하게 구입할 수 있어서 평일에
도 많은 사람들이 찾는 곳으로 수산물직판장
이 유명하다. 방파제 끝에서 바라보는 서해안
낙조도 일품이다.

Ⓐ 경기도 화성시 서신면 궁평항로 1049-24
Ⓞ 09:00~22:00 / 매주 둘째, 넷째 주 화요일
휴무 Ⓣ 031-355-9692

TIP
• 누에섬 등대전망대는 물때에 따라 관람 시간이 변경되니 사전에 꼭 확인해야
  한다.
• 일몰 전 물때에 맞춰 육지로 나오지 않으면 고립될 수 있으니 주의!

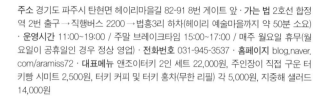

터키로 가는 가장 빠른 길
앤조이터키

주소 경기도 파주시 탄현면 헤이리마을길 82-91 8번 게이트 앞 · **가는 법** 2호선 합정역 2번 출구 → 직행버스 2200 → 법흥3리 하차(헤이리 예술마을까지 약 50분 소요) · **운영시간** 11:00~19:00 / 주말 브레이크타임 15:00~17:00 / 매주 월요일 휴무(월요일이 공휴일인 경우 정상 영업) · **전화번호** 031-945-3537 · **홈페이지** blog.naver. com/aramiss72 · **대표메뉴** 앤조이터키 2인 세트 22,000원, 주인장이 직접 구운 터키빵 시미트 2,500원, 터키 커피 및 터키 홍차(무한 리필) 각 5,000원, 지중해 샐러드 14,000원

주변 볼거리 · 먹거리

오두산통일전망대

Ⓐ 경기도 파주시 탄현면 필승로 369 Ⓞ 1월~2월 및 11월~ 12월 09:00~16:30 / 3월~10월 09:00~17:00 / 매주 월요일 휴 Ⓒ 3,000원 Ⓣ 031-956-9600 Ⓗ www.jmd.co.kr 5월 21주 소개(189쪽 참고)

서울에서 40분이면 도착하는 헤이리 예술마을 맨 안쪽, 한적한 8번 게이트 도로변 귀퉁이, 이곳에 그저 터키가 좋아서 무작정 터키 카페를 차린 세 자매의 '앤조이터키'가 있다. 다른 나라는 거들떠보지도 않고 오로지 터키 여행만 한 지 어느덧 12년째. 여섯 자매 중 셋째 언니가 터키에서 '앤조이터키'라는 이름의 여행사를 하고 있어서 나머지 두 자매 또한 터키에 자주 놀러 가다가 터키의 매력에 빠지게 되었다고 한다. 그렇게 세 자매가 터키에서의 추억을 더 많은 사람들과 공유하고 싶은 마음에 터키 카페를 차린 지 벌써 7년째. 한 번씩 터키로 떠날 때마다 하나둘 공수해 온 각종 소품들로 카페를 꾸몄다. 그리 넓지 않지만 터키 홍차와 음식을 맛볼 수 있는 카페 공간, 터키석 액세서리, 타일과 그릇 등 다양한 터키 소품과 의류 등을 구입할 수 있는 바자르 공간으로 알차게 꾸며져 있다. 모든 메뉴는 터키 현지에서 요리법을 배워 온 자매들이 번갈아 가며 요리한다. 터키의 국민빵 시미트와 조미료를 최소화하고 자연 그대로 맛을 살린 터키식 브런치를 맛볼 수 있다.

카페 한편에는 전문가 못지않은 안목으로 발품 팔아 터키 구석구석을 누비며 직접 공수해 온 핸드메이드 양모 카펫을 판매한다. 국내에서 유일하게 오리지널 핸드메이드 터키 카펫을 파는 곳이다.

TIP
- 터키 만두요리 '만트'는 자연 발효 요구르트를 사용해 직접 빚어서 만들기 때문에 3일 전 예약 필수!
- 파주를 자주 드나드는 사람들도 잘 모를 정도로 맨 위쪽 꼭대기에 자리한 덕분에 한적한 여유로움 속에서 터키 홍차를 호스스럽게 즐길 수 있다.

1 COURSE

🚶 도보 30분

▶ 종현어촌체험마을

2 COURSE

🚕 택시 약 20분(요금 약 1만 원)

▶ 구봉도 낙조전망대

3 COURSE

➡ 와인 주는 회집

주소	경기도 안산시 단원구 구봉길 240
운영시간	3월~11월 썰물 시간
전화번호	032-886-6044
홈페이지	jonghyun.seantour.com
etc	홈페이지와 전화로 사전 예약 필수

섬 전체가 산으로 덮인 전형적인 어촌 마을로 갯벌 체험장과 망둥어 낚시 체험으로 유명하다. 그 외에 갯벌 썰매타기, 맨손으로 미꾸라지 잡기, 포도즙 만들기, 포도나무 심기, 감자와 고구마 캐기, 해양 레저스포츠 체험 등 다양한 갯벌 체험을 즐길 수 있다. 체험비만 내면 모든 장비를 무료로 대여해 주며 일정도 알차게 짜여 있어서 연인 혹은 아이들과 함께 다양한 레저 체험을 할 수 있다.

주소	경기도 안산시 단원구 대부북동 산25
운영시간	상시 개방(일몰 이전 권장)
전화번호	032-886-6044(종현어촌체험마을)

대부도 해안길과 개미허리 다리로 연결된 구봉도 낙조전망대. 만조 때는 뱃길이 되지만 간조 때는 물이 빠져 산책로가 된다. 서해의 아름다운 낙조를 감상할 수 있어 사진작가들에게도 매우 인기 있는 곳이다. 대부도 해솔길 1코스 중 마지막 종점에 위치해 있으며 구봉도 낙조전망대까지 가로지르는 해안길 산책로가 일품이다. 마치 바다 한가운데를 걸어가는 듯한 착각이 든다.

주소	경기도 안산시 선감동 680번지
운영시간	평일 10:00~22:00, 주말 10:00~22:00
전화번호	032-886-5360

1월 4주 소개(58쪽 참고)

정 상 에 서 내 려 다 본
서 울 의 얼 굴

36 week

대한민국역사박물관 옥상에서 바라본 경복궁

SPOT 1

궁궐 달빛 산책

경복궁
야간 개장

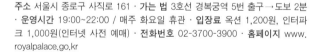

주소 서울시 종로구 사직로 161 · **가는 법** 3호선 경복궁역 5번 출구→도보 2분
· **운영시간** 19:00~22:00 / 매주 화요일 휴관 · **입장료** 옥션 1,200원, 인터파
크 1,000원(인터넷 사전 예매) · **전화번호** 02-3700-3900 · **홈페이지** www.
royalpalace.go.kr

　　낮의 정숙한 모습을 뒤로하고 밤에 더욱 화려하고 요염해지
는 경복궁이 1년에 4회 야간 개장을 하니 이 기회를 놓치지 말
자. 태어나서 경복궁을 처음 보는 듯 황홀하게 펼쳐지는 경복궁
의 야경에 깜짝 놀랄 것이다. 물론 야간 개장 시즌에는 엄청난
인기 때문에 티켓 구하기가 하늘의 별 따기. 경복궁 홈페이지를
통해 야간 개장 회차를 미리 숙지해 두는 것이 좋다. 불빛 찬란
한 경복궁 전경을 한눈에 내려다볼 수 있는 최적의 장소는 경복
궁 맞은편 대한민국역사박물관 옥상이다. 매주 수요일과 토요
일에 저녁 9시까지 개장하며 입장료는 무료다.

주변 볼거리 · 먹거리

국립민속박물관

Ⓐ 서울시 종로구 삼
청로 37 Ⓞ 09:00~
18:00(동절기 17:00
까지) / 매주 화요일 휴관 Ⓣ 02-3704-3114
Ⓗ www.nfm.go.kr
8월 34주 소개(292쪽 참조)

다동커피 한국의 전
설적인 커피 장인이
자 국내 커피 2세대
라 불리는 이정기 대
표가 개발한 가장 한국적인 커피를 맛볼 수 있
다. 아주 오래된 다방 간판과 외관에 한 번 놀
라고, 옛날 다방 그대로의 내부 모습에 두 번
놀란다. 신맛과 쓴맛을 철저히 배제하고 단맛
과 상큼한 맛만 살려 추출하는 우리식 커피는
식어도 맛이 그대로 유지되며, 보리차처럼 연
한 맛과 향이 특징이다.

Ⓐ 서울시 중구 다동길 24-8 Ⓞ 11:00~18:30
/ 주말 및 공휴일 휴무 Ⓜ 케냐AA를 제외한 모
든 커피는 4,000원이며 무한 리필로 제공된
다. 테이크아웃은 2,000원 Ⓣ 02-777-7484

낮의 경복궁

TIP

• 경복궁 야간 개장은 매년 3월 초부터 10월 말까지 회차별로(총 4회) 진행되므로
  홈페이지에서 날짜를 미리 숙지하자.
• 낮에 경복궁을 산책한 후 경복궁 밤 풍경을 비교해 보는 것도 좋다.
• 관람 한 달 전쯤 온라인(옥션, 인터파크)에서 티켓 예매를 실시하며, 온라인 예
  매를 통해서만 입장할 수 있다.
• 한복을 입고 가면 서울의 모든 궁궐이 무료 입장이니 참고하자.

노을과 바람이 맞닿는 곳

월드컵공원 노을광장& 바람의 광장

주소 서울시 마포구 상암동 481-6 · **가는 법** 6호선 월드컵경기장역 1번 출구 → 도보 20분(마을버스 '마포 8'을 이용할 경우 서부면허시험장 하차) · **운영시간** 공원 통제 시간까지(월마다 통제 시간이 다르므로 홈페이지 확인) · **입장료** 무료 · **전화번호** 02-300-5529 · **홈페이지** worldcuppark.seoul.go.kr

　월드컵공원의 하늘공원은 알아도 노을공원의 '노을광장'과 '바람의 광장'은 모르는 사람들이 의외로 많다. 하늘공원 옆 노을공원으로 들어가는 초입에 위치한 작은 동산인 노을광장. 서울에서 붉게 타오르는 거대한 노을빛을 감상하기에는 이곳이 단연 최고. 가양대교와 서울 시내가 한눈에 내려다보이는, 바람과 하늘이 맞닿는 '바람의 광장'도 꼭 들러보자. 하늘공원과 달리 자연 그대로 보존된 이곳은 한강이 내려다보이는 난지한강공원 언덕 위에 자리 잡고 있다. 시야가 탁 트인 기다란 석축길을 따라 고요히 걷다 보면 바람의 광장에 다다르게 된다.

해 질 무렵 노을카페에서 한눈에 내려다보이는
서울 풍경이 색다르다.

주변 볼거리·먹거리

**하늘공원 메타세쿼
이아 숲길**

Ⓐ 서울 마포구 하늘
공원로 95 탐방객안
내소 ⓞ 상시 개방 ⓒ 무료 ⓣ 02-300-5560
Ⓗ worl dcuppark.seoul.go.kr/parkinfo/
parkinfo3_1.html
6월 23주 소개(204쪽 참고)

상암 MBC 광장

Ⓐ 서울시 마포구 상
암로 267 ⓞ 상시 개
방 ⓣ 02-780-0011

Ⓗ www. imbc.com
6월 24주 소개(210쪽 참고)

TIP

- 공원 내부로는 차량이 진입할 수 없으며, 노을공원까지 운행하는 맹꽁이 전기차
  (왕복 3,000원, 오전 10시부터 오후 8시까지 운행)를 이용하면 된다.
- 일몰 시간은 홈페이지 확인.
- 노을공원 내 애완견 출입 및 돗자리 금지. 대신 쉼터 원두막이 곳곳에 마련되어
  있어 휴식하기 좋다.
- 노을광장 언덕 위에 있는 노을캠핑장은 인터넷 예약을 하면 텐트 없이도 하룻밤
  묵을 수 있다.
- 평화의 공원과 난지천공원은 상시 개방이지만 하늘공원과 노을공원은 야간 이
  용이 제한된다. 공원 통제 시간 30분 전까지만 입장 가능하다. 하늘공원과 노을
  공원 통제 시간은 홈페이지 참고.

성곽길 따라 밤의 서울을 걷다
낙산공원

주소 서울시 종로구 낙산길 41 · **가는 법** 4호선 한성대입구역 4번 출구 → 도보 5분 · **운영시간** 상시 개방 · **입장료** 무료 · **전화번호** 02-743-7985

　서울의 '몽마르트르 언덕'이라 불리는 낙산공원은 낮에도 멋지지만 야경이 정말 아름다운 곳이다. 서울에서 가장 아름다운 달밤 산책길이라고 자신 있게 말할 수 있다. 운치 있는 야간 성곽길을 걷다 보면 생각지도 못한 서울의 풍경을 만나게 된다. 낙산공원 바로 밑에 이화동 벽화마을이 있어 낭만적인 데이트도 겸할 수 있다. 낙산공원은 조선 왕조의 수도를 이루던 서울 성곽이 지나가던 곳으로 서울성곽길 중 혜화문에서 낙산공원을 지나 이화동 벽화마을과 흥인지문까지 이어진다. 낙산공원을 빙 둘러싼 서울성곽, 즉 낙산성곽길을 경계로 창신동 마을과 대학로 방면의 서울 시내를 한눈에 내려다볼 수 있다. 선선한 바람이 부는 가을 저녁, 퇴근 후 한적한 야경 감상지로 강력 추천한다.

주변 볼거리·먹거리

이화동 벽화마을

ⓐ 서울시 종로구 이화동 ⓜ 지하철 4호선 혜화역 2번 출구로 나와 마로니에 공원 뒤쪽으로 나 있는 낙산길을 따라 직진, 낙산공원 앞에서 낙산4길을 따라 걸으면 벽화마을에 다다를 수 있다. 이화동주민센터에서 출발해 벽화마을을 한 바퀴 돈 후 낙산공원을 지나 낙산성곽길로 가는 방법도 있다. 12월 50주 소개(409쪽 참고)

대학로 학림다방

ⓐ 서울시 종로구 대학로 119 ⓞ 10:00~22:50 / 연중무휴 ⓣ 02-742-2877 ⓗ hakrim.pe.kr ⓜ 아메리카노(학림커피) 5,000원, 비엔나커피 6,000원, 크림치즈케이크 6,000원 12월 50주 소개(408쪽 참고)

가까이 동대문과 성북동, 멀리 남산과 인왕산까지 서울의 풍경을 한눈에 담을 수 있는 낙산성곽길.

TIP
· 너무 깊은 시각에 혼자 가면 너무 한적해서 위험할 수 있으니 일행과 동반하는 것이 좋다.
· 성곽의 야경은 성 안쪽보다 바깥쪽에서 보는 것이 훨씬 아름답다.

SPOT 4

블루리본 4개의 위엄

고기리막국수

주소 경기도 용인시 수지구 이종무로 157 · **운영시간** 11:00~21:00 / 매주 화요일 휴무 · **홈페이지** kuksoo.modoo.at · **대표메뉴** 들기름막국수, 물막국수, 비빔막국수 각 8,000원, 수육 13,000원 · **etc** 주차 가능

허영만 화백의 만화 ≪식객≫에도 나온 고기리막국수(구 장원막국수)는 도정한 지 일주일 이내의 메밀만 사용해서 국수를 뽑는다. 메밀 100퍼센트에 어떤 첨가물도 넣지 않고 물로만 반죽해서 만들어 속이 더부룩하거나 입이 텁텁하지 않고 깔끔하다. 특히 물막국수는 국물까지 다 마셔도 웬만한 집밥보다 훨씬 건강한 맛이다. 더불어 들기름막국수를 안 먹어봤다면 땅을 치고 후회한다. 들기름막국수는 3분의 1 정도 남았을 때 육수를 부어 마시는 것이 포인트! 순메밀과 들기름, 김의 조합은 상상도 못할 미친 고소함을 선사하니 집에 가서도 두고두고 생각난다.

주변 볼거리 · 먹거리

ghgm 카페

Ⓐ 경기도 용인시 수지구 동천동 550-13 ⓞ 11:00~21:00 / 매주 화요일 휴무 ⓣ 010-5833-3007 Ⓗ www.ghgm.co.kr Ⓜ 아메리카노 5,000원, 카페라테 6,000원, 다양한 케이크 6,500~7,000원 8월 32주 소개(279쪽 참고)

용인 하이드파크

Ⓐ 경기도 용인시 기흥구 상갈동 150-7 ⓞ 레스토랑&카페 11:30~22:00 ⓣ 031-286-8584 Ⓗ www.hidepark.co.kr 8월 32주 소개(279쪽 참고)

막국수와 함께 먹으면 맛이 더욱 배가되는 수육

TIP
· 도착하자마자 가장 먼저 해야 할 것은 대기번호 챙기기!

1 COURSE

🚶 하늘공원 탐방객안내소까지
도보 30분

**➤ 하늘공원
메타세쿼이아 숲길**

2 COURSE

🚶 맹꽁이 전기차 탑승지에서 도
보 5분

**➤ 월드컵공원 노을광장&
바람의 광장**

3 COURSE

➤ 노을공원

주소	서울시 마포구 하늘공원로 95 탐방객안내소
운영시간	상시 개방
입장료	무료
전화번호	02-300-5560
가는 법	6호선 월드컵경기장역 1번 출구→도로 15분

6월 23주 소개(204쪽 참고)

주소	서울시 마포구 상암동 481-6
운영시간	공원 통제 시간 까지(보통 20:00이지만 달에 따라 개방 시간을 연장 또는 축소하기도 하므로 홈페이지 확인)
입장료	무료
전화번호	02-300-5529
홈페이지	worldcuppark.seoul.go.kr

9월 36주 소개(310쪽 참고)

주소	서울시 마포구 상암동 481-6
전화번호	02-300-5560
홈페이지 etc	worldcuppark.seoul.go.kr/ 맹꽁이 전기차 운행시간 10:00 ~20:00(주말은 21:00까지)

서울에서 가장 아름다운 저녁노을을 볼 수 있는 곳이 바로 상암동 월드컵공원의 노을공원이다. 노을공원은 월드컵공원에서 유일하게 애완동물 출입을 철저히 금지하고 있으며, 청결하게 관리한 덕분에 고라니, 삵, 너구리 등의 야생동물이 살고 있는 서울의 대표적인 생태보고다.

9월 셋째 주

밤에 더욱 환상적인
신세계로의 여행

37 week

SPOT 1

밤이 깊을수록
더욱 화려해지는 도시

송도
센트럴파크 &
트라이볼 야경

주소 인천시 연수구 송도동 24-5 · **가는 법** 인천 지하철 1호선 센트럴파크역 4번 출구 · **운영시간** 상시 개방 · **전화번호** 032-721-4415 · **홈페이지** www.insiseol. or.kr

  뉴욕 맨해튼의 센트럴파크를 모티브로 지은 송도 센트럴파크. 한국 최초로 '진짜' 바닷물을 끌어와 실시간 정화해서 인공적으로 만들어낸 해수공원이다. 항구도시의 이점을 백분 활용한 셈이다. 규모 또한 여의도 공원 2배에 달하는 약 14만 평이다. 밤낮이 다른 송도 센트럴파크의 풍경을 비교하는 재미도 놓치지 말자. 인천 여행의 대미를 장식하는 것은 바로 송도의 야경이다. 낮에는 다양한 디자인의 호텔들, 시원하게 물살을 가르며 고층건물 사이를 오가는 보트와 카누가 밤이 되면 은하수처럼 반짝이는 화려한 밤의 신세계. 그야말로 백만 불짜리 야경이다. 특히 랜드마크인 트라이볼 야경은 절대 놓치지 말자.

주변 볼거리·먹거리

G타워 전망대 바다 위를 가로지르는 인천대교와 센트럴파크 전경을 감상할 수 있는 G타워 전망대를 놓쳐서는 안 된다. 이 빌딩은 인천경제자유구역청 청사 건물로 33층이 전망대로 활용되고 있다.

Ⓐ 인천시 연수구 송도동 24-4번지 G-Tower 33층 Ⓞ 평일 09:00~20:00, 주말 10:00~18:00 Ⓣ 032-453-7882 Ⓗ www.ifez.go.kr

TIP

- 낮의 아름다움과 밤 풍경을 비교해 보는 것도 송도 여행의 재미. 인천지하철 1호선 센트럴파크역 4번 출구로 나가면 인천종합관광안내소, 컴팩스마트시티·인천광역시립박물관, 복합문화공간 트라이볼, G타워 전망대, 한옥마을 등으로 접근하기 편하다.
- 인천종합관광안내소에서 인천 관광안내 팸플릿, 인천경제자유구역 관광 가이드북 등 다양한 자료를 무료로 챙길 수 있다.

낮에 본 트라이볼, 그 건너편이 송도 센트럴파크

DDP의 밤은 낮보다 화려하다
동대문DDP

주소 서울시 중구 을지로 281 · **가는 법** 2·4·5호선 동대문역사문화공원 1번 출구 · **운영시간** 살림터(디자인놀이터) 평일 10:00~21:00, 주말 및 공휴일 12:00~22:00, 배움터(디자인박물관 및 디자인전시관) 10:00~19:00, 수·금요일 10:00~21:00 · **입장료** 무료(전시회 제외) · **전화번호** 02-2153-0000 · **홈페이지** www.ddp.or.kr

　동대문디자인플라자(DDP)는 옛 동대문운동장을 허물고 건축 노벨상으로 불리는 프리츠커 상 수상자인 세계적인 건축가 자하 하디드가 기존의 평면 설계 방식에서 탈피해 세계 최대 규모의 3D 첨단 설계 기법인 BIM으로 설계한 건축물이다. 선박 제작에 사용하는 철판 성형 기술을 활용해 4만 5,133장의 알루미늄 외장 패널을 제작했다. 부드럽게 넘어가는 곡선의 미를 표현하기 위해 같은 크기의 패널은 단 한 장도 사용하지 않았다. 2015년 뉴욕타임스 선정 '꼭 가봐야 할 세계 명소 52곳'으로 꼽히기도 했다. 2014년 개관한 이래 다양한 볼거리와 문화축제, 샤넬 크루즈 쇼와 디올 전시회를 비롯해 매년 서울패션위크가 열리면서 핫플레이스로 각광받고 있다. DDP는 크게 5개의

어울림 광장을 가로지르는 미래로는
DDP와 동대문을 연결하는 상징성을 띤다.

섹션으로 나뉘어 있는데 서울패션위크가 열리는 공간이자 각종 론칭쇼와 시사회 및 영화, 연극 제작 발표회 등이 열리는 알림터(Art Hall), 체험이 있는 공간인 배움터(Museum), 최대 규모의 디자인 아트숍 살림터(Design), 동대문역사문화공원, 디자인장터 등 총 15개의 전시·공연·상담 공간이 들어서 있다. 특별전시회를 제외하고 모든 공간이 무료 입장 가능하다.

주변 볼거리·먹거리

아베크엘
Ⓐ 서울시 용산구 두텁바위로69길 29 ⓞ 12:00~19:00 / 매주 일요일 휴무 Ⓜ 링고라테 6,500원, 런던포그밀크티 6,500원, 티라미수 7,000원 Ⓣ 070-8210-0425 Ⓗ www.avec-el.com
10월 40주 소개(340쪽 참고)

지금은 아쉽게도 전시가 끝났지만 약 2만 6천 송이의 새하얀 물결이 장관을 이루었던 LED 장미언덕

TIP
• 7월부터 10월까지 매주 금요일과 토요일 저녁 7시부터 밤 12시까지 동대문DDP 밤도깨비 야시장이 열린다.

SPOT **3**

새우 양식장에서 직접 키운
싱싱한 가을 대하의 맛

해운정 양식장

주소 인천시 강화군 양도면 하일리 493 · **가는 법** 대중교통은 너무 험난하니 자가용을 이용할 것을 추천한다 · **운영시간** 09:00~22:00 / 연중무휴 · **전화번호** 032-933-7000 · **홈페이지** www.해운정양식장.com · **대표메뉴** 새우 1kg 40,000원(포장 30,000원), 새우라면 4,000원 · **etc** 주차 가능 / 예약 가능 / 새우 포장 가능

서해안의 아름다운 낙조를 바라보며 노천에 앉아 먹는 왕새우구이 전문점. 보통 대하는 쫄깃한 식감일수록 싱싱하다는 증거인데, 이곳은 자체적으로 양식한 대하를 바로 공수해 즉석에서 구워준다. 외관은 허술해도 그 어느 곳보다 싱싱하고 월등히 큰 대하구이를 맛볼 수 있다. 메뉴는 왕새우와 새우라면 두 가지뿐이다. 굵은 소금을 얹은 찜기에 살아 움직이는 생새우를 넣고 찌듯이 구워 먹는다. 해마다 대하철이 되면 많은 사람들이 찾을 정도로 입소문이 자자하다. 왕새우를 넣어 끓인 새우라면도 별미다.

TIP
- 파도가 출렁이는 바다를 바라보며 왕새우를 먹을 수 있는 해운정 양식장은 대하철인 9월 중순부터 10월 중순까지만 운영한다. 양식장이 끝난 이후에는 해운정 임시 매장에서 먹으면 된다.
- 대하축제가 끝난 후의 주소는 인천시 강화군 양도면 강화남로 769.

주변 볼거리 · 먹거리

강화나들길 제주에 올레길이 있고 지리산에 둘레길이 있듯, 강화도에는 '나들길'이라는 도보 여행 코스가 있다. 총 14개 코스로 되어 있으며, 강화도 구석구석을 이어준다. 이름에서 알 수 있듯 '나들이 가듯 가뿐히 걷는 길'이다. 그중 갯벌이 보이는 해안길과 숲길을 걸어가는 강화나들길 7코스가 가장 인기다.

Ⓐ 인천시 강화군 강화읍 청하동길 24 Ⓣ 032-934-1096 Ⓗ www.nadeulgil.org

1
COURSE
👣 도보 20분(택시 기본요금)

➡️ **NC큐브 커넬워크**

2
COURSE
👣 도보 20분(택시 기본요금)

➡️ **버거룸181**

3
COURSE

➡️ **송도 트라이볼 야경**

주소	인천시 연수구 송도동 17-1
운영시간	10:30~22:00
전화번호	032-723-6300
홈페이지	www.ncshopping.com
가는 법	인천지하철 1호선 센트럴파크역 → 간선버스 103-1(송도 센트럴파크역) → 송도더샵그린워크 하차 → 도보 2분

카페, 쇼핑, 각종 맛집, 볼거리, 아울렛 매장 등 모든 것이 갖춰져 있다. 봄, 여름, 가을, 겨울 총 4개 동으로 나눠져 있으며, '커넬워크'라는 이름처럼 공간이 모두 하나의 다리로 연결돼 있는 놀랍도록 거대한 종합쇼핑몰이다. 우드데크 및 조경이 540미터에 달하는 중앙수로를 따라 이국적인 풍경을 연출해 각종 매스컴의 촬영지로 이용되고 있다.

주소	인천시 연수구 센트럴로 160 송도센트럴파크푸르지오 A동 2층 228호
운영시간	11:30~22:00(평일 브레이크타임 15:00~17:00) / 연중무휴
전화번호	032-279-0016
홈페이지	www.facebook.com/burgeroom181
대표메뉴	버거류 8,500~12,000원, 런치메뉴 9,900~11,900원, 크래프트맥주 7,000~12,000원

4월 16주 소개(160쪽 참고)

주소	인천시 연수구 인천타워대로 250(송도동 24-6)
운영시간	야간 점등 및 소등 시간 : 해 질 녘부터 저녁 9시까지
전화번호	032-455-7185
홈페이지	www.tribowl.kr

송도 센트럴파크에 위치한 트라이볼은 송도의 랜드마크이자 다양한 공연, 문화예술교육, 전시 등이 열리는 복합문화예술공간이다. 3개의 그릇이 물 위에 떠 있는 형태의 무주공법으로 지어진 트라이볼은 사진 애호가들 사이에서는 이미 소문난 출사지일 정도로 야경이 아름답다. 동대문DDP의 트라이볼과는 다르게 도심 속에 홀연히 툭 박혀 있어서 마치 불시착한 우주선을 연상케 한다.

플리마켓 투어

38week

SPOT **1**

국내 최대 규모의 살림 플리마켓

띵굴시장

주소 띵굴시장은 정기적으로 열리는 마켓이 아니다. 월마다, 해마다 일정과 장소가 바뀐다. · **운영시간** 11:00~18:00 · **홈페이지** www.thingoolmarket.com

2015년 9월, 파워블로거 띵굴마님의 살림 아이템들을 모아 놓은 셀러들의 마켓에서 시작해 지금은 국내 최대 규모의 플리마켓으로 폭풍 성장했다. 140여 개의 리빙, 푸드, 키즈, 패션 등의 살림살이들이 마련되어 있다. 일찍 서두르지 않으면 물건이 동나서 빈손으로 와야 할지도 모른다. 값도 착하고 좀처럼 보기 힘든 질 좋은 물건들과 먹거리들이 가득하기 때문이다. 파워블로거들의 작품과 생활 소품, 몸에 좋은 유기농 식품, 장인이 만든 '거창한 국수' 등 식자재와 공예품 등이 판매된다. 단순히 물건을 사고파는 곳이 아니라 판매 수익금 일부를 홀트어린이재단에 기부하는 착한 마켓이라 더욱 의미 깊다.

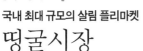

TIP
· 최근 오프라인 매장 띵굴스토어를 오픈했다.

SPOT **2**

북한강변 따라 펼쳐지는

문호리
리버마켓

주소 경기도 양평군 서종면 문호리 655-2 · **가는 법** 경의중앙선 양수역 1번 출구 →
문호리 리버마켓 장터까지 30분 간격으로 직통 셔틀버스 운행(11:00~17:30) · **운
영시간** 매월 셋째 주 토~일요일 10:00~19:00 · **전화번호** 010-5267-2768 · **홈페
이지** rivermarket.co.kr

양평 문호리에서는 매월 셋째 주 토요일과 일요일에 북한강
변을 따라 이른바 리버마켓(River Market)이 열린다. 2014년 처
음 개장한 '문호리 리버마켓'은 은퇴한 60대 부부와 마을 농부들
이 뜻을 모아 시작했다. 현재 약 150팀에 이르며, 셀러의 70퍼
센트가 양평 주민들이고, 나머지는 전국 각지에서 모인 사람들
이다. 니어바이 리버마켓에는 싱싱한 유정란, 무농약 표고버섯,
토마토 등의 식자재부터 육개장, 황태국밥, 떡볶이, 파전, 우동,
수제꼬치, 햄버거, 돈가스, 핸드드립 커피와 쿠키 등 건강하고
맛있는 슬로푸드가 가득하다. 맛난 먹거리 외에 직접 만든 공예
품들도 판매한다. 물안개 피어오르는 북한강변을 따라 장터를
한 바퀴 돌아보는 것만으로도 운치 있다.

주변 볼거리·먹거리

두물머리

Ⓐ 경기도 양평군 양서
면 양수리 Ⓞ 연중 개
방 Ⓣ 031-770-2068
1월 3주 소개(53쪽 참고)

TIP

- 인기 품목 앞에는 일찌감치 '품절'이라는 안내판이 붙으니 이왕이면 12시 이전에
  가는 것이 좋다.
- 리버마켓에 갈 때는 배를 반쯤 비워야 맛나게 즐길 수 있다.
- 장터가 흙길이라 장맛비가 내리는 날은 흙탕물로 변하니 주의한다.
- 문호 강변에서는 한 달에 한 번 열리고 그 외에는 다른 지역에서 진행된다.
- 주차장이 넓어서 주차 걱정은 안 해도 된다.

SPOT **3**

너른 마당에서 즐기는
우리통밀쌈

너른마당

주소 경기도 고양시 덕양구 서삼릉길 233-4 · **가는 법** 3호선 삼송역 5번 출구 → 마을버스 041(약 5분) → 원당종마목장 하차 · **운영시간** 11:00~22:00 / 연중무휴 · **전화번호** 031-962-6655 · **홈페이지** www.nrmadang.co.kr · **대표메뉴** 통오리밀쌈 56,000원, 닭볶음 60,000원, 녹두지짐 14,000원, 우리밀칼국수 10,000원, 접시만두 15,000원

훈제로 구워 기름을 쏙 뺀 담백하고 부드러운 통오리밀쌈과 국물이 진한 우리통밀칼국수가 유명하다. 얇은 밀전병에 훈제 오리고기와 양파, 파를 넣고 돌돌 말아 겨자 소스에 찍어 먹으면, 고소하고 상큼한 맛이 일품이다. 곁들여 나오는 반찬들도 모두 정갈하고 깔끔하다. 접시만두와 녹두지짐도 이 집의 인기 메뉴. 입이 쩍 벌어질 정도로 거대한 규모의 고풍스러운 한옥을 품은 앞마당에 실물 크기와 똑같은 광개토대왕비가 우뚝 서 있는 모습이 인상적이다. 연못과 돌탑, 다양한 장식물 등으로 꾸며놓은 드넓은 정원 '보경지'에 봄이면 핑크빛 매화와 벚꽃이 만개하고, 여름이면 연꽃이 피어난다. 도보 10분 거리에 원당종마공원이 있어 주말 가족 외식 겸 나들이 장소로 안성맞춤이다.

주변 볼거리·먹거리

원당종마공원

Ⓐ 경기도 고양시 덕양구 서삼릉길 233-112 Ⓞ 하절기(3월~10월) 09:00~17:00, 동절기(11월~2월) 09:00~16:00 / 매주 월·화요일, 명절 연휴 휴무 Ⓒ 무료, 어린이 승마 체험 무료(매주 토~일요일 11:00~16:00, 당일 선착순 접수 가능) Ⓣ 02-509-1682 Ⓔ 원당종마공원 옆에 무료 주차장
5월 19주 소개(176쪽 참고)

서삼릉

Ⓐ 경기도 고양시 덕양구 서삼릉길 233-126(원당동 산 37-1) Ⓞ 2월~5월·9월~10월 09:00~18:00(매표시간 09:00~17:00), 6월~8월 09:00~18:30(매표시간 09:00~17:30), 11월~1월 09:00~17:30(매표시간 09:00~16:30) / 매주 월요일 휴관 Ⓒ 어른 1,000원, 어린이 및 청소년 무료 Ⓣ 031-962-6009
5월 19주 소개(181쪽 참고)

TIP
- 주말에는 사람이 많으니 미리 예약하고 가는 것이 좋다.
- 평일에는 마을버스 배차 시간이 매시 15분, 35분, 55분, 휴일에는 25분, 55분에 있다.

1
COURSE

🚕 택시 1분

▶ 문호리 리버마켓

2
COURSE

🚗 자동차 25분

➡ 양평 테라로사

3
COURSE

➡ 서후리숲

주소	경기도 양평군 서종면 거북바위 1길 200
운영시간	09:00~18:00 / 매주 수요일 휴무
입장료	어른 7,000원, 어린이 5,000원
전화번호	031-774-2387
홈페이지	www.seohuri.com

거창하지는 않지만 자연이 살아 있는, 개인 정원 같은 조용한 산책 숲. 중부 지방에 서식하는 모든 동식물들과 계곡의 물고기들, 꽃들이 살고 있다.

주소	경기도 양평군 서종면 문호리 655-2
운영시간	매월 셋째 주 토~일요일 10:00 ~19:00
전화번호	010-5267-2768
홈페이지	rivermarket.co.kr
가는 법	경의중앙선 약수역 1번 출구 → 셔틀버스

9월 38주 소개(324쪽 참고)

주소	경기도 양평군 서종면 북한강로 992
운영시간	09:00~21:00 / 연중무휴
전화번호	031-773-6966
홈페이지	www.terarosa.com

8월 34주 소개(298쪽 참고)

혼자서 혹은 사랑하는 사람과 함께 떠나면 더 좋은 계절, 가을. 서울에서 가장 먼저 가을을 만날 수 있는 길상사, 명성산의 은빛 억새꽃, 이보다 더 낭만적일 수 없는 풍차와 갈대밭 풍경이 멋진 소래습지생태공원, 아시아에서 가장 큰 천년의 황금빛 은행나무가 있는 양평 용문사……. 걷기만 해도 가을의 낭만을 물씬 느낄 수 있는 곳, 누구든 '인생 사진'을 찍을 수 있는 곳, 오래 머물수록 좋은, 깊은 가을의 정취를 만끽할 수 있는 곳들을 소개한다.

서울·경기도
10월의

깊은
가을의 정취

서울의 첫가을을 만나다

39 week

SPOT **1**

도심 속 일상의 고요

길상사

주소 서울시 성북구 선잠로5길 68 · **가는 법** 4호선 한성대입구역 6번 출구 → 마을버스 성북 02 → 길상사 하차 · **운영시간** 04:00~20:00 · **입장료** 무료 · **전화번호** 02-3672-5945 · **홈페이지** www.kilsangsa.or.kr

고즈넉한 산책길로 유명한 성북동 북악산 길 끝자락에 위치한 길상사는 한적한 분위기에서 잠시 쉬어 갈 수 있는 도심 속 고요한 사찰이자 청정한 공기를 맘껏 들이쉴 수 있는 곳이다. 삼청각, 청운각과 더불어 우리나라 3대 요정이었던 대원각의 주인 기생 김영한이 법정스님의 무소유 철학에 감화를 받아 조계종에 시주하면서 현재의 사찰로 거듭났다. 김영한은 〈나와 나타샤와 흰 당나귀〉의 시인 백석과 세기의 러브 스토리로 유명하며, '길상사'라는 이름도 김영한의 법명 '길상화'에서 따온 것이다. 기와지붕 아래 작은 툇마루에 앉아 풍류를 읊었을 요정 '대원각' 시절의 모습이 절로 상상된다.

길상사는 사계절 내내 아름답다. 그래서 365일 방문객이 끊이지 않지만 유독 가을에 찾는 발걸음이 많은 이유는 바로 '꽃무릇' 때문이다. 사찰 입구부터 붉게 수놓은 꽃무릇은 무리 지어 피기 때문에 더욱 화려한 볼거리를 선사하며, 가을 출사지로 인기 많다.

법정스님이 살아생전 즐겨 앉은 나무 의자

TIP
- 무릎 위로 올라오는 짧은 치마나 반바지 차림으로는 입장할 수 없다. 입구에서 빌려주는 랩스커트를 착용해야 한다.
- 사찰 체험, 불도 체험 등 다양한 프로그램을 진행하고 있으며 불교 신자가 아니더라도 가볍게 산책하며 마음의 평안을 얻고자 하는 누구에게나 열린 공간으로 사용되고 있다.
- 조용히 사색의 시간을 갖고 싶다면 홀로 명상할 수 있는 '침묵의 집'을 이용해 보자. 오전 10시부터 오후 5시까지 자유롭게 이용할 수 있으며, 한 번에 8명까지 입장을 제한하고 있어 나만의 고요한 시간을 가질 수 있다.
- 좀더 여유로운 시간을 보내며 사색과 휴식을 겸하고 싶다면 템플스테이를 신청해 보는 것도 좋다.

만해 한용운의 유택
심우장

주소 서울시 성북구 성북로29길 24 · **가는 법** 4호선 한성대입구역 6번 출구 → 도보 20분 · **운영시간** 09:00~18:00 · **입장료** 무료 · **전화번호** 02-720-5393 · **홈페이지** www.kilsangsa.or.kr

심우장은 만해 한용운이 지어 1933년부터 1944년 생을 마칠 때까지 살았던 집이다. 불교 선종에서 잃어버린 소를 찾음으로써 깨달음에 이른다는 '심우'에서 이름을 따왔다. 조선총독부와 마주하는 것을 피하기 위해 원래 남향집이던 것을 북향으로 바꿨다고 한다. 앞마당에는 만해가 직접 심은 향나무가 서 있다. 성북동에 사는 사람들은 모두 밤에 산책한다는 말이 있을 정도로 심우장 가는 골목길에서 바라본 성북동의 밤 풍경은 더욱 아름답다.

주변 볼거리·먹거리

최순우 옛집 국립중앙박물관장을 역임하고 한국미의 발견에 평생을 바친 최순우 선생의 옛집. 명저 ≪무량수전 배흘림기둥에 기대서서≫의 산실이다. 2002년 한국내셔널트러스트와 시민들에 의해 보전된 시민문화유산 1호이기도 하다.

Ⓐ 서울시 성북구 성북로15길 9 Ⓞ 화~토요일 10:00~16:00 / 동절기(12월~3월) 휴관 Ⓣ 02-3675-3401~2 Ⓗ www.nt-heritage.org/choisunu

아띠올레 '친한 친구의 집으로 가는 길'이란 뜻을 가진 정성 가득한 이탈리안 레스토랑. 이스트 대신 직접 발효한 효모로 만든 도우를 이탈리아에서 수입한 화덕에서 구워낸 나폴리식 화덕 피자와 매일 아침 매장에서 직접 만드는 부드럽고 쫄깃한 생면 파스타가 유명하다.

Ⓐ 서울시 성북구 성북로 148-3 Ⓞ 11:30~22:00(브레이크타임 15:00~17:00) / 연중무휴 Ⓣ 02-741-5600

만해 한용운이 매일 걸어 올라갔을 가파른 골목길

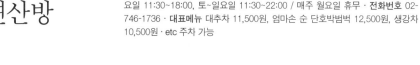

SPOT 3
문인들의 산속 작은 찻집
수연산방

주소 서울시 성북구 성북로26길 8 · **가는 법** 4호선 한성대입구역 6번 출구 → 마을버스 03 → 쌍다리 하차 → 건널목 건너서 좌측 길로 도보 5분 · **운영시간** 월~금요일 11:30~18:00, 토~일요일 11:30~22:00 / 매주 월요일 휴무 · **전화번호** 02-746-1736 · **대표메뉴** 대추차 11,500원, 엄마손 순 단호박범벅 12,500원, 생강차 10,500원 · etc 주차 가능

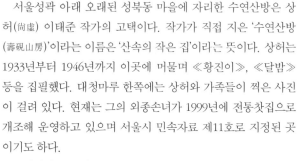

서울성곽 아래 오래된 성북동 마을에 자리한 수연산방은 상허(尙虛) 이태준 작가의 고택이다. 작가가 직접 지은 '수연산방(壽硯山房)'이라는 이름은 '산속의 작은 집'이라는 뜻이다. 상허는 1933년부터 1946년까지 이곳에 머물며 《황진이》, 《달밤》 등을 집필했다. 대청마루 한쪽에는 상허와 가족들이 찍은 사진이 걸려 있다. 현재는 그의 외종손녀가 1999년에 전통찻집으로 개조해 운영하고 있으며 서울시 민속자료 제11호로 지정된 곳이기도 하다.

수연산방은 대장균, 박테리아 등을 거르는 8단계 정수 시스템을 거쳐 유기 게르마늄과 칼슘, 마그네슘, 우리 몸에 가장 이상적인 ph8~8.5의 알칼리수만 사용해 차맛을 높이는 데 힘쓰고 있다. 가격이 저렴한 편은 아니나 일일이 만드는 정성을 생각하며 평화롭고 고즈넉한 고택 마루에 앉아 다과를 들고 있노라면 그만한 가치가 있음을 느끼게 된다.

주변 볼거리·먹거리

한국가구박물관 영국 대영박물관장, 시진핑 중국주석 내외 등 세계의 수많은 유명 인사들이 방문해 아름답다고 극찬한 한국가구박물관은 한국의 전통 목가구를 중심으로 옹기, 유기 등의 전통 살림살이를 전시하는 곳이다. 18세기부터 전해 내려오는 목가구류, 유기류, 옹기류, 목기 소품 등 총 2천여 점을 전시하고 있다. 관람은 홈페이지를 통한 사전 예약제로 운영되며 가이드 투어로만 진행된다.

ⓐ 서울시 성북구 대사관로 121 ⓞ 월~토요일 11:00, 13:00, 14:00, 15:00, 16:00, 17:00 ⓒ 20,000원 ⓣ 02-745-0181 ⓗ www.kofum.com

TIP
· 이용 시간은 2시간으로 제한한다.
· 예약은 4인 이상 가능하다. 주말 예약 불가.
· 포장 주문은 주문 즉시 조리되어 15분 정도 소요된다.
· 1인 1차 주문 필수.
· 별관 중 한 채는 전시관 겸용 카페로, 다른 한 채는 '북카페'로 단체 손님만 받는다.

1 COURSE

🚶 도보 10분

▶ 금왕돈까스

2 COURSE

🚶 도보 10분

▶ 길상사

3 COURSE

▶ 수연산방

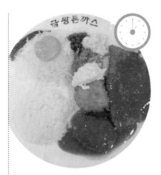

주소	서울시 성북구 성북로 138
운영시간	10:30~09:00 / 매주 월요일 휴무
전화번호	02-763-9366
대표메뉴	금왕정식 11,000원, 안심돈가스 10,000원, 등심돈가스 10,000원, 생선가스 10,000원
etc	주차 가능 / 예약 가능
가는 길	4호선 한성대입구역 6번 출구 → 마을버스 성북03 탑승 → 쌍다리 하차 → 도보 3분

1987년 문을 연 추억의 왕돈가스 전문점으로 성북동의 맛집이다. 수연산방 바로 정면에 있다. 두툼한 돈가스가 아니라 얇고 넓적한 한국식 돈가스에 깍두기와 풋고추가 곁들여 나온다. 생고기를 직접 치대고 양념해서 냉장 상태로 숙성시켰다가 튀겨내기 때문에 더욱 바삭하고 고소하다. 어릴 적 먹던 맛 그대로 나오는 추억의 수프와 새콤달콤한 소스까지 환상의 조합을 이룬다.

주소	서울시 성북구 선잠로5길 68
운영시간	04:00~20:00
입장료	무료
전화번호	02-3672-5945
홈페이지	www.kilsangsa.or.kr

10월 39주 소개(330쪽 참고)

주소	서울시 성북구 성북로26길 8
운영시간	월~금요일 11:30~18:00, 토·일요일 11:30~22:00 / 매주 월요일 휴무
전화번호	02-746-1736
대표메뉴	대추차 11,500원, 엄마손 순단호박범벅 12,500원, 생강차 10,500원
etc	주차 가능

10월 39주 소개(334쪽 참고)

10월 둘째 주

춤 추 는 은 빛 억 새

40 week

SPOT **1**

거대한 억새 바람

하늘공원
억새축제

주소 서울시 마포구 하늘공원로 95 탐방객안내소 · **가는 법** 6호선 월드컵경기장역 1번 출구→도보 10분 · **운영시간** 축제 기간 : 매년 10월 초에서 중순까지(정확한 일정은 홈페이지 확인) · **입장료** 무료 · **전화번호** 02-300-5501 · **홈페이지** worldcuppark.seoul.go.kr

매년 10월 초부터 중순까지 억새축제가 열리는 상암동 하늘 공원은 서울에서 볼 수 있는 최대 억새 군락지다. 285개의 계단을 오른 끝에 만나게 되는 하늘공원은 이름처럼 하늘과 맞닿은 갈색 억새 물결이 바람에 출렁이며 장관을 이룬다. 평소에는 야생동식물 보호구역이라 야간 이용이 제한된 하늘공원은 축제 기간에만 특별히 늦은 시간(저녁 10시 무렵)까지 개방되니 야경에 물든 광활한 억새밭의 운치 있는 풍경도 놓치지 말자.

주변 볼거리 · 먹거리

노을광장

Ⓐ 서울시 마포구 상
암동 481-6 ⓒ 무료
ⓣ 02-300-5529 Ⓗ
worldcuppark.seoul.go.kr

9월 36주 소개(310쪽 참고)

상암동 MBC광장

Ⓐ 서울시 마포구 상
암동 481-6 Ⓞ 공원
통제 시간까지(보통
20:00이지만 달에 따라 개방 시간을 연장 혹은
축소하기도 하므로 홈페이지 확인) ⓒ 무료 ⓣ
02-300-5529 Ⓗ worldcuppark.seoul.go.kr

6월 24주 소개(210쪽 참고)

TIP

- 하늘공원은 난지도 쓰레기매립장을 개조해 만든 곳이다. 자원을 보호하기 위해
  만든 생태공원이기 때문에 편의 시설 등이 없으니 유의하자.
- 주말이나 휴일에는 맹꽁이 전기차를 기다리는 줄이 상당히 길기 때문에 차라리
  걸어가는 방법을 추천한다.

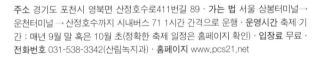

SPOT **2**
은빛 억새의 명소
명성산
억새꽃 축제

주소 경기도 포천시 영북면 산정호수로411번길 89 · **가는 법** 서울 상봉터미널→
운천터미널→산정호수까지 시내버스 71 1시간 간격으로 운행 · **운영시간** 축제 기
간 : 매년 9월 말 혹은 10월 초(정확한 축제 일정은 홈페이지 확인) · **입장료** 무료 ·
전화번호 031-538-3342(산림녹지과) · **홈페이지** www.pcs21.net

　물이 워낙 맑고 산세가 수려해서 과거에 김일성 별장이 있던
곳이자 애꾸눈 궁예가 마지막 숨을 거둔 곳으로도 유명한 산정
호수와 어우러진 아름다운 풍경으로 가을철 억새 산행지로 명
성이 높은 포천의 명성산. 서울 근교에서 감상할 수 있는 최대
억새 군락지다. 산정호수 주차장에서 비선폭포와 등룡폭포를
거쳐 비교적 완만한 경사의 등산로를 2시간가량 오르면 그야말
로 하얀 눈이 내린 것 같은 장관이 펼쳐지는 거대한 억새의 향
연을 만끽할 수 있다. 눈부시게 하늘거리는 은빛 너른 억새를
보는 순간 힘들었던 여정이 싹 씻긴다.

TIP

- 총 4코스 중 가장 오르기 쉬운 1코스를 추천한다(상동 주차장 →비선폭포 →
  등룡폭포 →억새꽃 군락지 →팔각정, 약 4.2Km, 약 1시간 40분 소요)
- 평소에는 산정호수 상동 주차장을 이용하면 되지만 억새꽃 축제 기간에는
  이곳이 축제장으로 사용된다.
- 축제 기간 중에 산정호수까지 무료 셔틀이 운행된다.
- 아래쪽 하동 주차장에 차를 세우고 20분 정도 상동 주차장까지 걸어 올라
  가야 한다. 물론 상동 주차장의 공간이 협소하기 때문이다.
- 초급 코스라도 힘에 부칠 정도이고, 왕복 약 4시간가량 등반해야 하니 등
  산화와 편한 옷차림은 필수.
- 산세가 워낙 험하고 돌산이라 흙먼지가 많이 날리니 참고하자.
- 산정호수 주차장에서 1시간 정도 올라가면 등룡폭포가 나오고, 그곳을 기
  점으로 1시간 정도 더 오르면 은빛 억새가 출렁이는 놀라운 광경이 눈앞에
  펼쳐진다. 하얗게 눈이 내린 것만 같은 거대한 은빛 억새들. 말 그대로 눈
  부시게 빛난다. 왜 '은빛 억새'라고 하는지 알 수 있는 풍경이다.
- 정상까지 올라야 제대로 된 억새꽃을 감상할 수 있으니 중도에 포기하지 말자.

주변 볼거리·먹거리

산정호수 조각공원

약 3.2킬로미터에 이
르는 산정호수 둘레
길에는 김일성 별장
터, 야생화 마을, 낙천지폭포, 수변 데크와 더
불어 수려한 자연과 조화로운 20여 점의 조형
작품을 설치한 조각공원이 있다. 오리배를 타
는 매표소 앞의 넓은 터에 조성되어 있다.

Ⓐ 경기도 포천시 영북면 산정호수 수변 일대

SPOT 3

감성 충만한 취향과 안목

아베크엘

주소 서울시 용산구 두텁바위로9길 29 · **가는 법** 4호선 숙대입구역 5번 출구 → 마을버스 용산 02 → 후암시장 하차 → 파리바게트 앞 횡단보도에서 SC제일은행 쪽으로 건넌 후 왼쪽 골목으로 이동 → 지리산정육점 갈림길에서 왼쪽 길로 도보 2분 · **운영시간** 12:00~19:00 / 매주 일요일 휴무 · **전화번호** 070-8210-0425 · **홈페이지** www.avec-el.com · **대표메뉴** 링고라테 6,500원, 런던포그밀크티 6,500원, 티라미수 7,000원

소월길 남산도서관 아랫동네 후암동 뒷골목에 위치한 카페 아베크엘(avec-el)은 인스타그램 스타 박로지와 구이삼 부부가 함께 운영하는 라이프스타일 브랜드 아베크엘의 숍이자 카페다. 구석구석 감각적이고 유니크한 인테리어가 단번에 눈길을 끄는데, 어느 각도에서 찍어도 고스란히 화보가 된다. 부부가 함께 개발한, 이곳에서만 맛볼 수 있는 취향 저격의 시그니처 메뉴들은 모양은 물론 맛도 최상급이다. 캔들, 룸스프레이, 텀블러, 의류, 잡화 등 직접 만든 디자인 상품을 카페에서 구입할 수 있다.

주변 볼거리·먹거리

남산산책길 카페 아베크엘에서 아기자기한 카페와 숍이 가득한 소월길을 따라 조금만 걸어가면 남산 산책길이 있어 사부작 사부작 걷기 좋다.

Ⓐ 서울시 중구 회현동 1가

8월 33주 소개(291쪽 참고)

TIP

- 감성카페 아베크엘 2호점(메종드아베크엘)이 혜화동 대학로에 새로 오픈했다.
- 주차가 가능하지만 사람도 드문드문한 골목 어귀에 자리한 데다 워낙 비탈지고 좁은 주택가라 역에서 내려 걸어가는 것을 추천한다. 단, 경사가 심해 더운 날은 걷기 조금 힘들 수도 있다.

1 COURSE

🚇 6호선 녹사평역 2번 출구 ▶
🚌 마을버스 용산02 ▶ 남산교회
입구 하차

▶ 국립중앙박물관

2 COURSE

🚶 신흥시장에서 도보 3분

▶ 해방촌 예술마을 산책

3 COURSE

▶ 더로열푸드앤드링크

주소	서울시 용산구 서빙고로 137
운영시간	화·목·금요일 09:00~18:00, 수·토요일 09:00~21:00, 일요일·공휴일 09:00~19:00 (단, 1월 1일 제외) / 매주 월요일, 1월 1일 휴관
전화번호	02-2077-9000
홈페이지	www.museum.go.kr
etc	매주 수·토요일 18:00~ 21:00 (3시간 연장). 단, 어린이박물관은 매월 마지막 주 수요일만 야간 개장
가는 법	4호선 이촌역 2번 출구→도보 7분

4월 16주 소개(158쪽 참고)

주소	서울시 용산구 용산동 2가

남산 언덕배기에 위치한 해방촌은 그 지명에서 추측할 수 있듯 해방 직후 실향민들이 판잣집을 짓고 임시 거주하면서 형성된 동네다. 최근에는 포스트 경리단길이라 불리며 가장 핫한 동네로 급부상 중이다. 해방촌의 상징인 신흥시장을 기점으로 해방촌 예술마을, 남산타워로 향하는 소월길 코스를 걸어볼 것을 추천한다. 산책하며 보물찾기하듯 유니크한 숍과 카페들을 발견하는 재미가 크다. 후암동 종점 근처에 있는, 수십 년 동안 오르내렸을 가파른 경사의 '108계단'도 놓치지 말자.

주소	서울시 용산구 신흥로20길 37
운영시간	10:00~22:00 / 연중무휴
전화번호	070-7774-4168
홈페이지	www.facebook.com/theroyalfad
etc	카페 안에 개 두 마리가 상주하고 있으나 단정하게 묶여 있으니 놀라지 마시라. 애완견 동반 가능.

해방촌에서도 남산 바로 아랫동네에 위치해 있는 더로열푸드앤드링크(The ROYAL FOOD&DRINK)는 브런치와 술 그리고 커피를 파는 카페다. 외국인 주인장이 운영하는 곳이라 한국인보다 외국인들이 더 많은 이색적인 풍경이 펼쳐진다.

가 을 속 을 걷 다

41 week

SPOT 1
풍차와 갈대밭의 낭만 풍경

소래습지
생태공원

주소 인천시 남동구 소래로154번길 77(논현동) · **가는 법** 수인선 소래포구역 2번 출구 → 도보 20분 · **운영시간** 10:00~18:00 / 매주 월요일 휴무 · **입장료** 무료 · **전화번호** 032-435-7076 · **홈페이지** 인천광역시 온라인 통합 예약(reserve.incheon.go.kr)

끝없이 펼쳐진 갈대숲과 붉게 물드는 노을이 아름다운 인천 소래습지생태공원은 일제강점기 일본인들이 만들어 1996년까지 전국 최대 규모를 자랑했던 염전이다. 하지만 사양길에 접어든 소래염전은 1996년 결국 문을 닫아 폐허로 버려졌다. 이후 공원으로 꾸며져 1999년 6월에 현재 모습으로 개장했다. 공원의 대부분을 차지하고 있는 것은 넓게 펼쳐진 갯벌이다. 한쪽으로는 산책로와 자전거 길도 잘 만들어놓았다. '공원'이라고는 하지만 편의 시설은 없다. 인공적인 개발을 최소화하고 시멘트로 포장하지 않은 갯벌 산책길, 염전 체험장, 소금창고 등 원래 모습 그대로 남겨두어 사계절 내내 아름다운 사진을 찍을 수 있

다. 산책로 곳곳에 지금은 사용하지 않는 텅 빈 낡은 목재 소금
창고가 을씨년스럽게 남아 있는데, 새 주인이 된 갈대밭과 함께
이곳 폐염전 특유의 빈티지한 풍경에 한몫한다. 풍차 일몰이 굉
장히 아름다운 곳으로도 소문이 나서 사진 찍기 좋아하는 사람
들에게 촬영지로 인기다. 가을과 겨울에는 높은 하늘과 풍차가
갈대밭과 어우러져 빈티지한 사진을, 봄과 여름에는 맑은 하늘
과 풍차, 그리고 푸른 갈대밭을 배경으로 발랄하고 상큼한 콘셉
트 사진 촬영이 가능하다.

TIP

- 생각보다 부지가 넓어서 대충 둘러보면 1시간 정도 걸리고 꼼꼼하게 보면 3~4시
  간 이상 소요된다.
- 아이들과 함께라면 갯벌 체험을 꼭 해보자. 갯벌 체험 및 전시관 단체 관람은 홈
  페이지 온라인 사전 예약 필수.
- 자가용 이용 시 '소래습지생태공원 주차장'을 이용하면 된다. (1시간 600원)
- 남문 방향으로 나와 소래포구 방향으로 이동하면 어시장, 횟집, 조개구이, 생선
  구이 등 다양한 먹거리를 만날 수 있다.

주변 볼거리·먹거리

소래습지생태전시관 소래습지생태공원
내에 있으며 염전창
고를 개조해 만든 전
시관으로 옛 염전 모습과 광경, 소래포구 사진
등이 전시되어 있다. 또한 염생식물과 갯벌 상
태와 관련된 각종 자료를 볼 수 있으며 옥상 전
망대에 올라 소래포구와 소래습지생태공원 전
경을 한눈에 볼 수 있다. 전시관 앞으로는 갯벌
체험장이 있다.

Ⓐ 인천시 남동구 소래로154번길 77(논현동)
Ⓞ 10:00~18:00(17:00까지 입장 가능), 동절
기 10:00~17:30 / 매주 월요일, 1월 1일, 명절
휴관 Ⓒ 무료 Ⓟ 032-435-7076 Ⓗ 인천광역
시 온라인 통합 예약(reserve.incheon.go.kr)

소래포구 드넓은 소
래습지생태공원을
둘러보고 나서 허기
가 진다면 차로 7분
거리에 있는 소래포구에 들러보자. 수도권 유
일의 재래어항이자 천연포구다. 산지에서 직
송한 신선한 회를 저렴한 가격으로 즉석에서
맛볼 수 있다. 해마다 소래포구축제도 열린다
(자세한 축제 일정은 www.soraefestival.net
확인)

Ⓐ 인천시 남동구 논현동 134-5 Ⓞ 평일 08:00
~21:00, 주말 07:00~22:00(소래어시장) Ⓣ
070-7011-2140 Ⓗ www.soraepogu.net

낡은 목재 소금창고

SPOT **2**

물, 바람, 꽃과 함께 걷는
물의정원

주소 경기도 남양주시 조안면 북한강로 398 · **가는 법** 경의중앙선 운길산역 1번 출구 → 도보 7분 · **운영시간** 연중무휴 · **전화번호** 031-590-2783 · **etc** 입장료와 주차비 무료 / 만차일 경우 맞은편 조안면체육공원에 주차 가능/ 자전거 대여 가능

시야를 가리는 건물 하나 없이 산은 첩첩이요, 꽃은 지천에 춤추고, 강물은 소리 없이 고요히 흐르는 곳. 5월 말에서 6월 중순이면 개양귀비꽃이 피고 9월에는 황화코스모스가 만개해 계절마다 황홀한 꽃잔치가 열리는 곳. 남양주 물의정원은 조용한 강을 낀 습지공원으로 물, 바람, 자연이 어우러져 사계절 내내 그림처럼 아름다운 곳이다. 북한강 물이 흘러들어 호수 같은 지형을 만들었다고 해서 '물의정원'이라 불린다. 단언컨대 이렇게 예쁜 산책길도 없다. 상쾌한 산책로와 전망 데크, 벤치 등이 곳곳에 설치되어 있고 강변을 따라 자전거도로와 산책로마다 야생화와 왕버들이 조성되어 있다. 자전거를 빌려 북한강변을 시원하게 달려보는 것도 잊지 말자.

사진 출처: 남양주 시청

6월의 개양귀비꽃

주변 볼거리 · 먹거리

피맥컴퍼니 따뜻한 날, 해 질 녘 환상적인 한강을 바라보며 야외에서 피맥(피자+맥주)을 즐길 수 있는 곳! 남양주 물의정원에서 차로 10분 거리에 있다.

Ⓐ 경기도 남양주시 와부읍 경강로926번길 10 Ⓗ 12:00~22:00 Ⓣ 031-576-2948 Ⓜ 하프세트 25,900원, 치즈피자 16,000원

5월 말에서 6월 중순이면 북한강변길 따라 넓은 벌판을 가득 메운 붉은 물결 개양귀비꽃이 초록초록한 풍경과 파란 하늘과 대비되어 장관을 이룬다. 보자마자 탄성이 절로 나온다.

9월의 황화코스모스

TIP
- 물의정원 내에 매점이 따로 없으니 간단한 먹거리와 물을 챙겨 가는 것이 좋다.
- 물의정원 내에 그늘이 거의 없으니 모자를 꼭 챙기자. 아니면 이른 오전이나 해 질 녘에 가는 것이 좋다.
- 해 지는 시간에 맞춰 가면 더 멋진 사진을 담을 수 있다.

LP판과 책이 가득한 나무 다락방
카페 싸리재

주소 인천시 중구 개항로 89-1 · **가는 법** 1호선 동인천역 4번 출구→도보 10분 · **운영시간** 10:00~22:00 / 매주 월요일 휴무 · **전화번호** 032-772-0470 · **대표메뉴** 카페봉봉 5,000원, 에스프레소 3,500원, 아메리카노 4,000원

인천 배다리마을 여행에서 빼놓을 수 없는 명소가 카페 '싸리재'다. 1930년에 지어진 고택으로 2층 계단을 올라가면 3천여 장의 레코드판과 진공관, 족히 몇십 년은 됨직한 고서(古書)들이 즐비하다. 카페 2층 천장에는 1930년대 당시 상량식 때 써놓은 한자뿐 아니라 지을 당시의 흙과 지푸라기까지 고스란히 남아 있다. 창문, 문틀, 벽돌 등도 대부분 그대로 살려 재활용했다.

이곳의 커피는 모두 대학로 학림다방에서 블랜딩하고 로스팅한 질 좋은 원두만 쓰고 있다. 싸리재에서 직접 담근 매실, 오미자, 생강차도 인기지만 이곳의 시그니처 메뉴는 스페인 본토에서나 맛볼 수 있는 에스프레소 '카페봉봉'이다. 달콤한 연유 위에 에스프레소를 얹어 풍미와 단맛을 취향에 따라 조절할 수 있다. 주인장이 직접 개발한 '카페봉봉'은 국내에서 오직 싸리재에서만 맛볼 수 있다.

주변 볼거리·먹거리

신포국제시장 인천 최초의 상설시장으로 19세기 말에 형성되어 100년의 역사를 간직한 유서 깊은 시장이다. 미식 천국 신포국제시장을 좀더 맛있게 여행하려면 시장 전체를 돌면서 소량씩 최대한 많이 먹어보자.
Ⓐ 인천시 중구 신포동 1-12 Ⓞ 11:00~15:00 / 매주 월요일 휴무 Ⓣ 032-772-5812 Ⓗ sinpo market.com Ⓔ 명성이 자자한 신포닭강정과 신포만두 외에도 개당 1,000원 하는 오색찐빵과 만두도 꼭 먹어보자.

인천 차이나타운 Ⓐ 인천시 중구 차이나타운로 59번길 12(선린동) Ⓞ 영업시간은 상점마다 다르므로 홈페이지에서 확인(대부분 연중무휴) Ⓣ 032-810-2851 Ⓗ www.ichinatown.or.kr Ⓔ 속이 텅 빈 공갈빵, 양꼬치구이, 월병 등 상징적인 먹거리를 맛보자.
6월 26주 소개(230쪽 참고)

TIP
· 처음 방문한 사람은 '경기 의료기' 간판을 보고 헷갈릴 수도 있는데, 카페 싸리재가 맞다. 이곳에서 태어나고 자라 35년 넘게 '경기 의료기'를 운영해 온 주인은 아직도 잊지 않고 더러 찾아오는 연세 드신 어르신들을 위해 카페 한쪽에 의료기 물건들을 그대로 놔두었으며 의료기 간판도 떼지 않고 그대로 두었다.

1 COURSE 동묘벼룩시장
🚶 도보 10분

2 COURSE 서울풍물시장
🚇 1호선 종로5가역 7·8번 출구
▶ 도보 2분

3 COURSE 광장시장 먹자골목

주소	서울시 중구 황학동
운영시간	보통 오전 10시부터 일몰까지 / 연중무휴
etc	카드는 받지 않으니 현금 필수
가는 법	1·6호선 동묘역 3번 출구

'없는 것 빼고 다 있다'는 일명 '도깨비 시장'. 옛 이름은 황학동 벼룩시장이다. 지하철 1·6호선 동묘역 3번 출구에서 청계천변까지 골목마다 빼곡히 들어찬 만물상들이 생활용품, 인테리어 소품 및 가구, 각종 골동품, 빈티지 의류, 희귀한 레코드판과 앤티크 장식품 등 세상에 존재하는 모든 물건들을 판매한다.

주소	서울시 동대문구 천호대로 4길 21
운영시간	10:00~19:00(식당가는 22:00까지) / 매월 둘째·넷째 주 화요일 휴장
전화번호	02-2232-3367
홈페이지	pungmul.seoul.go.kr

8월 34주 소개(296쪽 참고)

주소	서울시 종로구 창경궁로 88
운영시간	09:00~22:00
전화번호	02-2267-0291
홈페이지	kwangjangmarket.co.kr

광장시장은 110년이 넘는 전통을 간직한 국내 최초의 상설시장이자 다양한 품목을 판매하는 서울의 대표시장이다. 특히 톡 쏘는 겨자 소스에 찍어 먹는 마약김밥, 사람 팔뚝만 한 '팔뚝순대', 녹두빈대떡으로 유명한 광장시장의 먹자골목은 쫄쫄 굶고 가야 제대로 먹어볼 수 있을 정도로 다채로운 먹거리가 즐비하다. 대부분 현금 결제이므로 현금을 넉넉히 준비해 가자. 먹자골목 바로 옆에 위치한 구제 상가 쇼핑도 놓치지 말자.

수 원 화 성 에 서 의
가 을 달 빛 산 책

42 week

SPOT **1**

아름다운 낮과 밤의 절경

방화수류정

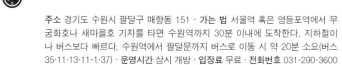

주소 경기도 수원시 팔달구 매향동 151 · **가는 법** 서울역 혹은 영등포역에서 무궁화호나 새마을호 기차를 타면 수원역까지 30분 이내에 도착한다. 지하철이나 버스보다 빠르다. 수원역에서 팔달문까지 버스로 이동 시 약 20분 소요(버스 35·11·13·11-1·37) · **운영시간** 상시 개방 · **입장료** 무료 · **전화번호** 031-290-3600 · **홈페이지** www.swcf.or.kr · etc 주차 무료

　　화성에서 가장 아름다운 정자인 방화수류정(동북각루)은 수원 화성에 세워진 4개의 각루 중 경치가 가장 빼어난 곳이다. 수원을 여행할 때 꼭 들러볼 것을 추천한다. 연못 용연 너머로 화성행궁 성벽을 따라 보이는 방화수류정과 초록 나무들을 바라보고 있으면 이런 게 진정한 자연이구나 하는 생각이 절로 든다. 성안과 성 밖의 경치, 성곽을 따라 걸으며 보는 풍경이 낮뿐 아니라 밤에도 일품이다. 특히 봄과 가을에 가장 아름다운 절경을 자랑한다.

방화수류정의 야경

주변 볼거리·먹거리

수원화성 성곽길 산책

ⓐ 경기도 수원시 장
안구 영화동 320-2
ⓞ 하절기(3월~10월)
09:0~18:00, 동절기(11월~2월) 09:00~17:00
/ 연중무휴 ⓒ 어른 1,000원, 청소년 700원,
어린이 500원 ⓣ 031-290-3600 ⓗ www.
swcf.or.kr
10월 42주 소개(355쪽 참고)

TIP

- 화성어차(어른 4,000원, 어린이 1,500원)를 타고 수원화성을 한 바퀴 둘러볼 수 있다. 이용객이 많은 주말에는 주차 후 맨 먼
  저 화성어차 티켓부터 구매하고 근처 화성행궁(입장료 어른 1,500원, 어린이 700원)을 둘러보길 추천한다.
- 수원화성, 화성행궁, 수원박물관, 수원화성박물관 등 통합 관람 요금을 6,500원(어른)에 판매한다.
- 방화수류정 안에 무료로 들어갈 수 있는데, 신발을 벗고 들어가야 한다.
- 돗자리를 깔고 맛난 음식을 먹으며 피크닉을 즐길 수 있는 유일한 문화재가 아닐까 싶다. 주변 카페에서 피크닉 풀세트를 대여
  해 주기도 한다. 단, 돗자리 무단 침범자 개미군단에 주의하자.

이국적인 가을 정취
월화원

주소 경기도 수원시 팔달구 동수원로 399(효원공원 내) · **가는 법** 분당선 수원시청역(경기도문화의전당역) 9·10번 출구 → 도보 10분 / 1호선 수원역 → 버스 9·2-1·9 2-1 → 경기문화재단 정류장 하차 · **운영시간** 09:00~22:00 / 연중무휴 · **입장료** 무료 · **전화번호** 031-228-4192 · **홈페이지** tour.suwon.go.kr

　월화원은 수원 효원공원 내에 있는 1,820평 규모의 중국식 전통정원으로 중국 전통 건축양식과 공간 구성을 그대로 재현했다. 2006년 4월 17일에 개장했으며, 중국인들에 의해 광둥 지역의 전통 건축양식을 되살려 만든 곳이다. 인공호수와 야트막한 동산, 폭포, 정자 등이 어우러진 월화원은 중국 명조 말에서 청조 초기의 민간 정원 형식을 띠고 있어 마치 중국 어느 작은 시골 정원에 와 있는 듯한 느낌이다. 월화원에서 가장 높은 곳에 자리한 삼우정에 올라가면 정원을 한눈에 내려다볼 수 있다.

주변 볼거리·먹거리

효원공원 1994년 어머니상 등 효(孝)를 상징하는 각종 기념물을 세워 조성된 공원. 자매도시 제주시를 상징하는 제주거리가 조성되어 있으며 전통팽이게임장도 들어서 있어 가볍게 산책하며 쉬어 가기 좋다. 잔디밭은 무료 결혼식장으로 활용된다. 농구장과 배드민턴장, 족구장 등의 시설도 잘 갖춰져 있다. 효원공원 근처에 있는 '나혜석거리'도 둘러보자.

Ⓐ 경기도 수원시 팔달구 인계동 Ⓞ 상시 개방 Ⓒ 무료 Ⓣ 031-228-4192 Ⓗ tour,suwon,ne,kr Ⓔ 주차 시설 없음

SPOT **3**

낮보다 황홀한 밤의 산책
광교호수공원

주소 경기도 수원시 영통구 광교호수공원로 102(하동 1023) · **가는 법** 분당선 청명역 3번 출구 → 버스 34·34-1·63-1 → 광교한양수자인 하차(약 20분 소요) · **운영시간** 연중무휴 · **입장료** 무료 · **전화번호** 070-8800-2460 · **홈페이지** www.gglakepark.or.kr

광교호수공원은 두 개의 호수를 둘러싼 그림 같은 산책로가 있어 가족 나들이, 소풍, 가벼운 산책을 하기에 좋다. 낮에도 예쁘지만 밤이면 광교 신도시의 화려한 빌딩숲과 평범한 가로등이 아닌 화려한 형형색색의 조명이 더해져 더욱 낭만적인 정취를 만끽할 수 있다. '어반레비'라고도 불리는 수변 데크는 화려한 조명 때문에 공원에서 가장 인기 스팟이자 쉼터다. 가볍게 한 바퀴 도는 코스로 산책하며 데이트를 하기 좋다.

주변 볼거리 · 먹거리

광교 카페 거리 잘 조성된 광교호수공원 산책로를 따라 걷다 보면 광교 카페 거리를 만나게 된다. 천을 따라 야외 테라스 카페들이 즐비해 알찬 데이트 코스로 딱 좋다.

Ⓐ 경기도 수원시 영통구 이의동

SPOT **4**

그린 라이프스타일 농장과 정원이 있는 카페

마이알레

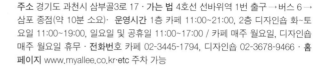

주소 경기도 과천시 삼부골3로 17 · **가는 법** 4호선 선바위역 1번 출구 →버스 6 → 삼포 종점(약 10분 소요)· **운영시간** 1층 카페 11:00~21:00, 2층 디자인숍 화~토요일 11:00~19:00, 일요일 및 공휴일 11:00~17:00 / 카페 매주 월요일, 디자인숍 매주 월요일 휴무 · **전화번호** 카페 02-3445-1794, 디자인숍 02-3678-9466 · **홈페이지** www.myallee.co.kr·**etc** 주차 가능

마이알레(My Allee)의 정원에는 온갖 식물과 꽃, 기묘한 나무와 채소들이 많아 '조경을 위한 실험실'로 불린다. 이 정원에서 직접 기른 재료로 만든 농장식 메뉴와 건강한 식사를 제공한다. 직접 로스팅한 커피, 프랑스에서 공수해 온 밀가루로 구운 가정식 빵, 마이알레 텃밭에서 기른 허브와 토마토, 채소, 과일을 1층 카페에서 맛볼 수 있으며 매주 새롭고 다양한 재료를 선보인다. 2층으로 가면 라이프스타일 편집 매장이 있다. 식물을 기르는 데 필요한 다채로운 가든 용품과 리빙 아이템 그리고 아웃도어 가구 및 리빙 용품, 패브릭 제품, 자연과 식물에 관한 책 등을 만나볼 수 있다. 3층에서는 소규모 아카데미 수강이 이뤄지는데 마음 건강에 집중할 수 있는 다양한 커뮤니티 프로그램을 체험할 수 있다.

주변 볼거리·먹거리

과천저수지 봄이면 벚꽃이 흐드러지고, 가을이면 단풍이 오색으로 화려하게 물드는 저수지를 따라 걷거나 서울랜드의 코끼리열차를 타고 한 바퀴 돌아보자. 눈앞에는 저수지가, 뒤편에는 서울랜드와 청계산이 펼쳐져 봄과 가을 나들이 장소로 인기다. 마이알레에서 가려면 6번 버스를 타고 선바위역에서 환승 후 대공원역에서 하차하면 된다.

Ⓐ 경기도 과천시 막계동

TIP

- '봄의 정원'이라 불릴 만큼 봄에 가장 찬란한 마이알레. 봄에 가면 온갖 수종의 꽃과 나무들을 만날 수 있다.
- 파니니와 커피를 판매하는 카페, 꽃과 식물과 라이프스타일 소품을 판매하는 마이알레 분점이 현대백화점 판교점에 입점돼 있다.
- 매년 가을이면 결실과 풍요의 상징인 마른풀을 콘셉트로 한 플리마켓 'HAY MARKET'이 열린다.
- 디너 기본 세트 메뉴 또는 예약에 한해 호주산 스테이크 제공.

수원 역사 여행 ────────────

1
COURSE

🚌 버스 98 ▶ 장안문 하차(약 30분)

월화원

2
COURSE

🚶 도보 7분

수원화성 성곽길

3
COURSE

방화수류정

주소	경기도 수원시 팔달구 동수원로 399(효원공원 내)
운영시간	09:00~22:00 / 연중무휴
입장료	무료
전화번호	031-228-4192
홈페이지	tour.suwon.go.kr
가는 법	분당선 수원시청역(경기도문화의전당역) 9·10번 출구 → 도보 10분 / 1호선 수원역 → 버스 9·2·1·92-1 → 경기문화재단 정류장 하차

10월 42주 소개(350쪽 참고)

주소	경기도 수원시 장안구 영화동 320-2
운영시간	하절기(3월~10월) 09:00~18:00, 동절기(11월~2월) 09:00~17:00 / 연중무휴
입장료	어른 1,000원, 청소년 700원, 어린이 500원
전화번호	031-290-3600
홈페이지	www.swcf.or.kr

18세기에 지어진 군사건축물 중 동서양을 통틀어 최고의 건축물로 평가되며 그 가치를 인정받아 유네스코 세계문화유산으로 선정된 화성 성곽길. 견고하면서도 부드럽게 휘어지는 성곽의 곡선을 따라 누구나 편하게 걸을 수 있다. 2시간이면 충분하며, 가장 걷기 좋은 코스는 화서문(서문)에서 창룡문(동문)에 이르는 구간이다. 4대문 중 가장 웅장한 장안문과 화성의 건축물 중 가장 아름다운 방화수류정 등 빼어난 풍경과 함께 화성의 진면목을 오롯이 감상할 수 있다. 저녁 즈음에는 수원에서 가장 높은 서장대에 올라 산책길을 되짚어보며 반짝거리는 화려한 도심 야경과 은은한 조명 빛을 머금은 성벽을 한눈에 내려다보는 것이 화성 산책의 하이라이트다.

주소	경기도 수원시 팔달구 매향동 151
운영시간	상시 개방
입장료	무료
전화번호	031-290-3600
홈페이지	www.swcf.or.kr
etc	주차 무료

10월 42주 소개(348쪽 참고)

지하철 타고
떠나는 단풍 여행
43 week

SPOT **1**

한국 최고의 단풍 명원
창덕궁 후원

주소 서울시 종로구 율곡로 99 · **가는 법** 3호선 안국역 3번 출구→도보 5분 / 1·3·5 호선 종로3가역 6번 출구→도보 10분 · **운영시간** 2월~5월·9월~10월 09:00~17:00, 6월~8월 09:00~17:30, 11월~1월 09:00~16:30 / 매주 월요일 휴궁 · **입장료** 8,000원(후원 관람 및 궁궐 입장료 포함) · **전화번호** 02-3668-2300 · **홈페이지** www.cdg.go.kr · etc 방문하고자 하는 날짜로부터 6일 전 오전 10시부터 홈페이지에서 예약할 수 있다. / 온라인 예매를 하지 못한 경우 매일 오전 9시부터 현장에서 선착순으로 판매하는 티켓을 노려보자.

　서울의 5대 궁궐 중에서도 가장 한국적인 궁궐이라는 평을 듣는 창덕궁은 사계절 각기 다른 정취를 자랑한다. 특히 매년 가을이면 푸른 하늘과 우아한 전각 그리고 다채로운 빛깔의 단풍이 더해져 관광객들의 발길이 끊이지 않는 곳이다. 유네스코 세계문화유산에 등재되기도 한 창덕궁의 하이라이트는 '비밀의 정원'이라 불리는 후원이다. 인위적인 손길을 최소화하고 본래의 자연 지형을 고스란히 살려 골짜기 곳곳에 아름다운 정자와 전각을 세웠는데, 도심 속에서 자연을 누리기에 이보다 더 좋을 수 없다. 특히 가을이면 아름다움의 절정을 보여준다. 9만 평의 창덕궁 부지 중 약 4만 평이 후원에 달할 정도로 어마어마한 규모를 자랑하며 한 바퀴 돌아보는 데 90분 정도 소요된다. 그야말로 창덕궁 안의 또 다른 나라다. 서울에서 서정적인 가을 여행지로 단연 최고다.

TIP
- 창덕궁 후원 특별 관람은 1회 입장 인원이 100명으로 제한되어 있다. 50명까지는 인터넷 사전 예약을 받고, 나머지 50명은 현장에서 선착순으로 입장하며, 전문 해설사의 인솔하에 정해진 시간에만 관람할 수 있다. 후원의 단풍이 절정에 달하는 시기에는 평일에도 2~3시간 전부터 티켓이 매진되는 경우가 많으니, 인터넷을 통해 사전 예약하는 방법을 추천한다.
- 문화재 보호를 위해 창덕궁 안에서는 음료 외에 음식물 섭취를 금한다.
- 화장실과 매점은 후원 입구에서 약 10분 거리인 부용지 주변에만 설치되어 있다.
- 창덕궁 바로 옆은 창경궁이다. 궁 통합 관람권을 구입하면 서울의 4대 궁뿐 아니라 종묘까지 입장할 수 있다. 창덕궁 관람(3,000원)과 별도로 5,000원을 더 내야 들어갈 수 있는 후원 입장료까지 포함돼 있어 가격 대비 훨씬 경제적이다.
- 매년 봄과 가을에 아름다운 야경을 감상할 수 있는 '창덕궁 달빛기행'이 열리며 사전 온라인 예매로 신청 가능하다(문의는 한국문화재재단 02-566-6300)

주변 볼거리 · 먹거리

대림미술관 일상이 예술이 되는 미술관, 대림미술관의 전신은 1996년 대전에 개관한 한국 최초의 사진 전문 한림미술관이다. 사진뿐 아니라 폴 스미스, 칼 라거펠트, 린다 매카트니 등 다양한 분야의 전시를 소개한다. 전시의 연장선에 놓인 콘서트, 강연, 워크숍, 파티를 비롯해 문화 예술계의 인사를 초대해 관객과의 대화 시간을 갖는 등 상식적인 미술관의 영역을 뛰어넘어 새로운 라이프스타일을 제안하는 전시 콘텐츠들을 선보이고 있다.

Ⓐ 서울시 종로구 자하문로 4길 21 Ⓞ 화~일요일 10:00~18:00, 목토요일 10:00~20:00 / 매주 월요일, 구정추석 연휴 휴관 Ⓒ 성인 5,000원, 청소년 3,000원, 어린이 2,000원 Ⓣ 02-720-0667 Ⓗ www.daelimmuseum.org Ⓔ 온라인 회원이 되면 전시 입장료 20퍼센트 할인. 인터파크에서 예약하면 대기 시간 없이 바로 입장 가능

후원과 더불어 단풍나무 숲길은 창덕궁의 단풍 명소

SPOT **2**

천년의 황금빛 가을을 간직한
한국의 마테호른

용문사&천년의
은행나무

주소 경기도 양평군 용문면 용문산로 782 · **가는 법** 중앙선 용문역 → 30분마다
한 대씩 다니는 버스 7-4 → 용문사 하차(15분 소요) · **운영시간** 연중무휴 · **입장료**
2,500원 · **전화번호** 031-773-3797 · **홈페이지** www.yongmunsa.biz

신라시대 사찰 용문사는 가을이면 꼭 가봐야 할 명소로 손꼽
힌다. 아시아에서 제일 큰 은행나무가 있기 때문이다. 가을이면
용문사를 찾는 사람들이 부쩍 늘어나는 이유다. 이 은행나무는
수령 1100년이 넘고 높이도 42미터에 달한다. 1년 내내 마르지
않기로 유명한 용문산 계곡을 끼고 넓은 산책로를 따라 20분 정
도 천천히 올라가다 보면 용문사에 다다른다. 주차장에서 용문
사까지는 대체로 평탄한 길이어서 노약자나 어린이 모두 걷기
편하다. 길도 잘 정비되어 있어서 유모차를 끌고 가기에도 무리
가 없다. 가을이 깊어지면 용문사의 은행나무는 황금빛 절정을
이룬다.

TIP
- 시기를 잘 맞춰 가야 황금빛 절정을 이루는 은행나무를 감상할 수 있다.
- 산속이라 서늘하니 두툼하게 입고 가자.
- 용문사는 사찰 문화를 체험할 수 있는 템플스테이로도 유명하다.
- 용문산관광단지 내에 있는 식당을 미리 예약하면 대부분 식당에서 용문역까지 무료로 왕복 픽업 서비스를 해준다.
- 용문사에 가면 은행나무만 보고 돌아오는 경우가 많은데 용각바위, 마당바위, 정지국사 부도까지 함께 둘러보면 좋다.
- 매달 5일과 10일에 열리는 양평 장날 용문장에도 들러보자.

SPOT 3
일명 마약갈비
터갈비

주소 경기도 양평군 강하면 강남로 295 · **가는 법** 자가용 이용 · **운영시간** 11:30~22:00 / 매주 월요일 휴무 · **전화번호** 031-774-9958 · **홈페이지** blog.naver.com/kdu4444 · **대표메뉴** (1인분)양념돼지갈비, 돼지생갈비 각 13,000원, 소양념갈비 28,000원

주변 볼거리·먹거리

더그림
Ⓐ 경기도 양평군 옥천면 사나사길 175 Ⓞ 월~금요일 10:00~일몰 시, 토~일요일 09:30~일몰 시 / 매주 수요일 휴무 / 매주 수요일 휴무(전체 정원 관리) Ⓒ 어른 7,000원, 어린이 5,000원 Ⓣ 070-4257-2210 ⓗ www.thegreem.com 7월 29주 소개(252쪽 참고)

'한 번도 먹어보지 않은 사람은 있어도 한 번만 먹어본 사람은 없다'는 말이 있을 정도로 만족도 높은 고기 맛을 자랑하는 터갈비는 양평 내에 경쟁 업체가 없을 정도로 명성이 자자하다. 조미료나 설탕, 물엿을 쓰지 않고 꿀, 배, 참마, 양파, 생강, 마늘 등 19가지 천연재료로 만든 양념에 3일 이상 고기를 숙성시켜 깊은 풍미를 자랑한다. 육질이 굉장히 부드럽고 자극적이지 않아 일명 '마약갈비'로 불린다. 여기는 소갈비보다 돼지갈비가 더 유명하다. 특히 국내산 생돼지갈비는 감동 그 자체다. 무한 리필이나 단품 메뉴에 동일하게 사용되는 돼지갈비는 국내산 최고등급 냉장(한돈) 돼지만을 사용하고 즉석에서 참숯백탄에 구워 먹는다. 돼지고기는 완벽하게 신선하지 않으면 누린내가 나기 마련인데 이곳은 특유의 잡내와 누린내가 전혀 나지 않아 냄새에 예민한 사람도 반할 수밖에 없다. 도축된 지 일주일 이상 지난 고기는 절대 내놓지 않는다는 원칙을 13년째 고수하고 있으며, 이곳 사장님이 직접 포를 뜬다.

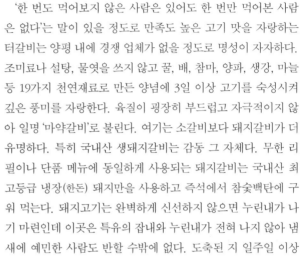

TIP
- 주말이나 공휴일에는 양념돼지갈비, 돼지생갈비 등 주요 메뉴들이 일찍 품절되어 조기에 영업을 마감하는 경우도 많으니 미리 전화해 보고 방문할 것.
- 갈비맛 보증제를 실시하고 있어서 맛이 없으면 고기를 바꿔준다. 단, 고기를 먹기 시작한 초반에 말해야 한다.
- 상차림 후 2시간 동안 돼지갈비 무한 리필(30,000원).
- 포장 판매 불가.
- 주말과 공휴일에는 예약 불가.
- 인위적으로 붙인 갈비가 아니라 통째로 포를 떴기 때문에 기름기가 조금 많기는 하지만 워낙 신선해서 비계마저 쫀득하다.

1
COURSE

👤 5·9호선 여의도역 3·4번 출구

▶ 선유도공원

2
COURSE

👤 여의도역에서 간선버스 461
▶ 여의도공원 하차

▶ 여의도 IFC몰

3
COURSE

▶ 서울 밤도깨비 야시장

주소	서울시 영등포구 선유로 343 (당산동 1)
운영시간	06:00~24:00 / 연중무휴
전화번호	02-2631-9368(선유도공원 관리사무소)
홈페이지	parks.seoul.go.kr/template/default.jsp?park_id=seonyudo
가는 법	9호선 선유도역 2번 출구→도보 7분

5월 22주 소개(199쪽 참고)

주소	서울시 영등포구 국제금융로 10
운영시간	10:00~22:00 / 연중무휴
전화번호	02-6137-5000
홈페이지	www.ifcmallseoul.com

12월 52주 소개(418쪽 참고)

주소	서울시 영등포구 여의도동 84-9(여의도 한강공원 물빛광장 일대)
운영시간	매주 금토요일 18:00~23:00 (큰이변이 없는 한 보통 4월부터 10월까지 열린다)
전화번호	070-8230-8911
홈페이지	www.bamdokkaebi.org
etc	여의도한강공원 외에 반포한강공원, DDP, 청계천, 문화비축기지 등에서도 정기적으로 열린다.

매주 금요일과 토요일이면 전국의 푸드트럭이 이곳 여의도로 모여든다. 서울시가 만든 월드나이트마켓으로, 한강을 배경으로 아름다운 야경 속에서 열리는 국내 최대 규모의 야시장이다. 푸드트럭 존의 다채로운 세계 음식, 신나는 공연, 젊은 디자이너들의 핸드메이드 제품들을 한자리에서 만날 수 있다. 동대문DDP와 청계천 광장, 목동운동장 등 네 곳에서 열린다(자세한 일정은 홈페이지 참고).

"나무는 1년에 두 번 꽃을 피운다. 봄과 가을에." 프랑스의 시인 아르튀르 랭보의 말이다. 단풍의 절정은 11월이다. 그래서 11월은 알록달록 물든 가을 속을 느리게 걷기 가장 좋은 달이다. 발로, 다리로, 몸으로 걸을 때 비로소 '진짜' 가을을 여행할 수 있다. 찬란하도록 아름다운 황홀경의 가을 속을 걷는 때만큼은 일, 근심, 걱정과 결별하게 될 것이다. 게으름 피우다가는 자칫 잠깐 머물다 가는 가을을 놓쳐버릴 수 있다. 깊은 가을을 품은 비경 속으로 떠나보자. 걸을 수 있는 두 다리와 볼 수 있는 두 눈만 있으면 충분하다.

서울·경기도
11월의

―――――――

가을을
보내며

안성 여행, 가을 당일
코스로 안성맞춤!

44 week

SPOT 1

목가적인 풍경이 일품인
전원목장

안성팜랜드

주소 경기도 안성시 공도읍 대신두길 28 · **가는 법** 남부터미널(안성행 버스) 또는 동서울터미널 → 공도 하차 → 택시 이용(약 4,000~5,000원) · **운영시간** 하절기(2월~11월) 10:00~18:00, 동절기(12월~1월) 10:00~17:00 / 설날 당일 휴무 · **입장료** 어른 12,000원, 어린이 10,000원 · **전화번호** 031-8053-7979 · **홈페이지** www.nhasfarmland.com

　서울에서 가까운 목장 중 그림처럼 드넓은 초원을 간직한 곳이다. 카메라 셔터를 누르기만 하면 한 폭의 그림이 담기는 데이트 코스로도 인기가 많다. 드라마 〈빠담빠담〉, 〈신사의 품격〉, 영화 〈역린〉 등의 촬영지로도 유명하다. 매년 4월 초부터 6월 말까지 국내에서 유일하게 대규모 호밀밭 축제가 열리며, 특히 가을에 그 아름다움이 절정에 달한다. 또한 안성팜랜드에는 아이들이 좋아할 만한 것들이 가득하다. 초지에서 염소와 양, 말, 조랑말 등 다양한 동물을 만져보며 직접 여물을 줄 수 있고 승마, 연날리기, 가축 교실, 활쏘기 등 다양한 체험 학습이 가

능하다. 이외에도 트릭아트 전시장과 트랙터 마차 체험
및 미로 찾기, 미니 놀이동산 등의 놀 거리가 풍성하다.

주변 볼거리 · 먹거리

서일농원

Ⓐ 경기도 안성시 일
죽면 금일로 332-17
Ⓞ 11:00~20:00 /
설날 및 추석 당일 휴무 Ⓒ 무료 Ⓣ 031-673-
3171 Ⓒ www.seoilfarm.com
11월 44주 소개(368쪽 참고)

TIP

- 소셜커머스에서 입장권을 더 저렴하게 구할 수 있다. 단, 당일 구매는 당일 사용
  불가.
- 아이와 함께라면 트랙터 마차를 타고 39만 평의 광활한 초원을 한 바퀴 돌아봐
  도 좋다(약 12분 소요).
- 드넓은 초지에서의 오랜 야외 활동을 대비해 선크림이나 모자를 준비하자.
- 멋진 일출과 일몰 사진을 찍고 싶다면 안개가 은은하게 깔리는 해 뜨기 전이나
  노을 지는 늦은 오후를 추천한다.
- 매년 봄이면 냉이꽃이 하얗게 흐드러진 초원을 감상할 수 있다(냉이꽃 축제).
- 4월~6월은 호밀밭축제, 9월~10월은 코스모스축제가 열린다. 코스모스 동산 바
  로 옆에 요즘 핫한 핑크뮬리 동산도 생겼으니 놓치지 말자.
- 겨울의 안성팜랜드는 목가적인 풍경을 볼 수 없는 대신 눈썰매장을 개방한다.

SPOT 2

몽환적인 물안개 피어오르는

고삼호수

주소 경기도 안성시 고삼면 월향리 · **가는 법** 안성종합버스터미널 정류장에서 일반 버스 50-1 · 50-2 · 50-3 → 항림 정류장 하차 · **운영시간** 상시 개방 · **입장료** 무료 · **전화번호** 031-673-9771 · **홈페이지** tour.anseong.go.kr

호수와 저수지가 많은 안성에서도 손꼽히는 규모를 자랑하는 고삼호수. 김기덕 감독의 영화 〈섬〉의 촬영지이기도 한 이곳은 낚시터로 유명하지만, 영화가 개봉된 후 관광 코스로 알려지기 시작했다. 특히 아름다운 석양이 유명한 고삼호수는 바다같이 넓고 투명한 물빛을 자랑한다. 호수 위에 둥둥 떠다니는 이동식 낚시터를 배경으로 떨어지는 아름다운 일몰을 감상할 수 있다. 시간 여유가 있다면 새벽 물안개가 가득 피어오르는 몽환적인 풍경과 푸른빛의 신비로운 풍광 또한 놓치지 말자.

주변 볼거리·먹거리

미리내성지 순우리 말로 '은하수'라는 뜻 의 미리내성지. 1984 년 로마 교황청으로 부터 천주교 성인으로 봉인된 한국 최초의 신부 김대건 신부의 유해가 안장된 유서 깊은 성지다. 자연경관이 아름다워 드라마와 영화에도 자주 등장하는 곳이다. 또한 봄이면 흐드러지게 만발 하는 봄꽃과 단풍이 우거지는 가을이면 비경을 자랑하는 곳이라 꼭 신자가 아니어도 나들이 겸 들러보면 좋은 곳이다.

Ⓐ 경기도 안성시 양성면 미리내성지로 420 Ⓞ 09:00~18:00 Ⓒ 무료 Ⓣ 031-674-1256~7 Ⓗ www.mirinai.or.kr

TIP
- 가장 아름다운 일몰을 감상할 수 있는 포토존이 따로 있다.
- 고삼호수는 원래 낚시터이기 때문에 다른 볼거리가 거의 없다. 하지만 가까운 곳에 맛집과 미리내성지, 캠핑장, 연꽃으로 유명 한 꽃뫼마을, 용인대장금파크, 안성팜랜드, 서일농원 등 다양한 볼거리와 수상레저 등의 즐길 거리가 많으니 기꺼이 들러볼 것 을 추천한다. 아름다운 고삼호수의 풍광을 보는 순간 이곳을 찾기 잘했다는 생각이 반드시 들 테니.

2천 개의 항아리가 빚어내는 식객들의 만찬

서일농원

주소 경기도 안성시 일죽면 금일로 332-17 · **가는 법** 동서울터미널에서 일죽행→일죽시외터미널 하차→택시 기본요금(도보 20분) · **운영시간** 11:00~20:00 / 설날 및 추석 당일 휴무 · **입장료** 무료 · **전화번호** 031-673-3171 · **홈페이지** www.seoilfarm.com

주변 볼거리 · 먹거리

안성팜랜드

Ⓐ 경기도 안성시 공도읍 대신두길 28 ⓞ 하절기(2월~11월) 10:00~18:00, 동절기(12월~1월) 10:00~17:00 / 설날 당일 휴무 ⓒ 어른 12,000원, 어린이 10,000원 ⓣ 031-8053-7979 ⓗ www.nhasfarmland.com

11월 44주 소개(364쪽 참고)

서일농원 내 전통음식점 '솔리' 서일농원 내에 있는 전통음식점. 국산콩으로 직접 만든 된장과 청국장찌개 그리고 두부를 기본으로 서일농원에서 손수 만든 20여 가지의 옛맛 그대로의 음식을 맛볼 수 있다.

Ⓐ 경기도 안성시 일죽면 금일로 332-17 ⓞ 11:00~20:00 / 설날 및 추석 당일 휴무 Ⓜ 보리굴비 22,000원, 솔리 특건강밥상 25,000원, 솔리 건강밥상 15,000원 ⓣ 031-673-3173 Ⓔ 방문 예약제

솔리의 건강밥상

2천여 개의 옹기 장독대가 운집한 풍경으로 유명한 서일농원은 영화 〈식객〉의 배경으로 유명하다. 이곳은 1983년부터 서분례 여사가 우리의 전통 장맛을 유지하기 위해 콩과 고추를 직접 재배하고 삼국시대부터 사용되어 온 전통 방식으로 만든 2천여 개의 전통 옹기에 장을 숙성시키며 가꾼 농장이다. 어마어마한 규모의 장독대 풍경이 입소문을 타면서 사진가들의 출사지 및 드라마 촬영 장소로 유명세를 타기 시작했다. 서일농원 최고의 하이라이트는 장독대 전망대에서 한눈에 내려다본 전경이다.

서일농원에서 담근 된장으로 끓인 된장찌개와 우리나라에서 유일하게 청국장 전통식품 명인으로 지정된 서분례 여사의 청국장찌개를 맛볼 수 있다. 여기에 매실장아찌, 더덕장아찌, 가죽장아찌, 달래장아찌, 무말랭이장아찌, 마늘장아찌 등 6가지 맛깔난 장아찌류가 곁들여진다. 그리고 싱싱한 제철 나물들과 6개월 동안 숙성해 만든 쌈장과 제철 쌈채소들이 한 상 가득 나온다. 온 · 오프라인에서 제품 구입도 가능하다.

TIP

• 오후 3시 이후에는 역광이 되므로 장독대 사진은 그 전에 촬영하는 것이 좋다.

1 COURSE

🚗 자동차로 약 38분

2 COURSE

🚗 자동차로 약 20분

3 COURSE

➡ 용인대장금파크
(구 MBC드라미아)

➡ 고삼호수

➡ 미리내성지

사진출처 : 용인대장금파크

주소	경기도 용인시 처인구 백암면 용천리 778-1
운영시간	하절기(3월~10월) 09:00~18:00, 동절기(11월~2월) 09:00~17:00 / 연중무휴
입장료	어른 9,500원, 어린이 7,000원 / 48개월 미만 영유아 무료
전화번호	031-337-3241
홈페이지	djgpark.imbc.com
가는 법	기흥역 → 에버라인 환승 → 운동장 송담대역 하차 → 포브스병원 하차 → 백암행 버스 승차 → 백암 하차 후 버스 105 및 택시 이동

용인대장금파크는 총 8만 4천 평 부지에 사극은 물론 현대극, 영화, CF까지 찍을 수 있는 우리나라 최대 규모의 오픈 세트장이다. 대부분 일회용인 일반 세트장과 달리 이곳은 삼국시대, 고려시대, 조선시대 등 역사적인 고증을 통해 완성된 건축 양식과 생활 공간을 반영구적으로 지었다. 〈주몽〉, 〈이산〉, 〈선덕여왕〉, 〈해를 품은 달〉, 〈마의〉, 〈기황후〉 등 수많은 MBC 사극이 이곳에서 촬영되었다.

사진찍기 혹은 녹새명소 조성시설
고삼호수
이곳은 대한민국을 대표하는 아름다운 호수로 일출과 물안개 그리고 자연이 어우러진 고삼호수의 경관을 조망할 수 있습니다.

주소	경기도 안성시 고삼면 월향리
운영시간	상시 개방
입장료	무료
전화번호	031-673-9771
홈페이지	tour.anseong.go.kr

11월 44주 소개(366쪽 참고)

주소	경기도 안성시 양성면 미리내성지로 420
운영시간	09:00~18:00
입장료	무료
전화번호	031-674-1256~7
홈페이지	www.mirinai.or.kr

11월 44주 소개(367쪽 참고)

단 풍 엔 딩

45 week

SPOT **1**

남미의 풍경 속에서 즐기는
늦가을의 정취

중남미문화원

주소 경기도 고양시 고양동 302 · **가는 법** 3호선 삼송역 8번 출구 → 마을버스 053 → 고양동 시장 앞 하차 → 건너편 훼미리마트 골목으로 도보 10분 · **운영시간** 11월~3월 10:00~17:00, 4월~10월 10:00~18:00 / 매주 월요일, 설날 및 추석 당일 휴관 · **입장료** 어른 6,500원, 어린이 4,500원 · **전화번호** 031-962-7171 · **홈페이지** www.latina.or.kr

한적한 주택 골목 사이를 지나 정문을 들어서자마자 스페인과 멕시코가 떠오르는 붉은 벽돌의 독특한 건축물과 이국적인 풍경이 근사하게 펼쳐지는 중남미문화원은 1992년 중남미에서 30여 년간 외교관 생활을 했던 이복형 대사 부부가 운영하는 문화공간이다. 국내에서 유일한 중남미박물관으로 마야, 아즈텍, 잉카 등 고대 문화부터 현대에 이르기까지 2천여 점의 유물이 전시되어 있다. 중남미를 대표하는 작가들의 그림과 조각들이 전시되어 있는 미술관과 조각공원 등 크게 3곳으로 나뉜다. 중남미 12개국 현대 조각가들의 작품이 공원 및 산책로, 휴식 공간 곳곳에 자리 잡고 있어 중남미 문화의 정취를 느낄 수 있다. 놀라운 사실은 이 모든 유물들을 이복형 대사 부부가 직접 사서 모았다는 것이다. 카펫, 액세서리, 그릇, 패브릭 등 이국적인 중남미 기념품을 구입할 수 있는 숍도 마련돼 있다.

주변 볼거리·먹거리

서삼릉

Ⓐ 경기도 고양시 덕양구 서삼릉길 233-126(원당동 산37-1)
Ⓞ 2월~5월, 9월~10월 09:00~18:00(매표시간 09:00~17:00), 6월~8월 09:00~18:30(매표시간 09:00~17:30), 11월~1월 09:00~17:30(매표시간 09:00~16:30) / 매주 월요일 휴관 Ⓒ 어른 1,000원, 어린이 및 청소년 무료 Ⓣ 031-962-6009 Ⓔ 매달 마지막 주 수요일 무료 입장 5월 19주 소개(181쪽 참고)

TIP

• 중남미문화원 내에 있는 레스토랑 겸 카페 따꼬에서 멕시코 전통 음식 타코를 맛볼 수 있다. 메뉴는 소고기야채타코(8,000원)와 돼지고기치즈타코(7,000원) 두 가지다. 운영시간은 문화원과 동일하다.

SPOT 2

호젓한 가을 산책 명소

벽초지문화
수목원

주소 경기도 파주시 광탄면 부흥로 242 · **가는 법** 3호선 삼송역 → 간선버스 703(삼송역사거리) → 일반버스 15(신산3리) 환승 → 도마산초등학교 하차 → 도보 4분(약 1시간 30분 소요) · **운영시간** 12월~2월 10:00~17:00, 3월~11월 09:30~18:00, 4월~9월 09:00~19:00, 5월~8월 09:00~19:30 / 연중무휴 / 폐장 시간은 날씨 및 일몰에 따라 변경될 수 있다. · **입장료** 어른 9,000원, 중고생 7,000원, 어린이 6,000원 · **전화번호** 031-957-2004 · **홈페이지** www.bcj.co.kr

수많은 드라마와 CF 촬영지로 유명한 벽초지문화수목원! 능수버들과 수양버들이 시원하게 늘어선 연못, 교목으로 둘러싸인 시원하고 넓은 잔디광장, 봄부터 가을까지 화려함을 자랑하는 여왕의 정원, 유럽 스타일의 조각 공원 등 조경이 아름다운 곳이다. 특히 동양적인 정원과 유럽형 정원이 조성되어 있어서 다양한 분위기를 즐길 수 있다.

주변 볼거리·먹거리

열린공방 수목원 내에 있는 공방으로 일일 도자기 핸드페인팅 등 다양한 공예 체험이 가능하며 도예가가 직접 만든 도자기 화분, 생활 자기 등을 판매한다.

Ⓐ 벽초지문화수목원 내 위치 Ⓞ 10:00~17:00(우천 시에는 공방을 열지 않을 수 있으니 미리 전화해 보고 방문할 것) Ⓣ 031-948-5787 Ⓗ www.doya.or.kr Ⓔ 토분 페인팅 후 식물 심기 체험 10,000원

 TIP

- 매년 4월부터 5월까지 튤립축제가 열린다.
- 매년 11월부터 2월까지(정확한 일정은 홈페이지 확인) 수목원이 오색찬란한 빛으로 꾸며지는 빛축제(일몰 후부터 오후 10시까지)가 열려 낮 못지않은 다채로운 볼거리를 제공한다.
- 빛축제 기간(11월~2월)에, 우천이나 강설 시 조명 점등을 하지 않을 때가 있으니 방문 전 반드시 확인하자.
- 최고의 포토존은 파련정과 장수주목터널!

오랜 세월 자리를 지켜온 나무들이 만든 장수주목 터널

파련정

SPOT **3**

먹을수록 건강해지는
장단콩 전문점

통일동산
두부마을

주소 경기도 파주시 탄현면 필승로 480 · **가는 법** 2호선 합정역 1번 출구 → 직행버스 2200 → 성동리사거리 하차(약 50분 소요) · **운영시간** 월~목요일 및 일요일 06:00~24:30 / 금~토요일 상시 개방 · **전화번호** 031-945-2114 · **대표메뉴** 청국장·된장정식 13,000원 / 두부보쌈 33,000원

특산물인 장단콩이 유명한 파주에서도 12년의 전통을 자랑하는 통일동산두부마을은 으뜸 중에서도 으뜸이라고 할 수 있다. 매일매일 생콩을 갈아서 만든 따끈따끈한 두부와 콩비지, 그리고 최상 품질의 장단콩을 직접 삶아 짚으로 띄워 만든 청국장과 매일 바로바로 만든 두부가 최고의 인기 메뉴. 더불어 이곳의 김치 맛에 반해 오는 손님들도 끊이지 않는다. 귀한 한약 재료를 사용해 잡냄새를 완벽히 잡아낸 부드러운 고기와 두 가지 맛의 두부를 함께 내는 두부보쌈 또한 절묘한 맛이다.

주변 볼거리·먹거리

경기미래교육 파주캠퍼스(구 경기영어마을)
모든 연령층이 이용할 수 있는 타운형 영어체험마을로 다양한 교육 공간과 체험 및 놀이 공간, 레일바이크와 오토캠핑장까지 갖추고 있다. 개인 일일체험은 주말에만 가능하다. 매주 월요일과 화요일도 입장은 가능하지만 일일체험 프로그램을 운영하지 않는다. 그리고 오후 6시 이후에는 무료 입장이 가능하다.

Ⓐ 경기도 파주시 탄현면 얼음실로 40 Ⓞ 월~금요일 09:30~22:00, 토~일요일 09:30~22:00 Ⓒ 무료 Ⓣ 031-956-2222, 2223 Ⓗ www.gcampus.or.kr Ⓔ 뮤지컬 관람권 10,000원, 일일체험 이용권 8,000원

일산 망향비빔국수
커다란 스테인리스 대접에 넘치도록 담아내는 망향비빔국수는 다른 국숫집에서는 절대 맛볼 수 없는 탱탱하고 쫄깃한 면발이 특징이다. 비결은 조리할 때 냉각수를 사용하는 것이다. 배를 채우고 나면 차로 5분 거리에 있는 킨텍스도 들러보자.

Ⓐ 경기 고양시 일산서구 대화로 22 Ⓞ 매일 10:00~21:00 Ⓣ 031-912-8284 Ⓗ www.manghyang.com

TIP
· 인원수대로 주문 필수!
· 주말 식사 시간에는 순번대기표를 받고 기다려야 할 정도로 붐비니 그 시간대를 살짝 피해 가는 것이 좋다.

푸른 녹지와 이국적 경치가 가득한 삼송역 여행 ─────

1 COURSE

ⓔ 간선버스 703 ▶ 마을버스 041 환승 ▶ 서삼릉·원당종마목장 입구 하차

➡ 중남미문화원

2 COURSE

🚶 도보 10분

➡ 너른마당

3 COURSE

➡ 원당종마공원

주소	경기도 고양시 고양동 302
운영시간	11월~3월 10:00~17:00, 4월 ~10월 10:00~18:00 / 매주 월요일, 설날 및 추석 당일 휴관
입장료	어른 6,500원, 어린이 4,500원
전화번호	031-962-7171
홈페이지	www.latina.or.kr
가는 법	3호선 삼송역 8번 출구 → 마을버스 053 → 고양동시장 하차 → 도보 10분

11월 45주 소개(370쪽 참고)

주소	경기도 고양시 덕양구 서삼릉길 233-4
운영시간	11:00~22:00 / 연중무휴
전화번호	031-962-6655
홈페이지	www.nrmadang.co.kr
대표메뉴	통오리밀쌈 56,000원, 닭볶음 60,000원, 녹두지짐 14,000원, 우리밀칼국수 10,000원, 접시만두 15,000원

9월 38주 소개(326쪽 참고)

주소	경기도 고양시 덕양구 서삼릉길 233-112
운영시간	하절기(3월~10월) 09:00~ 17:00, 동절기(11월~2월) 09:00 ~16:00 / 매주 월·화요일, 명절휴무
입장료	무료 / 어린이 승마 체험 무료(매주 토~일요일 11:00~16:00, 당일 선착순 접수 가능)
전화번호	02-509-1682
etc	원당종마공원 옆에 무료 주차장

5월 19주 소개(176쪽 참고)

11월 셋째 주

이색적인 가을 풍경을
찾아서, 화성 여행

46 week

SPOT 1

푸른 하늘과 맞닿은 고독

우음도

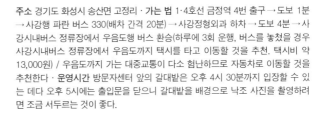

주소 경기도 화성시 송산면 고정리 · **가는 법** 1·4호선 금정역 4번 출구 → 도보 1분 → 사강행 파란 버스 330(배차 간격 20분) → 사강정형외과 하차 → 도보 4분 → 사강시내버스 정류장에서 우음도행 버스 환승(하루에 3회 운행, 버스를 놓쳤을 경우 사강시내버스 정류장에서 우음도까지 택시를 타고 이동할 것을 추천. 택시비 약 13,000원) / 우음도까지 가는 대중교통이 다소 험난하므로 자동차로 이동할 것을 추천한다 · **운영시간** 방문자센터 앞의 갈대밭은 오후 4시 30분까지 입장할 수 있는 데다 오후 5시에는 출입문을 닫으니 갈대밭을 배경으로 낙조 사진을 촬영하려면 조금 서두르는 것이 좋다.

　　시화호 간척지 개발로 섬에서 육지로 바뀐 우음도. 겨울과 봄 사이의 우음도는 온통 갈색빛이다. 쓸쓸한 갈대밭이 황량하게 펼쳐진 벌판 한가운데 그냥 서 있기만 해도 화보가 된다. 덕분에 사진 좀 찍는다 하는 사람들에게는 출사의 명소로 손꼽히는 곳이다. 하늘을 나는 패러글라이딩 등 도심에서는 볼 수 없는 이색적인 풍경을 만끽할 수 있다. 우음도 끝자락에 위치한 공룡알화석산지 방문자센터도 놓치지 말자. 간척지 위로 긴 데크가 깔려 있어 가볍게 산책하기도 좋다(공룡알화석산지까지 20분가량 소요).

주변 볼거리·먹거리

송산그린시티전망대
우음도의 공룡알화석산지에서 3킬로미터만 더 가면 송산그린시티전망대가 나오는데 이곳을 빼놓지 말고 꼭 방문하자. 이곳 옥상 전망대에서 사방팔방 시화호의 탁 트인 풍경과 온통 갈색빛으로 물든 우음도 전경, 그리고 환상적인 우음도의 일몰과 일출을 한눈에 감상할 수 있다. 날이 좋으면 송도 신도시까지 바라다보인다.

Ⓐ 경기도 화성시 송산면 고정리 산1-38 Ⓞ 10:00~17:00 / 월요일 휴관 Ⓒ 무료 Ⓣ 031-369-8315

TIP

• 우음도는 명확한 주소가 있는 것은 아니다. 자동차로 갈 경우 내비게이션에서 '송산그린시티전망대'를 검색하면 찾아가기 편하다. 주차는 공룡알화석산지 방문자센터에 하면 된다.

• 우음도 갈대밭은 석양 무렵이 가장 아름답다.

• 우음도의 갈대는 고독의 상징이니 날이 화창하지 않아도 좋다. 흐린 날에 떠나기 좋은 여행지로 이만한 곳도 없다.

• 사계절 내내 일몰과 일출로 워낙 유명한 곳이지만 특히 하얗게 반짝거리는 삘기꽃이 한창 피는 5월에 가면 환상적인 우음도를 만날 수 있다.

• 현재 우음도는 친환경, 관광, 레저 복합도시로 개발한다는 명목하에 송산그린시티 개발산업이 추진되고 있어서 곧 거대한 갈색빛의 우음도를 볼 수 없게 될 예정이니 서둘러 방문해 보자.

SPOT **2**

가을 충만한 갈대섬

어섬

주소 경기도 화성시 송산면 고포리 828-8 · **가는 법** 수원역(애경백화점 오른쪽) 롯데리아 앞 버스정류장에서 일반버스 400· 400-1 혹은 수원역(애경백화점 왼쪽) 버스정류장에서 일반버스 1001· 1004 → 사강복지회관 하차 → 마을버스 20 오도 A → 어도 종점 하차 → 도보 5분 · **전화번호** 031-357-0000(어섬레저휴양지) · **홈페이지** www.osum.co.kr

어섬은 주변에 장애물 하나 없이 넓디넓은 벌판이 펼쳐져 있고 사계절 내내 바람이 불어오며, 풍경이 아름다워 레저를 즐기기에 최적의 환경을 갖추고 있다. 서울에서 1시간 30분만 차를 달리면 시원하게 펼쳐진 파란 하늘 위를 나는 꿈같은 비행을 체험하거나 아이들과 같이 둘러보는 것만으로도 가을을 만끽하며 이색적인 하루를 보내기에 충분하다. 어섬은 원래 수많은 고깃배와 굴 양식장이 있던 곳이었지만 시화방조제가 바닷물을 막고 난 이후 넓디넓은 갯벌이 육지로 탈바꿈되면서 레저 휴양지로 각광받게 되었다. 패러글라이딩, 경비행기, 4륜 오토

바이(ATV), 승마, 서바이벌, 윈드서핑, 바나나보트, 수상스키 등 굉장히 다양한 레저 스포츠를 즐길 수 있어 가족이 방문하면 더 좋은 여행지다.

TIP
- 경비행기 체험은 15분 정도 비행하며 약 70,000원.
- 레저스포츠 체험은 예약제로만 운영하고 있으니 전화 및 홈페이지 예약 필수!

주변 볼거리·먹거리

 공룡알화석산지 방문자센터 천연기념물 414호인 공룡알화석지가 있다. 약 8300만 년에서 8500만 년 전에 형성된 것으로 알려져 있다. 해설사와 함께 크고 작은 공룡알 화석들의 흔적을 볼 수 있어서 아이와 함께 가면 교육적인 여행이 될 수 있다. 해설사 예약은 전화로만 가능하며 7일 전에 신청해야 한다.

Ⓐ 경기도 화성시 송산면 공룡로 659 Ⓞ 09:00~17:00(동절기 10:00~17:00) / 매주 월요일, 1월 1일, 구정·추석 연휴 휴관 Ⓒ 무료 Ⓣ 031-357-3951(예약 문의 031-357-4660) Ⓗ tour.hscity.go.kr

 궁평항 어섬에서 자동차로 1시간 거리인 궁평항에 가면 싱싱한 횟집들이 즐비하다. 차로 10분 거리에는 탄도항이 있으니 낙조 감상도 놓치지 말자.

Ⓐ 경기도 화성시 서신면 궁평항로 1069-11 Ⓞ 상시 개방 Ⓔ 주차 무료

1월 4주 소개(54쪽 참고)

SPOT 3

경복궁 곁의 남도음식 전문점
포도나무

주소 서울시 종로구 내자동 131 · **가는 법** 3호선 경복궁역 7번 출구 →도보 1분 · **운영시간** 점심 11:30~15:00, 저녁 17:30~21:30, 브레이크타임 15:00~17:30 / 주말 및 공휴일 휴무 · **전화번호** 02-732-1220 · **대표메뉴** 짱뚱어탕 15,000원, 벌교꼬막 40,000원, 낙지전 40,000원, 삼합정식 35,000원 · etc 주차 불가

경복궁역에서 1분도 걸리지 않는 거리에 남도 음식 전문 한정식집 '포도나무'가 있다. 진짜배기 전라도식 짱뚱어탕을 맛볼수 있는, 서울에서 거의 유일한 곳이다. 벌교 갯벌에서 잡은 짱뚱어와 장인이 숙성시킨 홍어만을 사용하는 것이 이 집의 특징. 개인적으로 원기를 보충하고 싶을 때마다 늘 찾곤 하는 '포도나무'의 짱뚱어탕은 추어탕과 비슷한 맛인데 건더기 하나 없이 곱게 간 진한 국물 때문에 짱뚱어탕이 낯선 이들도 맛나게 즐길수 있다. 꾸준한 인기 메뉴인 짱뚱어탕, 코스로 나오는 삼합과 낙지전 그리고 꼬막전 외에도 이모님이 직접 손으로 쫙쫙 찢어주는 묵은지 맛을 못 잊어 이곳을 또 찾는 사람들이 많을 정도다. 어르신들 모시고 가기 좋은 곳이다.

주변 볼거리·먹거리

경복궁
Ⓐ 서울시 종로구 사직로 161 Ⓞ 09:00~22:00 / 매주 화요일 휴관 Ⓣ 02-3700-3900 Ⓗ www.royalpalace.go.kr
3월 11주 소개(121쪽 참고)

북촌8경
Ⓐ 서울시 종로구 가회동과 삼청동 일대 Ⓣ 02-731-0114 Ⓗ bukchon.jongno.go.kr
2월 6주 소개(72쪽 참고)

서울교육박물관 삼청동 정독도서관 부설 교육전문박물관으로 우리나라 교육의 역사를 시대별로 살펴볼 수 있다. 규모가 작고 구석진 위치에 있어서 모르는 사람들이 더 많은 만큼 조용히 즐길 수 있다. 원래 우리나라 중등교육의 발상지인 경성고등보통학교 건물이었다. 옛 모습 그대로 재현된 교실, 실제 학생들이 사용했던 교과서와 물건들을 볼 수 있으며 교복도 무료로 입어볼 수 있다.
Ⓐ 서울시 종로구 북촌로5길 48 Ⓞ 평일 09:00~18:00, 토·일요일 09:00~17:00 / 매월 첫째·셋째 주 수요일, 법정 공휴일 휴관 Ⓒ 무료 Ⓣ 02-736-2859 Ⓗ www.edumuseum.seoul.kr

1
COURSE

🚗 자동차로 약 1시간

**공룡알화석산지
방문자센터**

2
COURSE

🚗 자동차로 약 30분

시화호 갈대습지공원

3
COURSE

오이도

주소   경기도 화성시 송산면 공룡로 659
운영시간   09:00~17:00(동절기 10:00~17:00) / 명절, 매주 월요일 휴관
입장료   무료
전화번호   031-357-3951
홈페이지   tour.hscity.go.kr

11월 46주 소개(379쪽 참고)

주소   경기도 안산시 상록구 해안로 820-96
운영시간   3월~10월(하절기) 10:00~17:30, 11월~2월(동절기) 10:00~16:30 / 매주 월요일 휴장
입장료   무료
전화번호   031-481-3810
홈페이지   www.shihwaho.kr
etc   매점이 없으니 물 등은 미리 준비하는 것이 좋다.

시화호 갈대습지공원은 시화호로 유입되는 지천의 수질 개선을 위해 수생식물들을 이용하여 만든 인공습지로, 가을이면 갈댓잎이 하늘을 찌를 듯 장관을 이루어 경이로운 볼거리를 제공한다. 뿐만 아니라 온갖 물고기가 노닐고, 나비, 잠자리가 날아다니며 사계절마다 각종 수생식물이 자라고 온갖 철새들이 머물렀다 떠나는 보금자리이기도 하다. 인공적으로 만들어진 곳이 이토록 아름답고 자연친화적이라는 사실이 그저 놀라울 뿐이다.

주소   경기도 시흥시 정왕동
운영시간   상시 개방
전화번호   031-310-6743

'까마귀의 귀'라는 의미를 지닌 오이도는 육지와 연결된 섬 아닌 섬이다. 1922년 일제강점기에 군수용 소금 채취를 위해 제방으로 육지와 연결된 이후 서해안의 대표 관광지가 되었다. 서해의 넓은 갯벌에서 채취한 조개구이와 큼직한 바지락이 듬뿍 담긴 칼국수가 유명하다.

47 week

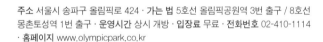
올림픽공원의 심벌 '나홀로 나무'(6경)

SPOT **1**

사계절 내내 멋지다

올림픽공원 9경

주소 서울시 송파구 올림픽로 424 · **가는 법** 5호선 올림픽공원역 3번 출구 / 8호선 몽촌토성역 1번 출구 · **운영시간** 상시 개방 · **입장료** 무료 · **전화번호** 02-410-1114 · **홈페이지** www.olympicpark.co.kr

일명 '올팍'이라 불리는 올림픽공원은 소마미술관을 비롯해 다양한 공연과 행사 및 전시회, 스포츠 강좌 수업, 조각공원, 산책 및 조깅 코스, 거대한 장미정원 등 건강은 물론 문화와 휴식, 놀이까지 한 번에 겸할 수 있는 곳으로 웬만한 유명 관광지보다 훨씬 더 아름다운 서울의 대표 휴식 공간이다. 특히 세계평화의 문(1경), 대형 엄지손가락 조각(2경), 몽촌해자 음악분수(3경), 대화조각(4경), 몽촌토성 산책로(5경), 나홀로 나무(6경), 88호수(7경), 계절별로 다양한 들꽃이 피어나는 들꽃마루(8경), 장미정원(9경) 등 올림픽공원 내에서 가장 아름다운 9곳은 한국사진작가협회에서 추천한 사진 촬영 명소답게 사계절 내내 아름다운 풍광을 자랑한다. 가족, 연인, 친구들과 함께 멋진 추억을 담아보자.

서울올림픽기념 상징조형물, 세계평화의 문(1경)

88호수(7경)

몽촌토성 산책로(5경)

주변 볼거리·먹거리

소마미술관 올림픽 공원 내 드넓은 녹지를 배경으로 서 있는 소마미술관에서 우아하게 그림도 보고, 미술관 앞에 연결된 조각공원의 황토길을 따라 걸으며 조각 작품들과 드넓은 녹색 자연을 감상해 보자.

Ⓐ 서울시 송파구 올림픽로 424 올림픽공원 내 Ⓞ 10:00~18:00 / 매주 월요일 휴관 Ⓒ 어른 3,000원, 청소년 2,000원, 어린이 1,000원 Ⓣ 02-425-1077 Ⓗ www.somamuseum.or Ⓔ 문화가 있는 날(매월 마지막 주 수요일)과 금요일에는 야간 개방(10:00~21:00) 및 무료 입장

방이 샤브샤브칼국수 얼큰한 국물에 미나리와 버섯이 아낌없이 들어간 샤브샤브와 칼국수 그리고 누룽지같이 바삭바삭한 볶음밥이 유명하다. 식사 시간대에는 번호표를 받고 기다려야 할 정도로 소문난 맛집이다.

Ⓐ 서울시 송파구 방이 1동 213-8 Ⓞ 11:00~22:00 / 매주 일요일 휴무 Ⓣ 02-423-3450 Ⓔ 주차 가능 Ⓜ 샤브샤브용 쇠고기 1인분 7,500원, 버섯칼국수 8,000원

TIP
- 올림픽공원은 코스에 따라 전경이 완전히 달라진다. 8호선 몽촌토성역에서 시작할 것을 추천한다. 8호선 몽촌토성역 1번 출구로 나오자마자 보이는 세계평화의 문을 거쳐 몽촌토성 산책로를 쉬엄쉬엄 걷다 보면 '나홀로 나무'가 있는 올림픽공원까지 한 바퀴 돌아볼 수 있다.
- 올림픽공원의 가장 아름다운 9경을 스탬프 투어로 즐겨보자.
- 도보나 자전거 출입 시간은 오전 5시~밤 10시까지(광장 지역은 밤 12시까지)다.
- 차량 출입은 오전 6시~밤 10시까지이며, 시설물 안전과 방문객의 신변 보호를 위해 밤 10시 이후에는 평화의 광장, 만남의 광장을 제외한 공원 안쪽 출입을 금한다.

만화를 찢고 나온 동네

강풀만화거리

주소 서울시 강동구 성내동 157-8 · **가는 법** 5호선 강동역 4번 출구 → 도보 2분 · **전화번호** 02-3425-5252

강풀만화거리는 웹툰 작가 강풀의 순정만화 시리즈 4편을 강동구 성안마을의 이야기와 엮어서 마을 전체를 벽화와 조형물로 조성한 벽화길이다. 강동구에서 오랫동안 거주하며 이 지역에 남다른 애착을 가지고 있는 강풀 작가와 자원봉사자들의 참여로 만들어진 만화거리라는 점에서 다른 벽화마을과 차별된다. 〈그대를 사랑합니다〉, 〈바보〉, 〈순정만화〉 등 총 25개의 웹툰 그림을 골목골목에서 만날 수 있는 곳으로 그야말로 '만화를 찢고 나온 동네'다. 또한 만화 속의 희망적인 글들이 말풍선으로 그림과 함께 상점과 골목 구석구석 적재적소에 알맞게 들어가 있어서 더욱 활기를 불어넣는다. 만화가 강풀의 다양한 작품들을 웹툰이 아닌 골목길을 걸으며 찾아보는 재미가 굉장히 색다르다.

TIP
- 규모가 생각보다 굉장히 크고 다른 벽화마을보다 넓게 분포되어 있어서 동네를 한 바퀴 도는 데 약 1시간 정도 소요되니 편한 신발 착용을 권한다.
- 강풀만화거리 입구에 있는 지도와 바닥에 적힌 노란 이정표를 따라 걸으면 헤매지 않고 구석구석 둘러볼 수 있다.
- 주민들이 거주하는 곳이므로 조용히 다니는 것은 필수!

주변 볼거리·먹거리

암사동 선사유적지
한국의 대표적인 신석기시대 유적지로 실제 움집터가 고스란히 보존되어 있다. 볼거리가 많지는 않지만 공원처럼 잘 조성되어 있어서 오솔길을 산책하며 가볍게 나들이하기에 좋다. 선사시대에 사용되었던 각종 도구들과 움집터, 생활상이 한눈에 보기 쉽게 전시되어 있어서 아이와 함께 소풍 겸 체험 학습을 하기에 안성맞춤이다.

Ⓐ 서울시 강동구 올림픽로 875 Ⓞ 3월~10월 09:30~18:00, 11월~2월 09:30~17:00 / 매주 월요일(월요일이 공휴일인 경우 그다음 날), 1월 1일 휴관 Ⓒ 500원 Ⓣ 02-3425-6520 Ⓗ sunsa.gangdong.go.kr

강동반상
Ⓐ 서울시 강동구 상일로6길 39 강동타워 지하 1층 Ⓞ 11:30 - 21:30(평일 브레이크 타임 15:00~17:20) / 명절 휴무 Ⓜ 강동반상 16,000원, 특강동반상 23,000원 Ⓣ 02-429-2733 Ⓗ www.gdbansang.com

11월 47주 소개(386쪽 참고)

SPOT **3**

33가지 정갈한 상차림

강동반상

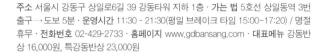

주소 서울시 강동구 상일로6길 39 강동타워 지하 1층 · **가는 법** 5호선 상일동역 3번 출구→도보 5분 · **운영시간** 11:30 - 21:30(평일 브레이크 타임 15:00~17:20) / 명절 휴무 · **전화번호** 02-429-2733 · **홈페이지** www.gdbansang.com · **대표메뉴** 강동반 상 16,000원, 특강동반상 23,000원

입이 떡 벌어지고 상다리 휘어지도록 차려 나오는 강동 한정 식 맛집. 상견례 장소나 가족 대소사 장소로도 손색없을 정도 로 깔끔하고 넓은 공간을 자랑한다. 각종 과일 장아찌와 제철 나물, 고등어조림, 돼지불고기, 간장게장 등부터 후식까지 입이 딱 벌어질 정도로 한 상 가득 차려 나오는 33가지의 건강한 한 정식을 배불리 맛볼 수 있다.

주변 볼거리·먹거리

올림픽공원

Ⓐ 서울시 송파구 올 림픽로 424 Ⓞ 상시 개방 Ⓒ 무료 Ⓣ 02- 410-1114 Ⓗ www.olympicpark.co.kr 11월 47주 소개(382쪽 참고)

 TIP
• 강동타워 주차장 이용. 월~토요일 무료 주차 2시간, 일요일은 종일 무료 주차.

1
COURSE

🚇 5호선 방이역 4번 출구 ▶ 🚶 도보 6분

▶️ 암사동 선사유적지

2
COURSE

🚇 5호선 강동역 4번 출구 ▶ 🚶 도보 2분

▶️ 봉피양

3
COURSE

▶️ 강풀만화거리

주소	서울시 강동구 올림픽로 875
운영시간	3월~10월 09:30~18:00, 11월 ~2월 09:30~17:00 / 매주 월요일(월요일이 공휴일인 경우 그다음 날), 1월 1일 휴관
입장료	500원
전화번호	02-3425-6520
홈페이지	sunsa.gangdong.go.kr
가는 법	8호선 암사역 4번 출구→도보 15분

11월 47주 소개(385쪽 참고).

주소	서울시 송파구 양재대로71길 1-4
운영시간	11:00~22:00 / 연중무휴
전화번호	02-415-5527
홈페이지	www.ibjgalbi.com
대표메뉴	봉피양 평양냉면 14,000원, 순면 물메밀 17,000원, 순면 비빔메밀 16,000원

메밀 100퍼센트 순면으로 만든 정통 평양냉면집. 순면은 점성이 부족해 면을 뽑는 것 자체가 매우 어려워 아무 곳에서나 맛볼 수 없다. 한우로 우려낸 진하고 담백한 육수와 쫄깃한 순메밀의 조합이 어우러진 순메밀 순면은 봉피양 본점인 방이점과 서초점에서만 맛볼 수 있다.

주소	서울시 강동구 성내동
전화번호	02-3425-5252

11월 47주 소개(384쪽 참고)

어느새 혹한의 계절이다. 손도, 발도, 마음도 시린 겨울에는 한 주의 쉼표가 더욱 절실하다. 하지만 유독 추운 날씨에 밖으로 나갈 엄두가 나지 않는 사람들이 있다. 그래서 찬바람이 쌩쌩 부는 12월에는 따뜻한 실내 여행이 진리다. 책, 그림, 온천, 쇼핑, 맛집, 카페 등 12월의 겨울을 안에서 즐기는 방법을 소개한다.

혹한을 피하는
실내 투어

SPOT **1**

영화 읽는 도서관

CGV 씨네 라이브러리

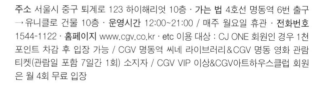

주소 서울시 중구 퇴계로 123 하이해리엇 10층 · **가는 법** 4호선 명동역 6번 출구 →유니클로 건물 10층 · 운영시간 12:00~21:00 / 매주 월요일 휴관 · **전화번호** 1544-1122 · **홈페이지** www.cgv.co.kr · etc 이용 대상 : CJ ONE 회원인 경우 1천 포인트 차감 후 입장 가능 / CGV 명동역 씨네 라이브러리&CGV 명동 영화 관람 티켓(관람일 포함 7일간 1회) 소지자 / CGV VIP 이상&CGV아트하우스클럽 회원 은 월 4회 무료 입장

    명동 CGV 씨네 라이브러리는 국내 최초의 영화 전문 도서관 이다. 영화관의 구조를 그대로 살려 도서관으로 재구성했는데 상영관 좌석은 책을 읽는 좌석으로 바꾸고, 영사기가 있던 맨 뒤 편의 방을 터서 1만여 권의 영화 관련 서적을 들여놨다. 영화 역 사서, 영화 원작소설, 감독이나 배우에 관련된 책 등 국내외에서 출간된 영화 관련 모든 책을 만나볼 수 있다. 봉준호 감독의 할 리우드 진출작 〈설국열차〉의 콘티북, 영화 제작에 사용되었던 시나리오북 등 외부에서는 볼 수 없는 희귀본도 소장되어 있다.

주변 볼거리·먹거리

명동성당 우리나라 최초의 신부 김대건 신부가 활동하던 본당이며 천주교를 대표하는 곳. 1989년에 설립되어 한국 근대 건축사에서 가장 오래된 첫 고딕 양식 건축물이기도 하다. 명동성당 아래 자리하고 있는 '1898'은 다양한 음료와 식사, 책, 음악, 그림 등을 즐길 수 있고, 주말이면 띵굴시장 및 마르쉐 장터가 열리는 복합문화공간이다.

Ⓐ 서울시 중구 명동길 74 Ⓞ 상시 개방 Ⓣ 02-774-1784 Ⓗ www.mdsd.or.kr

TIP
- 만 14세 이상만 입장 가능.
- 신분증을 패스카드와 교환하고 사물함에 가방 등 개인 물품을 보관 후 입장 한다.
- 열람만 가능하며 도서 반출 및 대출 불가.
- 외부 음식 반입 금지.
- 도서관이므로 정숙할 것!

〈슈퍼맨〉, 〈스파이더맨〉, 〈베트맨〉 등 마블 코믹스의 히어로물을 따로 모아둔 섹션

SPOT **2**

하루의 여행

피크닉

주소 서울시 중구 남창동 194 · **가는 법** 4호선 회현역 7번 출구 → 도보 6분 · **운영시간** 11:00~19:00 / 매주 월요일 휴관 · **입장료** 일반 15,000원, 청소년 12,000원, 어린이 10,000원 · **전화번호** 02-318-3233 · **홈페이지** www.piknic.kr · etc 원활한 관람을 위해 인원수를 조정하므로 정해진 시간에만 입장할 수 있다. / 1층 물품보관함(무료 이용)에 가방을 넣어두고 입장한다. / DSLR 촬영 금지

2018년 5월 26일 피크닉(Piknic)은 세계적인 음악가 류이치 사카모토의 첫 개인전을 세계 최초로 전시하며 포문을 열었다. 전시, 카페, 와인바, 레스토랑, 문구 편집숍 등 다양한 공간들을 큐레이션한 디자인 놀이터이자 감성을 충전하는 복합문화공간이다. 1970년대 한 중견 제약 회사의 오래된 사옥을 최소한으로 바꾸고 최대한 보존하는 방식으로 리노베이션했다. 전시장, 카페, 프렌치 레스토랑, 국내외 독립 브랜드 편집숍, 남산이 한눈에 보이는 루프톱 등 온종일 문화와 휴식을 즐길 수 있는 공간이다. 남산 깊은 자락 숨은 자연의 아름다움이 조화를 이루는 이곳에서 시각예술, 음악, 문학, 음식 여행을 하루 종일 즐길 수 있다.

① 낮에는 카페로, 저녁에는 바(Bar)로 사용되는 바(Bar) 피크닉. 드리스 반 노튼 패션쇼에서 영감을 받아 제작된 파격적인 샹들리에가 단순한 원목 테이블과 대조를 이루며 강렬함을 선사한다.

② 전시 연계 상품과 기념품을 판매하는 숍 피크닉과 카페 피크닉(kafe piknic).

③ 지하 1층부터 지상 3층까지 모든 전시 관람을 끝내고 옥상 문을 열고 마지막 계단을 올라서면 남산타워가 한눈에 보이는 루프톱이다. 탁 트인 풍경이 360도로 펼쳐지는 이곳은 또 다른 전시 공간이자 휴식처다.

④ 70여 개의 국내 소규모 독립 브랜드를 판매하는 편집숍 키오스크키오스크.

⑤ 관객의 공감각적 체험을 이끄는 전시 공간. 관객이 적극적으로 참여하며 마음껏 사진도 찍을 수 있는 전시 형태가 다른 전시관들과 차별화된다. 덕분에 개관 한 달 만에 핫플레이스로 등극했다.

SPOT **3**

미술관 정원에서 피크닉
영은미술관

주소 경기도 광주시 청석로 300 · **가는 법** 대중교통보다 자가용 추천 · **운영시간** 4월 ~9월 10:00~18:30, 10월~3월 10:00~18:00 / 매주 월요일 휴관(자체 행사 시 휴관) · **전화번호** 031-761-0137 · **입장료** 조각공원 및 잔디밭 무료 / 전시 관람료 성인 8,000원, 학생 4,000원, 유아(4~7세) 3,000원 · **홈페이지** www.youngeunmuseum. org · **etc** 유료 주차(1시간 2,000원 / 전시 관람 및 카페 이용 시 2,000원 적용) / 반려동물 입장 불가 / 매월 마지막 주 수요일(문화가 있는 날) 모든 관람료 50% 할인 / 11월 4일 개관기념일 관람료 무료

　물과 숲으로 뒤덮인 한 폭의 그림 같은 아름다운 자연 속에서 예술 산책이 가능한 곳. 아름다운 정원을 간직한 영은미술관은 다양한 현대미술 작품을 소장 및 전시할 뿐 아니라 창작 스튜디오까지 갖추고 있다. 유리공예, 도자기, 염색 등 다양한 체험 프로그램도 있어 나이를 불문하고 모두 즐길 수 있는 곳이다.

　개관한 지 20년이나 됐는데도 유명세를 치르지 않는 데다 한적한 곳에 위치해 인적이 드물어 고요한 시간을 온전히 누릴 수 있다. 특히 미술관 앞에 펼쳐진 잘 정돈된 조각공원은 돗자리 펴고 피크닉을 즐기기에 최적의 장소다. 이토록 너른 잔디밭에서 마음껏 뛰놀 수 있으니 아이와 함께라면 더욱 추천하고 싶은 곳이다.

돗자리 펴고 피크닉 즐기기에도 좋은 미술관 옆 조각공원.

흐드러지게 핀 노란 금계국

미술관 입구에 귀여운 토끼들도 산다.

주변 볼거리·먹거리

파머스대디 영은미술관에서 차로 15분 정도 소요된다.

Ⓐ 경기도 광주시 남종면 삼성리 380 Ⓗ 10:00~18:00 Ⓣ 070-8154-7923 Ⓗ booking.naver.com/booking/5/bizes/57983?area=bns Ⓒ 성인 8,000원(음료 포함), 어린이 6,000원 Ⓔ 주차 가능

7월 30주 소개(258쪽 참고)

SPOT 4

자연주의 빵과 친환경 인테리어

어 로프
슬라이스 피스

주소 경기도 용인시 처인구 백령로47 · **가는 법** 용인경전철(에버라인) 동백역에서 15분 거리지만 자가용이 없으면 접근하기 어려운 위치이니 자가용 이용을 권한다. · **운영시간** 10:00~21:00 / 연중무휴 · **전화번호** 031-339-1488 · **대표메뉴** 아메리카노 4,800원, 콜드브루 6,500원, 딸기로프 데니쉬 6,500원 · **etc** 반려동물 출입 금지 / 직원의 초상권을 위해 쿠킹룸 사진 촬영 금지

교통이 불편해도 괜찮아! 이렇게 멋진 공간과 이토록 맛있는 빵이 있으니! 번화가와 동떨어진 용인의 어느 횡한 시골 마을 같은 곳에 자리했지만 빵이 맛있다는 소문이 자자해 주말에는 인산인해다. 어 로프(a loaf), 슬라이스(slice), 피스(piece)로 불리는 규모가 꽤 큰 3개 동으로 이뤄져 있다. 잘 가꿔진 정원에 둘러싸여 전원 속 휴식처 같다. 저녁에 가면 감성 돋는 조명을 밝혀 로맨틱한 분위기다. 에버랜드에서 차로 약 10분 거리, 한국민속촌에서 약 20분 거리여서 가족 또는 연인과 드라이브 또는 나들이 코스로 훌륭하다.

주변 볼거리·먹거리

동춘175 어 로프 슬라이스 피스에서 차로 10분 거리.

Ⓐ 경기도 용인시 기흥구 동백죽전대로175번길 6 Ⓞ 10:30~21:00(매장별 상이) / 월 1회 정기휴무(홈페이지 확인) Ⓣ 080-500-0175 Ⓗ www.dongchoon175.com 12월 52주 소개(420쪽 참고)

로프빵 또는 빗줄빵이라 불리는 딸기로프 데니쉬가 이곳의 시그니처로 부드럽고 담백한 크림과 어우러진 맛이 일품이다.

천장이 2층까지 빵 쏟아 있어 탁 트인 넓은 공간에서 달달한 타르트와 먹음직스러운 빵들을 구경하는 재미가 있다.

TIP
- 먹고 남은 빵은 1층에서 셀프로 포장해 가면 된다.
- 맛있는 빵이 너무 많아 결정 장애가 생길 수 있다.
- 따뜻한 빵을 원하는 사람은 별도로 마련된 전자레인지에 직접 데워 먹으면 된다.
- 오후에 방문하면 빵이 소진될 확률이 크니 오전에 방문할 것을 권한다.

1 COURSE
🚶 도보 3분

▶ 명동성당

2 COURSE
🚇 4호선 동대문역사문화공원역
1·2번 출구

➡ CGV 씨네 라이브러리

3 COURSE

➡ 마켓엠 플라스크

주소	서울시 중구 명동길 74
운영시간	상시 개방
	1898년 09:00~22:00
전화번호	02-774-1784
홈페이지	www.mdsd.or.kr
가는 법	4호선 명동역 5·8번 출구→도 보 5분

12월 48주 소개(391쪽 참고)

주소	서울시 중구 퇴계로 123 하이 해리엇 10층
운영시간	12:00~21:00 / 매주 월요일 휴 관
전화번호	1544-1122
홈페이지	www.cgv.co.kr
etc	이용 대상 : CJ ONE 회원인 경 우 1천 포인트 차감 후 입장 가 능 / CGV 명동역 씨네 라이브 러리&CGV 명동 영화 관람 티 켓(관람일 포함 7일간 1회) 소 지자 / CGV VIP 이상&CGV아 트하우스클럽 회원은 월 4회 무료 입장

12월 48주 소개(390쪽 참고)

주소	서울시 중구 남산동2가 13-1
운영시간	1층 숍 월~금요일 10:30~21:30, 토~일요일 12:00~21:00 / 2층 카페 10:30~21:30 / 3층 매장 12:30~21:00
전화번호	02-2038-2141~2
홈페이지	www.market-m.co.kr
etc	현재 1~3층만 문을 열었고, 4~6층 가구 매장, 레스토랑은 오픈 준비 중이다. / 지하 유료 주차(최초 10분 무료, 구매 금 액별 할인 적용)

8월 33주 소개(282쪽 참고)

신 분 당 선 타 고 떠 나 는
겨 울 실 내 여 행

49 week

SPOT **1**

도자기 굽는 가게
화소반

주소 경기도 성남시 분당구 석운로16 · **가는 법** 신분당선 판교역 북편에서 일반버
스 누리3 승차 → 두영전자 하차 → 도보 4분 · **운영시간** 월~토요일 09:00~18:00,
공휴일 10:00~18:00 / 매주 일요일 휴무 · **전화번호** 031-712-0679 · **홈페이지**
www.hsoban.co.kr / www.hsobanmall.com

  바닥에 마구 뒹구는 종이조각 구석구석 예쁘지 않은 것이 없
는 그릇 가게. 도자기 그릇을 만드는 작업실이면서 그릇을 판매
하는 숍이자 인테리어 소품을 전시 및 판매하는 복합공간이다.
100퍼센트 수제 그릇이라 가격대는 조금 높은 편이다. 하지만
한눈에 봐도 '화소반 그릇'이라는 느낌이 들 정도로 유니크한 디
자인과 감성을 지녔다. 한국적 미에 단순미와 세련미를 더한 큼
직한 접시 몇 개쯤 두고두고 소장 가치가 있을 것이다. 아무리
조촐한 '음식'이라도 화소반 그릇에 담아 내면 '요리'로 변신하는
신기한 마법을 경험하게 될 것이다.

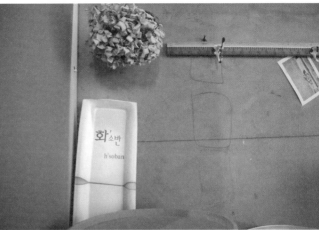

주변 볼거리·먹거리

네이버 라이브러리

Ⓐ 경기도 성남시 분당구 정자동 불정로 6 NAVER 그린팩토리 1층 ⓞ 월~금요일 09:00~19:30, 토~일요일 10:00~19:00 / 매거진 공간은 공휴일 휴관, 그 외 공간은 매월 둘째·넷째 월요일과 공휴일 휴관 ⓒ 무료 ⓣ 1588~3830 Ⓗ library. navercorp.com
12월 49주 소개(400쪽 참고)

SPOT **2**

아름다운 녹색 도서관

네이버
라이브러리

주소 경기도 성남시 분당구 정자동 불정로 6 NAVER 그린팩토리 1층 · 가는 법
분당선·신분당선 정자역 3번 출구 → 약 500m 직진 → 스타벅스 건물 끼고 우
회전(불정교사거리) → 200m 직진(벤츠 매장 건너편) · 운영시간 월~금요일
09:00~19:30, 토~일요일 10:00~19:00 / 매거진 공간은 공휴일 휴관, 그 외 공간
은 매월 둘째·넷째 월요일과 공휴일 휴관 · 입장료 무료 · 전화번호 1588~3830 ·
홈페이지 library.navercorp.com

    정자동에 위치한 네이버 사옥 로비는 전체가 거대한 도서관
으로 꾸며져 있다. 신분증만 맡기면 누구나 이용할 수 있으며
매거진, 디자인, 백과사전, IT 공간으로 나뉘어 있다. 개인이 구
매하기 부담스러운 고가의 희귀한 전 세계 디자인 장서, 절판되
거나 전질을 보기 힘든 백과사전, 한자리에서 만나볼 수 있는
개발자를 위한 전문 IT 장서, 개인 고유의 감성과 시각을 담아낸
독립출판물 등 희소가치가 높은 책들이 소장되어 있다.

주변 볼거리·먹거리

현대백화점 판교점

Ⓐ 경기도 성남시 분당구 백현동 541 Ⓞ 식품관 월~목요일 10:30~20:00, 금~일요일 10:30~20:30, 5층 F&B 및 식당가 10:30~22:00 Ⓣ 031-5170-2233 Ⓗ pangyo.ehyundai.com

12월 49주 소개(403쪽 참고)

마이알레 현대백화점

과천의 라이프스타일 농장 정원 마이알레가 현대백화점 판교점에도 입점되어 있다. 소품, 식물, 토기 등을 판매하고 커피도 파는 라이프스타일숍이다.

Ⓐ 경기도 성남시 백현동 541(판교 현대백화점 내 5층) Ⓞ 10:30~20:00(주말엔 20:30까지) Ⓣ 031-5170-1562

TIP

- 신분증 없이는 무조건 입장 불가하니 꼭 챙겨 갈 것!
- 매거진 공간을 제외한 나머지 공간들을 열람할 경우 안내 데스크에서 신분증(주민등록증, 학생증 등)과 출입증 교환, 사물함에 가방 및 소지품 보관 후 출입한다. 반입 가능한 소지품은 필기구, 노트나 수첩, 노트북, 개인 컵에 한한다.
- 사정에 따라 임시 휴관할 수 있으니 홈페이지를 미리 확인하고 가자.

SPOT **3**

운치 있고 고즈넉한
겨울 산중 찻집

새소리물소리

주소 경기도 성남시 수정구 오야동 278번지 · **가는 법** 분당선 모란역에서 광역버스 9408(야탑역, 고속버스터미널 후면) →오야동, 신촌동주민센터 하차 →도보 10분(총 45분 소요) · 운영시간 11:00~22:00 / 명절 당일 휴무 · 전화번호 031-723-7541 · **홈페이지** solicafe.site123.me · **대표메뉴** 대추차·쌍화차·오미자차 각 10,000원, 단팥죽·팥빙수 각 11,000원, 가배차(커피) 8,000원, 경단세트(15알) 6,000원, 오늘의 떡 세트 15,000원 · etc 주차 가능

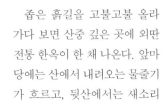

좁은 흙길을 고불고불 올라가다 보면 산중 깊은 곳에 외딴 전통 한옥이 한 채 나온다. 앞마당에는 산에서 내려오는 물줄기가 흐르고, 뒷산에서는 새소리가 들린다. 어딜 둘러봐도 온통 한국적인 것들로 가득하고 이름처럼 새소리 물소리가 울려 퍼진다. 이곳은 원래 경주 이씨 집성촌으로 14대 때부터 살아온 80년 된 고택을 개조한 전통찻집이다. 대청마루 뒤에는 300년 수령의 느티나무가 있고, 산속 우물 옆 산책로를 오르면 사계절 내내 시원하고 아담한 정자가 있어서 차와 산책을 겸하며 시골의 정취를 느낄 수 있다. 대표 메뉴인 대추차, 쌍화차, 오미자차, 단팥죽 등은 지리산에서 공수한 100퍼센트 국내산 재료를 써서 집안 대대로 내려오는 방식으로 종일 달이고 끓여 만든다.

TIP
- 모든 차는 1인 1잔 주문 원칙.
- 대중교통으로는 찾아가기 힘든 산속에 있으므로 차로 이동할 것을 추천.
- 방앗간 건물을 개조한 별채에 빔프로젝트 및 스피커가 설치되어 단독 미팅 룸으로 예약 운영되고 있다.

원래 다리를 넣는 자리에 물을 채워 만든 작은 연못

차를 시키면 고운 색의 경단이 곁들여 나온다.

1 COURSE

🚌 마을버스 32(판교역 동편) ▶ 일반버스 15(서현역 AK프라자) 환승 ▶ 국순수도병원 입구 하차 🚶 도보 10분

▶ 판교 현대백화점 식품관

2 COURSE

🚗 자동차로 8분

▶ 분당 율동공원

3 COURSE

▶ 분당 성요한 성당

주소	경기도 성남시 분당구 백현동 541
운영시간	식품관 월~목요일 10:30~20:00, 금~일요일 10:30~20:30, 5층 F&B 및 식당가 10:30~22:00
전화번호	031-5170-2233
홈페이지	pangyo.ehyundai.com
가는 법	신분당선 판교역 3번 출구→도보 5분

현대백화점 판교점은 요즘 여자들 사이에서 핫플레이스로 꼽히는 곳으로 국내 최대 규모의 식품관을 보유하고 있다. 이탈리, 매그놀리아 베이커리, 조앤더주스 등 한국에 첫선을 보인 여러 나라의 브랜드, 삼진어묵, 삼송빵집, 신승반점 등 국내외 대표적인 맛거리들을 한곳에 모아놓았다. 뿐만 아니라 서점, 영화관, 정원 등이 한데 모여 있어 원스톱 쇼핑이 가능하며 기존의 백화점들과 달리 국내 최초로 4,500여 권의 그림책을 소장한 어린이책미술관, 옥외 공간에 거대한 회전목마를 설치한 패밀리가든 등 차별화된 시설을 갖추고 있다.

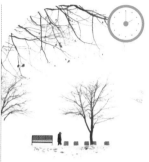

주소	경기도 성남시 분당구 문정로 145
운영시간	상시 개방
입장료	무료
전화번호	031-702-8713
etc	주차 가능. 번지점프(운영시간 10:00~17:00, 25,000원)

현대백화점 판교점 식품관에서 배불리 먹었다면 이젠 가볍게 산책할 차례. 판교에서 차로 15분 거리에 위치한 율동공원은 총 넓이가 30만 8천 제곱미터에 이르는 거대한 공원이다. 율동호수 주변만 돌아도 2.5킬로미터를 걸을 수 있다. 너무 추운 날은 걷기에 조금 무리가 있겠지만 원래 있던 숲을 최대한 살려 흙길 그대로 재현한 자연공원을 놓치기에는 아까우니 가볍게 걸어보자.

주소	경기도 성남시 분당구 서현로 498
운영시간	06:00~22:00
전화번호	031-780-1114
홈페이지	www.stjohn.kr

천주교 신자가 아니어도 역사적인 작품이 많아서 한 번쯤 들러보면 좋은 곳이다. 우리나라에서 세 번째로 큰 파이프오르간이 있는데 독일의 카를 슈케(karl schuke) 사에서 제작한 것으로 65스탑에 5,134개의 파이프와 3개의 연주대, 3천 개의 메모리를 가진 동양 최대의 오르간이다. 특히 성당 1층에 안치된 피에타상은 바티칸에 소장되어 있는 미켈란젤로의 작품을 공식적으로 복제하여 같은 재료와 똑같은 크기로 제작했다. 전 세계에서 세 번째로 만들어진 공식 피에타 복제품으로 진품을 보는 듯한 놀라움을 준다.

12월 셋째 주

문 화 공 간 이 된
서 울 의 다 방 들

50 week

SPOT **1**

김지하 시인의 문화사랑방

싸롱마고

주소 서울시 종로구 원서동 129-5 · **가는 법** 3호선 안국역 3번 출구 → 도보 8분 ·
운영시간 11:00~19:00 / 매주 월요일 휴무 · **전화번호** 02-747-3152 · **홈페이지**
www.eundeok.or.kr · **대표메뉴** 마고차 6,000원, 유기농 복분자 팥빙수 12,000원,
구운 가래떡 5,000원 · **etc** 주차 가능

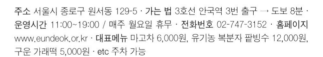

창덕궁 돌담길 옆에 자리한 조용하고 운치 있는 문화사랑방,
'싸롱마고'. 사람들 사이에서는 마고카페로 더 많이 불린다. 김
지하 시인이 문예 부흥을 목적으로 설립하여 문학의 장소로 사
용되다가 몇 번 주인이 바뀐 뒤 현재는 원불교 은덕문화원에서
문화사랑방 카페로 운영하고 있다. 실제로 이곳에서 신달자 시
인이 시를 낭독하기도 했다.

싸롱마고는 근대 유럽의 문호들이 즐겨 찾던 프랑스 파리의
유서 깊은 카페 레 두 마고(Les Deux Magots)와의 암묵적인 교감

서구적인 화려한 샹들리에와 대비되는 동양적인 높은 천장이 인상적인 1층 공간.

1층에 진열된 옛 CD, LP판, 턴테이블 등이 향수를 불러일으킨다.

싸롱마고 현판은 김지하 시인의 글씨다.
시인의 이름 세 글자가 적혀 있다.

아담한 좌식 공간이 있는 2층.

주변 볼거리 · 먹거리

레이어드 영국식 홈메이드 스콘이 맛있는 베이커리 카페.

Ⓐ 서울시 종로구 북촌로2길 2-3 Ⓞ 10:00~22:00 / 연중무휴 Ⓣ 02-763-0604 Ⓔ 노키즈존

청수정 삼청동 한자리에서만 30년이나 지켜온 홍합 정식이 맛있는 집.

Ⓐ 서울시 종로구 삼청로 91 Ⓞ 11:00~21:00 / 연중무휴 Ⓣ 02-738-8288 Ⓜ 홍합밥정식 18,000원, 홍합비빔밥 12,000원, 홍합밥도시락 8,000원

을 형성하고자 하는 공간이다. 레 두 마고는 프랑스 소설가 사르트르와 보부아르가 처음 만난 장소였으며, 알베르 카뮈의 〈이방인〉이 탄생한 곳, 피카소와 생텍쥐페리 등이 자주 찾던 아지트였다. 레 두 마고처럼 문학과 예술을 꿈꾸는 문화인들이 싸롱마고에서 영감을 얻기를 염원하며 만든 카페다. 모든 메뉴는 직접 재배한 식자재로 만들어 신선한 맛이 일품이다. 서예, 전통매듭 만들기, 사군자 치기 등 다양한 문화행사도 열린다.

건축가의 다방
제비다방

주소 서울시 마포구 와우산로 24 · **가는 법** 6호선 상수역 3번 출구→도보 1분 · **운영시간** 10:00~02:00 / 연중무휴 · **전화번호** 02-325-1969 · **홈페이지** www. jebidabang.com · **대표메뉴** 가래떡 7,000원, 아메리카노 5,000원

낮에는 값싸고 질 좋은 커피를 팔고, 저녁에는 라이브 공연이 펼쳐지는 문화 예술의 공간으로 탈바꿈한다. 기존의 정형화된 술집이나 카페와 달리 다양한 놀 거리, 볼거리, 즐길 거리 등 새로운 문화 콘텐츠를 선보이는 일종의 전시장이자 공연장이며 놀이터다. '제비다방'이라는 이름은 시인이자 소설가이며 건축가이기도 한 이상이 당대의 예술가들과 술잔을 기울이고 커피를 마시며 교류하던 그 '제비다방'에서 따온 것이다. 매주 주말마다 관객의 자발적 모금으로 이루어지는 다양한 공연과 이벤트가 준비되어 있다.

2층에서 내려다보면 우물처럼 뻥 뚫린 독특한 구조의 라이브 무대

매일 아침마다 질 좋은 원두로 내리는 커피

주변 볼거리·먹거리

KT&G 상상마당 홍대 피카소 거리에 우뚝 서 있는 거대한 상상마당은 지하 4층 지상 7층으로 이루어진 복합문화예술공간으로, 생각보다 볼거리와 놀 거리가 굉장히 많은 곳이다.

층별로 다른 문화공간이 기획되어 있는데, 먼저 1층은 국내 독립 디자인 브랜드 제품을 판매하는 멀티숍이다. 2층 갤러리에서는 주기적으로 아티스트들의 작품 전시회가 열린다. 6층에는 전시회를 본 후 휴식을 즐기기 딱 좋은 카페 겸 레스토랑이 있다. 지하 2층은 다양한 인디밴드의 공연이 거의 매주 열리는 라이브홀, 지하 4층은 대형극장에서 쉽게 접할 수 없는 단편, 인디, 예술영화를 상영하는 영화관이다.

ⓐ 서울시 마포구 어울마당로 65 ⓞ 운영시간 1층 디자인스퀘어 12:00~23:00, 2층 갤러리 11:00~22:00, 리이브홀 13:00~23:00 / 연중무휴 ⓣ 02-330-6200 ⓗ www.sang sangmadang.com

TIP
- 공연 일정은 홈페이지 참고.
- 공식적으론 무료 입장이지만 제비다방의 공연은 무료가 아니다. 즐긴 만큼 자발적으로 공연 모금함을 채워주어야 무료 입장 시스템을 계속 유지할 수 있다. 모금 전액은 그날의 뮤지션에게 지급된다.

SPOT 3

〈별에서 온 그대〉
도민준이 장기 두던 그곳!

대학로
학림다방

주소 서울시 종로구 대학로 119 · **가는 법** 4호선 혜화역 3번 출구 → 도보 1분 · **운영시간** 10:00~24:00 / 연중무휴 · **전화번호** 02-742-2877 · **홈페이지** hakrim. pe.kr · **대표메뉴** 아메리카노(학림커피) 5,000원, 비엔나커피 6,000원, 크림치크케이크 6,000원

　허름하고 비좁은 계단을 올라가 삐걱거리는 낡은 유리문을 열고 들어서면 거대한 낡은 전축에서 들려오는 클래식 선율 뒤로 칠이 다 벗겨진 낡은 테이블, 해진 소파가 눈에 들어온다. 이곳에서는 '낡음'마저 낭만적이다. 모든 것이 변해 가는 시간 앞에서 60년의 세월을 고스란히 버텨낸 대학로의 학림다방. 그 옛날 이청준, 전혜린, 천상병, 김지하, 황석영, 김승옥 등 문인들의 사랑방이자 1980년대 학림사건의 발원지인 이곳은 서울대학교 문리대학 건너편 2층 건물 앞을 흐르던 개천과 다리를 내려다볼 수 있었던 명소였다. 문리대의 옛 축제 '학림제'의 이름도 여기서 유래했다. 최근에는 〈별에서 온 그대〉 등 드라마와 영화 촬영지로 알려지면서 외국 관광객의 발길도 눈에 띄게 늘었다. 학림다방에서 가장 유명한 세 가지는 부드럽고 하얀 휘핑크림과 시나몬 가루가 가득 올려진 비엔나커피와 학림커피, 그리고 입안에 넣자마자 살살 녹는 크림치크케이크다. 특히 커피를 직접 블렌딩 및 로스팅해서 향과 맛이 깊은 학림커피를 꼭 맛보자.

TIP

- 차와 음료, 디저트 외에 맥주, 와인, 위스키, 칵테일 등의 주류와 안주류도 판매한다.
- 1층보다 복층으로 된 2층 다락 난간에 앉아보자. 그곳에서 아래를 내려다보면 빼곡히 들어찬 1,500여 장의 낡은 클래식 LP 레코드판과 학림다방의 풍경이 한눈에 들어온다.
- 사람 없는 고즈넉한 분위기를 즐기고 싶다면 이른 오전 시간에 방문하자.
- 원두 별도 판매(150그램 13,000원).

1
COURSE

🚶 도보 4분

▶ 이화동 벽화마을

2
COURSE

🚇 4호선 동대문역사문화공원역
4번 출구 ▶ 🚶 도보 3분

▶ 낙산성곽길

3
COURSE

▶ 동대문DDP

주소 서울시 종로구 이화동
가는 법 지하철 4호선 혜화역 2번 출구
로 나와 마로니에 공원 뒤쪽으로
나 있는 낙산길을 따라 직진, 낙
산공원 앞에서 낙산4길을 따라
걸으면 벽화마을에 다다를 수 있
다. 이화동주민센터에서 출발해
벽화마을을 한 바퀴 돈 후 낙산
공원을 지나 낙산성곽길로 가는
방법도 있다.

낙산공원에서 대학로 방면으로 내려
오면 아기자기한 벽화가 그려진 이화
동 마을이 나온다. 마을 전체가 동화
같은 분위기를 자아내 서울에서 가장
아름다운 동네로 명성이 자자하여 사
진 좀 찍는다는 이들이 반드시 거쳐
가는 출사지다. 하늘과 맞닿아 있다
하여 '하늘동네'라고도 불린다. 이화
동 벽화마을로 가는 길은 다양한데,
그중 혜화동 대학로에서 출발해 이화
동 벽화마을을 가로질러 낙산공원까
지 산책하는 코스를 이용하면 벽화마
을 구석구석까지 둘러볼 수 있다.

주소 서울시 종로구 낙산길 41
운영시간 상시 개방
입장료 무료
전화번호 02-743-7985

서울의 '몽마르트 언덕'이라 불리는
낙산공원은 낮에도 멋지지만 야경이
정말 아름다워 서울에서 가장 아름다
운 달밤 산책길이라고 자신 있게 말
할 수 있다. 운치 있는 야간 성곽길을
걷다 보면 생각지도 못한 서울의 풍
경을 만날 수 있다. 낙산공원 바로 밑
에 있는 이화동 벽화마을에서 낭만적
인 데이트도 겸할 수 있다. 혜화문에
서 낙산공원을 지나 이화동 벽화마을
그리고 흥인지문까지 서울성곽길이
이어진다. 낙산공원을 빙 둘러싼 낙
산성곽길을 경계로 창신동 마을과 대
학로 방면의 서울 시내를 한눈에 내
려다볼 수 있다. 선선한 바람 부는 가
을 저녁, 퇴근 후 한적한 야경 감상지
로 강력 추천한다.

주소 서울시 중구 을지로 281
운영시간 살림터(디자인놀이터) 평일
10:00~21:00, 주말 및 공휴
일 12:00~22:00, 배움터(디
자인박물관 및 디자인전시
관) 10:00~19:00, 수·금요일
10:00~21:00
입장료 무료(전시회 제외)
전화번호 02-2153-0000
홈페이지 www.ddp.or.kr

9월 37주 소개(318쪽 참고)

알찬 하루의 힐링
이 천 여 행

51 week

SPOT **1**

**한국 최초의 독일식
천연온천**

테르메덴

주소 경기도 이천시 모가면 사실로 984 · **가는 법** 동서울터미널에서 이천시외버스터미널 직행 고속버스 → 이천터미널 사거리 SC스탠다드차타드은행 앞에서 매일 출발하는 테르메덴행 무료 셔틀버스 · **운영시간** 실내 풀앤스파 09:00~19:00(주말 21:00까지) / 실외 풀앤스파 10:00~17:00(주말 20:00까지) / 연중무휴 · **입장료** 모든 시설을 이용 가능한 풀스파권 주중 어른 40,000원, 어린이 34,000원, 주말 및 공휴일 어른 45,000원, 어린이 38,000원 / 찜질스파권 주중 어른 24,000원, 어린이 18,000원, 주말 및 공휴일 어른 24,000원, 어린이 18,000원 / 나이트스파권 어른과 어린이 모두 25,000원 · **전화번호** 031-645-2000 · **홈페이지** www.termeden.com

  한국 최초의 100퍼센트 독일식 천연온천인 테르메덴은 단순히 목욕을 하는 개념이 아니라 광활한 부지와 자연공원으로 둘러싸여 있어서 마치 유럽 온천에 온 듯한 색다른 분위기를 즐길 수 있는 곳이다. 스파뿐 아니라 각종 오락 및 스포츠 시설, 문화 시설 등이 조성돼 있어서 연인은 물론 가족 단위 여행지로 손색없다. 하얀 눈으로 둘러싸인 산자락 한가운데서 뜨뜻한 천연온

천수에 몸을 담그고 있노라면 큐슈의 온천이 부럽지 않다. 겨울철에는 야외 온천풀 외에도 안마 효과가 있는 실내 바데풀이 준비되어 있다.

TIP

- 겨울밤에 즐기는 온천은 더욱 낭만적이다. 소셜에서 테르메덴 나이트스파권을 저렴하게 구입할 수 있다.
- 수영복 필수. 구명조끼는 대여 가능하고, 수영복은 판매만 하며, 수영모는 착용하지 않아도 된다.
- 기온이 낮을 때는 노천탕 주변 바닥이나 계단이 얼어붙어 미끄러질 수 있으니 주의하자.
- 온천욕 후에 몸이 건조해지지 않도록 보습제를 준비해 가자.
- 껍질과 씨를 제거한 과일, 플라스틱 용기에 담긴 물이나 음료를 제외한 모든 음식물 반입 금지.
- 최근 대대적인 리뉴얼을 통해 고급형 풀과 대중형 스파의 장점만 모아 풀앤스파 개념을 새롭게 도입했다.
- 하계, 추계, 동계 시즌에 따라 운영시간과 이용요금이 다르니 정확한 정보는 사전에 홈페이지를 참고하자.
- 주말과 공휴일에 방문할 경우 모든 시설을 이용할 수 있는 나이트스파권(17시 이후)을 소셜커머스에서 미리 저렴하게 구입하는 것이 좋다.

주변 볼거리·먹거리

곤지암 화담숲 곤지암 리조트 내에 조성된 화담숲은 서울에서 1시간이 채 걸리지 않는 데다 도심에서 접하기 힘든 수백 종의 생태체험, 다양한 테마의 정원과 산책로, 피톤치드를 발산하는 초록 일색의 수목들, 물이 흘러내리는 청량한 계곡과 폭포가 어우러진 풍경으로 가족과 함께 나들이하기 좋다. 왕복 모노레일도 설치되어 있어서 유모차를 끌고 다니기에도 문제없다.

Ⓐ 경기도 광주시 도척면 도척윗로 278 Ⓞ 봄 3월~5월 08:30~18:00, 여름(6월~9월) 08:30~ 19:00, 가을(10월~11월) 08:30~17:00 / 겨울에는 휴장 Ⓒ 어른 9,000원, 어린이 6,000원(온라인 예매는 500원 할인) Ⓣ 031-8026-6666 Ⓗ www.hwadamsup.com

그녀의 시골 낭만 생활
가마가
텅빈 날

주소 경기도 이천시 경충대로 2993번길 25 · **가는 법** 동서울종합터미널 혹은 강남고속버스터미널에서 이천행 버스 → 이천시외버스터미널 하차 → 신둔면행 버스 14 → 한국도자관역 하차(총 1시간 30분 소요) · **운영시간** 11:00~18:00 / 매주 일요일 휴무, 매월 마지막주 일요일은 정상 영업 · **전화번호** 010-2279-3544 · **홈페이지** blog.naver.com/dalpange98

　흙 만지는 도예가의 아내로, 두 아이의 엄마로, 콩콩 씨라는 또 다른 이름으로 지난 9년 동안 오래된 시골 농가에서 낭만과 여유를 누리며 살고 있는 이야기를 담은 ≪시골 낭만생활≫과 ≪취미의 발견≫으로 유명한 그녀의 도자기 공방가게. 공방 이름 '가마가 텅빈 날'을 줄여 '가텅'으로 불린다. 남편 김영기 작가가 빚은 그릇을 이곳에서 판매하고 있지만 상점이라기보다는 그녀의 놀이터다. 영국의 어느 플리마켓에 와 있는 듯한 착각이 드는 빈티지 가구와 앤티크 소품들, 컴홈 스타일의 카페형 주방, 바느질하는 그녀가 직접 만든 작품들이 화려한 볼거리를 선사한다. 프랑스의 프로방스에서 막 튀어나온 듯한 동화 같은 곳으로 사기막골도예촌 내에 있다.

주변 볼거리·먹거리

아침일찍 직접 화원을 운영했던 주인장이 센스 있는 솜씨로 식재한 화초뿐 아니라 조각가들의 작품들부터 인테리어 도자기 소품 및 그릇까지 다양하게 만날 수 있다. '가텅'에서 도보 1분 거리.

Ⓐ 경기도 이천시 경충대로 2993번길 43 Ⓞ 08:00~18:00 Ⓣ 010-5066-4522 Ⓗ blog.naver.com/morningearly

현대공예

Ⓐ 경기도 이천시 사음동 470-14 Ⓞ 09:30~18:30 / 연중무휴 Ⓣ 031-635-2114 Ⓔ 1층은 캐주얼하고 대중적인 그릇들을 판매하며, 2층은 작품성이 뛰어난 작품들을 보유하고 있다. 8월 31주 소개(270쪽 참고)

TIP

- 보통 아침 11시면 문을 열지만 딱히 정해져 있지 않다. 또한 사정에 따라 임시 휴무도 있으니 방문 전 반드시 전화로 확인할 것!
- 이곳의 모든 그릇은 오프라인 숍은 물론 블로그 쇼핑몰과 카카오스토리 채널에서 주문 가능하다.
- 마지막주 월요일은 도예촌 전체 휴무!

SPOT 3

정갈한 이천 쌀밥 한정식

청목

주소 경기도 이천시 사음동 626-1 · 가는 법 동서울종합터미널 혹은 강남 고속버스터미널에서 이천행 버스 → 이천시외버스터미널 하차 → 신둔면행 버스 14 → 한국도자기관역 하차 · 운영시간 10:00~21:00 / 명절 휴무 · 전화번호 031-634-5414 · 대표메뉴 정식 13,000원

　이천 여행에는 당연히 이천 쌀밥! 밥맛 좋기로 유명한 이천에서도 주민들이 입을 모아 추천하는 곳이 청목이다. 내로라하는 쌀밥집이 많지만 유독 청목이 30년 넘도록 줄을 서서 기다렸다 먹는 맛집이 된 이유가 있다. 주문과 동시에 바로 무쳐 내는 30여 가지 반찬과 하루 전날 담근 신선한 꽃게장, 아침저녁으로 삶아 내는 수육 등 수라상 부럽지 않을 만큼 푸짐하게 차린 한정식을 서울과 달리 저렴한 가격에 먹을 수 있기 때문이다. 식사 후에는 청목 바로 앞에 있는 사기막골도예촌을 느긋하게 거닐어 보자.

주변 볼거리·먹거리

사기막골도예촌 청목 바로 앞에 위치한 사기막골도예촌은 한국에서 가장 규모가 큰 도자기 마을이다. 가지각색의 크고 작은 도자기 상점들이 즐비하며, 다양한 그릇 쇼핑과 도자기 체험이 가능하다. 대부분의 상점들이 오전 10시 이후에 문을 열고 저녁 6시 전후에는 문을 닫기 시작하니 참고하자. 매년 가을이면 이천도자기축제가 열린다.

Ⓐ 경기도 이천시 사음동 529-2 ⓗ 08:00~18:00 / 매월 넷째 주 월요일 휴무 ⓣ 031-633-6161 Ⓗ blog.naver.com/morningearly

TIP
- 1인 1정식 주문 필수.
- 반찬 무한 리필 가능.
- 간혹 재료가 일찍 떨어지면 빨리 문을 닫기도 한다.
- 별도의 브레이크타임은 없지만 보통 3시에서 4시 사이에 30분 정도 음식 준비를 위한 휴식 시간을 가지니 그 시간대를 피해 가는 것이 좋다.
- 이천 본점 외에 일산(경기도 고양시 일산구 장항동 858, 031-906-7177)과 송파(서울시 송파구 삼전동 28-2, 02-412-1122)에도 직영점이 있다.

1 COURSE

🚕 택시로 약 13분(대중교통 이용 시 1시간 정도 소요되므로 택시로 이동할 것을 추천)

➡ **롯데 프리미엄 아울렛 이천점**

2 COURSE

🚌 좌석버스 114(시음2동·동일냉장) ▶ 🚌 일반버스 26-1(설봉산 입구) 태루미 앞 하차 ▶ 🚶 도보 6분

➡ **청목**

3 COURSE

➡ **테르메덴**

주소	경기도 이천시 호법면 프리미엄아울렛로 177-74
운영시간	주중 10:30~20:30, 주말 10:30~21:00
전화번호	031-777-2500
홈페이지	store.lotteshopping.com
가는 법	신분당선 판교역에서 경강선 환승 → 이천역 1번 출구 → 일반버스 12-1 → 이천롯데프리미엄 하차 → 도보 2분

약 350여 개의 브랜드가 입점해 있는 아울렛 쇼핑 명소. 아시아에서 가장 큰 아울렛으로 이천의 명물인 도자기를 모티브로 지어졌다. 도자기를 형상화한 오브제를 건물 곳곳에서 쉽게 발견할 수 있으며 건물 명칭도 청자동, 백자동으로 나뉘어 있다. 명품 브랜드부터 중저가까지 쇼핑의 폭이 넓다.

주소	경기도 이천시 사음동 626-1
운영시간	10:00~21:00 / 명절 휴무
전화번호	031-634-5414
대표메뉴	정식 13,000원

12월 51주 소개(414쪽 참고)

주소	경기도 이천시 모가면 사실로 984
운영시간	실내 풀앤스파 09:00~19:00(주말 21:00까지) / 실외 풀앤스파 10:00~17:00(주말 20:00까지) / 연중무휴
입장료	모든 시설을 이용 가능한 풀스파권 주중 어른 40,000원, 어린이 34,000원, 주말 및 공휴일 어른 45,000원, 어린이 38,000원 / 찜질스파권 주중 어른 24,000원, 어린이 18,000원, 주말 및 공휴일 어른 24,000원, 어린이 18,000원 / 나이트스파권 어른과 어린이 모두 25,000원
전화번호	031-645-2000
홈페이지	www.termeden.com

12월 51주 소개(410쪽 참고)

12월 다섯째 주

혹 한 을 피 하 는
실 내 투 어 의 메 카

52 week

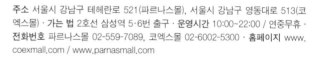

SPOT **1**

모든 것이 다 있다

파르나스몰부터
코엑스몰까지

주소 서울시 강남구 테헤란로 521(파르나스몰), 서울시 강남구 영동대로 513(코엑스몰) · **가는 법** 2호선 삼성역 5·6번 출구 · **운영시간** 10:00~22:00 / 연중무휴 · **전화번호** 파르나스몰 02-559-7089, 코엑스몰 02-6002-5300 · **홈페이지** www.coexmall.com / www.parnasmall.com

　서울 사는 사람이라면 한 번쯤 가봤을 삼성동 코엑스몰은 서울의 축소판이다. 국내 최초로 ZARA Home이, 국내 최대 규모의 JAJU 숍이 입점되어 있고 미식, 쇼핑, 문화, 예술 그리고 엔터테인먼트까지 거의 모든 것을 원스톱으로 즐길 수 있기 때문이다. 특히 혹한을 피해 실내에서 이 모든 것을 즐길 수 있기에 더더욱 제격이다. 2014년 코엑스몰 옆에 프리미엄 쇼핑 공간인 파르나스몰이 오픈하면서 코엑스몰과 함께 삼성동의 새로운 랜드마크가 되었다. 이 겨울, 파르나스몰에서 출발하여 코엑스몰까지 걷는 '몰링 여행'을 시작해 보자.

주변 볼거리·먹거리

봉은사 화려한 서울 야경이 한눈에 내려다보인다.

Ⓐ 서울시 강남구 봉은사로 531 Ⓞ 03:00~24:00 Ⓒ 무료 Ⓣ 02-3218-4800 Ⓗ www.bongeunsa.org 4월 14주 소개(142쪽 참고)

TIP

• 워낙 거대한 복합쇼핑몰이다 보니 안에서 길을 헤매기 십상이다. 중간 중간 있는 인포 데스크를 잘 활용하자.
• 메가박스 코엑스점에서 영화를 본 후 조금 어둑해졌을 때 봉은사에 들러보자. 봉은사에서 바라보는 서울 야경은 아름답기로 손꼽힌다.

원더풀 겨울 실내 여행

여의도 IFC몰

주소 서울시 영등포구 국제금융로 10 · **가는 법** 5 · 9호선 여의도역 3 · 4번 출구 · **운영시간** 10:00~22:00 / 연중무휴 · **전화번호** 02-6137-5000 · **홈페이지** www. ifcmallseoul.com

　겨울에는 역시 몰링 데이트가 제격이다. 바닥부터 천장까지 탁 트인 거대한 원형 공간의 여의도 IFC몰에서 놀아보자. 국내 최초로 오픈한 홀리스터부터 글로벌 SPA 브랜드, 국내외 패션 잡화, 스포츠, 뷰티 등 110여 개의 브랜드를 한자리에서 만날 수 있다. 트렌디한 맛집부터 가족과 기념일에 찾기 좋은 고급 레스토랑까지 다양하게 갖춰져 있고 CGV, 영풍문고까지 이용할 수 있는 복합문화공간이다. 마치 몰 전체가 거대한 테마파크 같다. 여의도공원 바로 앞에 위치해 접근성도 좋다.

주변 볼거리·먹거리

선유도공원

Ⓐ 서울시 영등포
구 선유로 343 Ⓞ
06:00~24:00 / 연중
무휴 Ⓒ 무료 Ⓣ 02-2631-9368(선유도공원
관리사무소) Ⓗ parks.seoul.go.kr/seonyudo
5월 22주 소개(199쪽 참고)

TIP

- 출출하면 3층에 들러보자. 한식, 중식,
양식, 패스트푸드까지 없는 게 없다.
- CGV여의도는 전관이 SOUND X 특별
관이라 빵빵한 사운드를 자랑한다. 특
히 수제 팝콘인 '고메팝콘'은 놓칠 수
없는 이곳만의 명물!

쉼과 휴식이 있는 쇼핑
동춘175

주소 경기도 용인시 기흥구 동백죽전대로175번길 6 · **가는 법** 용인경전철(에버라인) 초당역 2번 출구 → 도보 7분 · **운영시간** 10:30~21:00(매장별 상이) / 월 1회 정기휴무(홈페이지 확인) · **전화번호** 080-500-0175 · **홈페이지** www.dongchoon175.com

　　1974년부터 용인의 한적한 시골 마을에 있던 세정물류센터 건물을 업사이클링한 동춘175는 쇼핑, 여가, 외식, 놀이, 휴식을 한 번에 즐길 수 있어서 여자들 특히 '엄마사람'들의 로망이 가득한 아담한 복합 쇼핑몰이다. 1층은 동춘상회를 중심으로 다양한 라이프스타일숍과 카페, 베이커리, 동춘상회와 연결되는 2층에는 먹거리와 패션, 3층은 세정아울렛, 4층은 어린이 고객들을 위한 바운서 트램폴린 파크이자 키즈카페, 5층은 공원처럼 꾸며 푹 쉴 수 있는 옥상정원이다. 특히 옥상정원은 음식 반입이 가능하므로 피크닉 도시락을 챙겨 가서 선베드에 누워 쉬다 먹어도 된다. 쉼이 있는 쇼핑 공간이라는 콘셉트에 맞게 곳곳에 조용히 쉴 수 있는 공간이 잘 갖춰져 있는 것이 이곳의 최대 장점이다.

세정그룹의 모태인 동춘상회를 중심으로 다양한 라이프스타일 숍과 카페, 베이커리가 있는 1층.

어린이 도서를 무료로 대여해준다.

40여 년 전 동춘섬유에서 개발한 목폴라를 짜는 환편기가 2층 공간에 전시돼 있다.

동춘175의 최대 매력은 쉼이다. 공간 곳곳에 휴식이 마련돼 있다. 하물며 계단마저 이곳에서는 단순히 오르내리는 곳이 아닌 쉼의 공간이 된다.

먹거리와 패션 공간이 자리한 2층.

2층에서 내려다본 1층.

식물 테라피를 느낄 수 있는 나아바 공간.

주변 볼거리·먹거리

어 로프 슬라이스 피스 동춘175에서 차로 10분 거리.

Ⓐ 경기도 용인시 처인구 백령로47 17 Ⓗ 10:00~21:00 / 연중무휴 Ⓣ 031-339-1488 Ⓜ 아메리카노 4,800원, 콜드브루 6,500원, 딸기로프 데니쉬 6,500원 Ⓔ 반려동물 출입 금지 / 먹고 남은 빵은 1층에서 셀프로 포장해 가면 된다.

12월 48주 소개(396쪽 참고)

TIP
- 3~7세까지 이용 가능한 키즈룸 겸 유아휴게실이 있다.
- 1만 원 이상 구입 시 영수증을 제시하면 최대 3시간 무료 주차 가능.
- 규모가 그리 크지는 않다. 구경하고 먹고 마시고 실컷 놀아도 2시간 남짓이면 충분하다.

SPOT **4**

착한 가격으로 즐기는
스웨덴 감성
광명 이케아

주소 경기도 광명시 일직로 17 · **가는 법** 7호선 철산역 또는 1호선 석수역 1번 출구
→ 일반버스 3 · 3-1 → 이케아 · 롯데아울렛 광명점 하차 · **운영시간** 10:00~22:00, 레
스토랑 09:30~21:30 / 추석·구정 당일을 제외하고 연중무휴 · **전화번호** 1670-4532 ·
홈페이지 www.ikea.com/kr/ko/store/gwangmyeong

 2014년 12월, 전 세계 1위의 가구 회사답게 '가구공룡'이라 불
리는 이케아(IKEA)가 드디어 한국에도 상륙했다. 광명에 들어
선 이케아 1호점은 전 세계 이케아 매장 가운데 최대 규모를 자
랑한다. 매장 크기만 축구장의 10배. 실제 집처럼 꾸며진 다양
한 공간들을 기웃거리고, 직접 앉아보고, 감각적인 디자인의 제
품들을 만져보면서 오감으로 구경하다 보면 절대 지루할 틈이
없다. 벽, 문, 창문을 제외한 모든 가구를 합리적인 가격에 판매
한다. 이케아 매장 내에 있는 레스토랑과 북유럽 식자재 및 과
자 등을 판매하는 스웨덴 푸드마켓도 놓치지 말자.

2층 쇼룸으로 올라가는 도중에 내려다본 1층의 대형 창고 전경

이케아 레스토랑&카페

TIP

- 매장 오픈 시간인 10시에 맞춰 가야 주차 전쟁에 휘말리지 않는다.
- 동선을 따라가면서 꼼꼼하게 메모해야 쇼핑 시간을 줄일 수 있다. 매장 곳곳에 비치돼 있는 검색대를 이용해 원하는 품목 코드와 위치를 바로 찾을 수 있다.
- 2층 쇼룸부터 둘러보면서 가벼운 물건은 그 자리에서 사고, 필요한 대형 가구들을 1층 창고에서 픽업할 것을 추천한다.
- 사람도 너무 많고, 매장도 너무 넓어서 구입할 물건이 담긴 카트는 스스로 철통방어하지 않으면 잊어버리기 십상이니 주의하자.
- 마음에 드는 물건이 있다면 즉시 카트에 담는 것이 좋다. 한번 지나치면 어마어마하게 큰 이케아 정글에서 다시 찾아가기가 쉽지 않다.
- 29,000원 이상부터 조립과 픽업, 배송 서비스가 가능하나 추가 요금이 든다(조립 기본요금 40,000원).
- 아이들 전용 놀이터 '스몰란드'에 아이를 맡기면 직원이 1시간 동안 무료로 돌봐준다.

주변 볼거리 · 먹거리

이케아 레스토랑 쇼핑하다 쉬면서 다양한 스웨덴 요리를 합리적인 가격에 맛볼 수 있다.

Ⓐ 경기도 광명시 일직로 17 Ⓞ 09:30 ~21:30
Ⓣ 1670-4532 Ⓗ www.ikea.com/kr/ko/store/gwangmyeong

이케아 스웨덴 푸드마켓 커피, 원두, 스낵, 음료, 냉동식품 등 스웨덴의 각종 식자재를 판매한다.

Ⓐ 경기도 광명시 일직로 17 Ⓞ 10:00~ 22:00
Ⓣ 1670-4532 Ⓗ www.ikea.com/kr/ko/store/gwangmyeong

롯데 프리미엄 아울렛 이케아 매장과 연결된 롯데 프리미엄 아울렛도 둘러볼 만하다. 의류와 액세서리, 다양한 주방용품을 할인 판매한다. 근거리에 코스트코 매장도 있다

Ⓐ 경기도 광명시 일직로 17 Ⓞ 주중 11:00~21:00, 주말 11:00~22:00 Ⓣ 02-6226-2500

최초의 팝업 컨테이너 쇼핑몰
커먼그라운드

주소 서울시 광진구 아차산로 200 · **가는 법** 2호선 건대입구역 6번 출구 → 도보 3분 · **운영시간** 11:00~22:00(일부 F&B 매장은 새벽 2시까지) · **전화번호** 02-467-2747 · **홈페이지** www.common-ground.co.kr

최근 쇼핑타운의 명소로 핫한 커먼그라운드는 국내 최초, 세계 최대의 팝업(POP-UP) 컨테이너 쇼핑몰로 각종 카페테리아와 마켓이 결합된 쇼핑몰이다. 오랜만에 이곳을 찾은 사람들은 문화적 충격을 느낄 수도 있다. 우선 비주얼이 상당하다. 약 1,600평 규모에 200여 개의 대형 컨테이너로 구성된 건축으로 세계 유명 컨테이너 마켓 중 가장 큰 규모를 자랑한다. 대형 프랜차이즈 브랜드를 일절 제외하고 온라인과 이태원, 홍대, 신사동 등에서 유명한 멋집과 맛집들이 대거 입점해 있다.

주변 볼거리·먹거리

동대문 DDP

ⓐ 서울시 중구 을지로 281 ⓞ 살림터 (디자인놀이터) 평일 10:00~21:00, 주말 및 공휴일 12:00~22:00, 배움터(디자인박물관 및 디자인전시관) 10:00~19:00, 수·금요일 10:00~21:00 ⓒ 무료 ⓣ 02-2153-0000 ⓗ www.ddp.or.kr

9월 37주 소개(318쪽 참고)

서울숲

ⓐ 서울시 성동구 뚝섬로 273(성수1가 1동 635) ⓞ 상시 개방 ⓣ 02-460-2905 ⓗ parks.seoul.go.kr/seoulforest

4월 14주 소개(144쪽 참고)

감각적이고 멋스러운 푸드트럭

TIP
- 단순한 쇼핑 공간이 아닌 크리에이티브한 전시와 퍼포먼스 등 다양한 문화와 놀이를 즐길 수 있다.
- 주차 공간이 매우 협소하므로 대중교통을 이용하자.

SPOT **6**

좋은 재료, 좋은 음식,
좋은 마음

소녀방앗간

주소 서울시 성동구 왕십리로 5길 9-16 · 가는 법 분당선 서울숲역 4번 출구
(혹은 2호선 뚝섬역 8번 출구) → 횡단보도 건너 도보 6분 · 운영시간 평일 점심
11:00~15:00, 저녁 17:00~21:00, 주말 11:00~21:00 · 전화번호 02-6268-0778
· 홈페이지 www.facebook.com/sobanglife · 대표메뉴 산나물밥 6,000원, 참명란
비빔밥 8,000원, 시골된장찌개 6,000원, 장아찌 불고기밥 8,000원

청정한 한식밥상으로 유명한 소녀방앗간은 솔직한 재료와 담
백한 조리법 그리고 소박한 사람들로 요약된다. 경북 청송의 할
머니들이 재배한 청정 식재료들을 공급받아 건강한 음식을 제
공하고, 엄마가 알려준 담백한 요리법으로 양념은 최소한으로
줄이고, 재료의 맛은 최대한 살려 소녀의 마음으로 요리한다.
'장아찌 불고기밥-김주리 할머니, 수제 무장아찌와 진보정미소
도정 30일 이내 햅쌀, 삼색잡곡전-청송 신기리 장순분 어르신
팥, 화천 잡곡마을 쥐눈이콩' 등 모든 재료의 원산지와 정보, 재
배한 어르신들의 이름을 꾸밈없이 공개한다.

TIP
· 요일별로 딱 두 가지 메뉴만 주문할 수 있다.
· 서울숲에 1호점, 커먼그라운드 3층에 2호점, 서울스퀘어에 3호점이 있다.

주변 볼거리 · 먹거리

**성수동 돼지갈비 골
목** 서울숲 맞은편, 성
수동 아틀리에길 초
입을 지나면 식욕을
자극하는 돼지갈비 냄새가 진동한다. 성수동
돼지갈비 골목이다. 흡사 유럽의 노천 카페처
럼 야외에서 돼지갈비 파티를 즐기는 듯한 독
특한 분위기를 지닌 곳이다. 특히 1999년에 개
업해 17째 이곳을 지켜온 터줏대감 '대성갈
비'가 유명한데, 참숯에 구워 먹는 양념 돼지갈
비와 돼지고기가 듬뿍 들어간 김치찌개가 일
품이다.

Ⓐ 뚝섬역과 서울숲 중간쯤에 위치(2호선 뚝
섬역 8번 출구에서 도보 10분)

**프롬에스에스&수제
화거리**

Ⓐ 서울시 성동구 아
차산로 103 프롬에스
에스 Ⓗ 10:30~20:00 / 연중무휴 Ⓣ 070-4418-
6283(프롬에스에스)
2월 9주 소개(94쪽 참고)

여의도에서 보낸 겨울 멋진 날

1 COURSE
🚶 도보 10분

여의도공원 스케이트장

2 COURSE
🚌 간선버스 262(여의도환승센터) ▶ 간선버스 740(문배동등기소 앞) ▶ 반포한강공원, 세빛섬 하차

여의도 IFC몰

3 COURSE

세빛섬 야경 & 달빛무지개분수

주소	서울시 영등포구 여의공원로 68
운영시간	10:00~21:30(기간 내 휴관일 없음)
입장료	1,000원, 1일권 3,000원, 시즌권 20,000원(스케이트, 헬멧 대여료 포함)
전화번호	070-4114-1222
홈페이지	iskateu.modoo.at
etc	매년 12월 말부터 2월 초까지 운영하는데 정확한 시간은 홈페이지 확인
가는 법	9호선 국회의사당 4번 출구→ 도보 3분

1월 5주 소개(60쪽 참고)

주소	서울시 영등포구 국제금융로 10
운영시간	10:00~22:00 / 연중무휴
전화번호	02-6137-5000
홈페이지	www.ifcmallseoul.com

12월 52주 소개(418쪽 참고)

세빛섬 야경

주소	서울시 서초구 올림픽대로 683 (반포동)
운영시간	세빛섬 내 시설은 영업장마다 이용시간이 각기 다르므로 가빛 1층에 있는 안내 데스크(02-3477-1004, 월~금요일 12:00~20:00, 토~일요일 10:00~22:00)에 문의할 것
전화번호	1566-3433
홈페이지	www.somesevit.co.kr

달빛무지개분수

운영시간	4월~6월·9월~10월 (평일) 12:00, 20:00, 20:30, 21:00 (휴일) 12:00, 19:30, 20:00, 20:30, 21:00 / 7월~8월 (평일) 12:00, 19:30, 20:00, 20:30, 21:00 (휴일) 12:00, 19:30, 20:00, 20:30, 21:00, 21:30
전화번호	02-3780-0578(무지개분수사무실)

5월 22주 소개(195쪽 참고)